新一代信息技术系列教材

基于新信息技术的 SQL Server 2008

数据库基础教程(第二版)

主　编　左向荣　苏秀芝　谢钟扬

副主编　胡宇晴　曾　琴　李晨子

　　　　杨爱武　黄利红　薛　敏

主　审　马　庆

西安电子科技大学出版社

内 容 简 介

本书采用任务驱动的方式介绍数据库的相关知识点，力求将理论和实践相结合，以提高学生的实践操作能力。

本书共 11 个项目，项目一介绍数据库和数据库系统设计的基础知识，项目二介绍创建和管理 SQL Server 数据库的方法，项目三介绍创建和管理数据表的方法，项目四及项目五介绍 SQL 语句的使用方法，项目六介绍数据库设计的方法，项目七介绍数据库编程的方法，项目八介绍创建和使用索引、视图、事务的方法，项目九介绍存储过程的调用方法，项目十介绍触发器的设计方法，项目十一介绍数据库安全管理方法。

本书可作为高职高专院校计算机类相关专业数据库课程的教材，也可作为相关人员学习数据库基础知识的参考用书。

图书在版编目（CIP）数据

基于新信息技术的 SQL Server 2008 数据库基础教程 / 左向荣，苏秀芝，谢钟扬主编.
--2 版. --西安：西安电子科技大学出版社，2024.1
ISBN 978-7-5606-6937-3

Ⅰ. ①基… Ⅱ. ①左… ②苏… ③谢… Ⅲ. ①关系数据库系统—教材
Ⅳ. ① TP311.132.3

中国国家版本馆 CIP 数据核字(2023)第 116547 号

策　　划	杨丕勇
责任编辑	杨丕勇
出版发行	西安电子科技大学出版社(西安市太白南路 2 号)
电　　话	(029)88202421　88201467　　邮　　编　710071
网　　址	www.xduph.com　　　　　电子邮箱 xdupfxb001@163.com
经　　销	新华书店
印刷单位	陕西日报印务有限公司
版　　次	2024 年 1 月第 2 版　　2024 年 1 月第 1 次印刷
开　　本	787 毫米×1092 毫米　1/16　印　张　15
字　　数	351 千字
定　　价	45.00 元

ISBN 978-7-5606-6937-3 / TP

XDUP 7239002-1

前　言

　　SQL Server 使用集成的商业智能工具，提供企业级的数据管理功能，是 Microsoft 公司推出的一个全面的数据库管理系统。SQL Server 数据库引擎为关系型数据和结构化数据提供了更安全可靠的存储功能，使用户可以构建和管理用于业务的高可用和高性能的数据库应用程序。

　　目前，国内各主要高职院校的计算机类相关专业大多开设了"SQL Server 应用基础"这门课程。本书结合作者多年讲授该门课程的经验，首先介绍了 SQL Server 数据库相关概念与应用技术等内容，然后以项目的形式对所有的核心知识点进行了全面深入的剖析，此外还介绍了 SQL Server 2008 的安装与配置，方便不同层次的读者掌握所学内容。

　　此次修订在内容上未做大的改动，只是对不适当的地方进行了完善和调整。

　　本书由左向荣、苏秀芝、谢钟扬担任主编，胡宇晴、曾琴、李晨子、杨爱武、黄利红、薛敏担任副主编，马庆担任主审。

　　由于时间仓促，书中难免存在一些疏漏，恳请各位读者提出宝贵意见和建议。本书主编的电子邮箱是 16564383@qq.com。

编　者

2023 年 2 月于湘潭

目　　录

项目一 数据库基础

在现实生活中，随着计算机应用领域的不断扩展，我们需要管理的数据量也在急剧地增加，这就使得数据库在计算机应用中的地位越来越重要。通过数据库，我们能够进行数据的有效组织、存储、处理、交流和共享。目前数据库已在商业事务处理中占据主导地位。本书将从数据库的基本原理开始，逐步介绍数据库的各种使用方法。

本项目主要内容：

(1) 数据库的基本概念；

(2) 数据库设计的步骤；

(3) 绘制数据库 E-R 图的方法。

任务一 预 习

1. 数据库的用途是什么？

2. 数据库系统由哪几部分组成？

3. DBMS、DBS、DB 分别代表什么？它们之间有什么关系？

4. DBA 是什么意思？你想成为 DBA 吗？

任务二 了解数据库的基本概念

在商业领域，信息就意味着商机，取得信息的一个非常重要的途径就是对数据进行分析处理，这就催生了各种专用的数据管理软件，数据库就是其中的一种。当然，数据库管理系统也不是一下子就建立起来的，它也是经过了不断地发展和丰富，才有了今天的模样。

1. 数据处理技术的发展阶段

到目前为止，数据处理技术大致经历了人工处理、文件系统和数据库管理三个阶段。

1) 人工处理

20 世纪 50 年代中期是计算机诞生的初期，在这一时期，计算机的处理能力很有限，只能够完成一些简单的运算，这使得当时的计算机只能够用于科学和工程计算。当时，计算机上没有专用的管理数据的软件，数据由计算机或处理它的程序自行携带。当数据的存储格式、读写路径或方法发生变化时，其处理程序也必须要做出相应的改变，以保证程序的正确性。

2) 文件系统

20 世纪 50 年代后期到 60 年代中期，随着硬件和软件技术的发展，计算机不仅用于科学计算，还大量用于商业管理。在这一时期，数据和程序在存储位置上已经完全分开，数据被单独组织成文件，保存在外部存储设备中，这样数据文件就可以被多个不同的程序在不同的时间使用。

虽然程序和数据在存储位置上分开了，而且操作系统也可以帮助我们对数据的存储位置和存取路径进行管理，但是程序设计仍然受到数据存储格式和方法的影响，不能够完全独立于数据，而且数据的冗余较严重。

3) 数据库管理

20 世纪 70 年代以来，计算机软、硬件技术取得了飞跃式的发展，这一时期最主要的发展就是产生了真正意义上的数据库管理系统，它使得应用程序和数据之间真正实现了接口统一、数据共享等，这样应用程序就可以按照统一的方式直接操作数据，也就是说应用程序和数据都具有了高度的独立性。

2. 数据库系统的定义和组成

以数据库为核心的完整的运行实体，称为数据库系统。数据库系统(DataBase System, DBS)由如下几部分组成：系统硬件平台(硬件)、系统软件平台(软件)、数据、数据库、数据库管理系统(软件)和数据库管理员(人员)。

1) 系统硬件平台

在数据库系统中，硬件平台包括如下两个方面：

(1) 计算机：它是系统中硬件的基础平台，目前常用的有微型机、小型机、中型机、大型机及巨型机。

(2) 网络：过去的数据库系统一般建立在单机上，但是现在它基本建立在网络上，从目前形势看，数据库系统今后将以建立在网络上为主，而其结构方式又以客户/服务器(Client/Server, 或称 C/S) 架构方式和浏览器/服务器(Browser/Server, 或称 B/S) 架构方式为主。

2) 系统软件平台

在数据库系统中，软件平台包括如下三个方面：

(1) 操作系统：系统的基础软件平台，目前常用的有 Unix(包括 Linux)和 Windows 两类。

(2) 数据库系统开发工具：为开发数据库应用程序所提供的工具，包括程序设计语言，如 C#、Java 等，也包括可视化开发工具，如 Visual Studio、PowerBuilder、Delphi 等，还包括与 Internet 有关的 HTML、XML 等，以及一些专用开发工具。

(3) 接口软件：在网络环境下，数据库系统中数据库与应用程序、数据库与网络之间存在着多种接口，它们需要用接口软件进行连接，否则数据库系统整体就无法运行。这些接口软件包括 ADO.NET、JDBC、OLEDB、CORBA、COM、DCOM 等。

3) 数据

数据(Data)实际上就是描述事物的符号记录。

　　计算机中的数据一般分为两部分，其中一部分与程序仅有短时间的交互关系，随着程序的结束而消亡，它们称为临时性数据(Transient Data)，这类数据一般存放于计算机内存中；另一部分数据对系统起着长期持久的作用，它们称为持久性数据(Persistent Data)。数据库系统中处理的是持久性数据。

　　软件中的数据是有一定结构的。首先，数据有型(Type)与值(Value)之分，数据的型给出了数据表示的类型，如整型、实型、字符型等；数据的值给出了符合给定型的值，如整型值 1。随着应用需求的扩大，数据的型有了进一步的扩展，它包括了将多种相关数据以一定结构方式组合所构成的特定数据框架，这样的数据框架称为数据结构(Data Structure)，在数据库中于特定条件下称为数据模式(Data Schema)。

　　过去的软件系统是以程序为主体的，数据以私有形式从属于程序，那时数据在系统中是分散、凌乱的，造成了数据管理的混乱，如数据冗余度高，数据一致性差以及数据的安全性差等。近十多年来，数据在软件系统中的地位发生了变化，在数据库系统及数据库应用系统中，数据居主体地位，而程序已退居附属地位。在数据库系统中，需要对数据进行集中、统一的管理，以达到数据被多个应用程序共享的目标。

　　4) 数据库

　　数据库(DataBase，DB)是数据的集合，它具有统一的结构形式，存放于统一的存储介质内，是多种应用数据的集成，可被各个应用程序所共享。

　　数据库中的数据是按数据所提供的数据模式存放的，它能构造复杂的数据结构以建立数据间的内在联系和复杂的关系，从而构成数据的全局结构模式。

　　数据库中的数据具有"集成"和"共享"的特点，即数据库集中了各种应用的数据，进行统一的构造和存储，使它们可被不同的应用程序所使用。

　　5) 数据库管理系统

　　数据库管理系统(DataBase Management System，DBMS)是数据库的机构，它是一种系统软件，负责数据库中的数据组织，数据操纵，数据维护、控制及保护，数据服务等。数据库中的数据具有海量级的存储能力，并且结构复杂，因此需要提供数据管理工具。数据库管理系统是数据库系统的核心，它主要有如下功能：

　　(1) 数据定义：包括定义构成数据库的结构模式、存储模式和外模式，定义各个外模式与模式之间的映射，定义模式与存储模式之间的映射，定义有关的约束条件，为保证数据库数据具有正确语义而定义的完整性规则，为保证数据库安全而定义的用户口令和存取权限等。

　　(2) 数据操纵：包括对数据库数据的检索、插入、修改和删除等基本操作。

　　(3) 数据库运行管理：这是 DBMS 运行时的核心部分，包括对数据库进行并发控制、安全性检查、完整性约束条件的检查和执行，以及对数据库进行内部维护(如索引、数据字典的自动维护)和恢复等。所有访问数据库的操作都要在这些控制程序的统一管理下进行，以保证数据的安全性、完整性、一致性，并保证多用户对数据库的并发使用以及当数据库系统发生故障后的自动恢复。

　　(4) 数据组织、存储和管理：数据库中需要存放多种数据，如数据字典、用户数据、存取路径等，DBMS 负责分门别类地组织、存储和管理这些数据，从而确定以何种文件结构和存取方式物理地组织这些数据，并确定如何实现数据之间的联系，以便提高存储空间利用率，提高随机查找、顺序查找、增、删、改等操作的时间效率。

(5) 数据库的建立和维护：建立数据库包括数据库初始数据的输入与数据转换等，维护数据库包括数据库的转储与恢复、数据库的重组织与重构造、数据库性能的监视与分析等。

(6) 数据通信：DBMS 需要提供数据库与其他软件系统进行通信的接口。

6) 数据库管理员

数据库管理员(DataBase Administrator，DBA)：由于数据库具有共享性，因此对数据库的规划、设计、维护、监视等需要有专人管理，DBA 的一般任务包括：

(1) 数据库软件的安装、配置、升级和迁移。虽然系统管理员通常负责安装、维护服务器上的硬件和操作系统，但是数据库软件的安装通常是由 DBA 负责的。要胜任这一工作，需要了解什么样的硬件配置才能使一个数据库服务器发挥最大的作用，并且还要根据这些硬件需求与系统管理员进行沟通。在完成了上述工作之后，DBA 就开始安装数据库软件，并从各种不同的产品配置选项中选择一个与硬件匹配并且能使数据库效率最高的方案。当有新版本的数据库或者补丁包发布时，决定是否要用或者用哪一个新版本的数据库或补丁包也是 DBA 的工作之一。如果企业购买了新的数据库服务器，那么 DBA 也要负责将数据从原有数据库服务器迁移到新的服务器中。

(2) 数据库的备份和恢复。DBA 负责为他们所管理的数据库制订、实施并定期测试数据库备份和恢复方案。虽然在大型企业中有专门负责数据库备份工作的系统管理员，但是最终的决定权还是由 DBA 掌握——他来确保备份工作如期完成，并且保证数据库在出现故障、执行恢复工作后能包含所需要的所有文件。当数据库故障发生时，DBA 需要知道如何使用备份来确保数据库尽快恢复到正常状态，不会丢失任何所完成的事务。数据库出现故障的原因可能有很多种，当出现故障时，DBA 必须能很快地判断出故障所在并采取有效的应对策略。从商业的角度来看，数据库备份是有成本的，DBA 需要让企业的管理人员知道各种数据库备份方法的成本和风险。

(3) 确保数据库安全。数据库主要负责集中存储数据，这些数据有可能是非常机密并且很有价值的，因此数据库往往是黑客甚至是好奇的员工最感兴趣的目标。DBA 必须了解所用数据库产品的详细安全模型、该数据库产品的用途以及如何使用它来有效地控制数据存取。DBA 最基本的三个安全任务是验证(设置用户账户，控制用户登录数据库)、授权(对数据库的各部分设置权限，防止非法用户访问)、审计(跟踪用户并记录用户执行了哪些数据库操作)。就目前而言，由于监管法规，比如 Sarbanes-Oxley(塞班斯法案)和 HIPAA(健康保险携带与责任法案)的报告要求必须得到满足，因此使得数据库审计工作尤为重要。

(4) 存储和容量规划。创建数据库的一个主要目的是存储和检索数据，所以规划需要多少磁盘存储空间和监测可用的磁盘存储空间是 DBA 的关键责任。观察数据的增长趋势也是非常重要的，因为只有这样 DBA 才能向企业的管理层提出长远的存储容量规划。

(5) 性能监控和调整。DBA 负责定期监测数据库服务器，从而找出数据库瓶颈(使数据库性能降低的某些部分)并制订补救措施。对数据库服务器的调整工作要在多个层次上完成。数据库服务器硬件的性能以及操作系统的配置都可能是造成数据库瓶颈的因素，数据库软件的配置也是如此。数据库在磁盘驱动器上的物理安装方式以及索引的选择对于数据库的性能也有影响。数据库查询的编码方式也可能显著改变查询结果返回的速度。DBA 需要了解上述各个层次分别需要用哪些监测工具，以及如何使用这些监测工具来调整系统。从数据库应用设计一开始就应该把性能因素考虑在内，而不是等问题发生之后再去修复它们。DBA 还需要与数据库应用开发人员紧密合作，以确保应用是按照最佳方式开发出来的，并且能产生良好的性能。

(6) 疑难解答。当数据库服务器出现某些差错的时候，DBA 需要知道如何快速地确定问题所在并正确地解决问题，以保证不丢失数据，或避免情况变得更糟。

除了上述基本职责外，由于某些特殊的数据库环境，一些 DBA 还需要掌握一些特别的技能。DBA 的特殊任务包括：

(1) 维护数据库的高可用性。随着互联网时代的到来，数据库只需要在白天正常运转的时代已经结束了，现在的数据库必须能够提供每周 7 天、每天 24 小时的全天候服务。网站的内容也已经从静态的、预定义的发展成为动态创建的，即在页面请求发送过来之后，才使用数据库创建页面布局。如果网站是全天候可用的，那么支持网站的基础数据库也必须能够全天候工作。在这种环境下管理数据库，DBA 需要知道哪些类型的维护业务可以在线完成(也就是在不中断数据库运行的情况下完成)，以及在数据库有可能关闭时制订一个维护"期限"。此外，DBA 还要为冗余的数据库规划硬件和软件组件，以便在数据库出现故障时，冗余系统仍然能够继续为用户提供服务。DBA 可以使用在线备份、集群、复制和应急数据库等技术和工具来确保数据库具有更高的可用性。

(2) 管理大型数据库(VLDB)。随着数据库技术的不断发展，企业用它来保存更多的数据。此外，数据库存储的数据类型也发生了变化，从过去行列整齐的结构化数据发展到现在的非结构化数据，比如文件、图像、声音甚至指纹。这两种趋势带来的结果是一样的，那就是大型数据库(VLDB)的出现。要管理 VLDB，DBA 需要特殊的技能。过去被认为是非常简单的操作，比如复制一个表，现在所耗费的时间可能很长。为了保证数据库扩展到非常大的规模时仍然是可管理的，DBA 需要掌握一些技术，比如表分割、联合数据库、复制等。

(3) 数据提取、转化和加载(ETL)。在数据仓库环境中，一个非常关键的任务是如何有效地加载数据仓库或数据集市中大量的数据，这些数据是从多个现有的生产系统中提取的。通常情况下，这些生产系统中的数据格式与数据仓库中的是不同的，因此数据在加载之前必须要转化(或"清洗")。在一个特定的公司里，提取数据可能是 DBA 的责任，也可能不是，但是 DBA 需要确定什么样的提取是有用的，确定有用的数据提取是数据库决策团队的一个关键任务。

随着流行的数据库产品集成的功能越来越多，DBA 需要管理的任务数目也稳定增长。DBA 或 IT 部门领导者可以通过核查上述关键领域的要求来确定他们应该雇用什么样的DBA 来工作。

3. 逻辑数据模型

现在市场上有很多数据库管理系统软件产品,如 SQL Server、Access、Oracle、Sysbase 等,它们都基于某种逻辑数据模型,或者说它们管理的数据库是按照某种逻辑数据模型建立和组织的。数据库的逻辑数据模型又称为数据库的结构数据模型,简称为数据模型(Data Model),它是定义数据如何输入和输出的一种模型,其主要作用是为信息系统提供数据的定义和格式。数据模型是数据库系统的核心和基础。常见的数据模型有层次模型、网状模型、关系模型和对象模型四种。

层次模型和网状模型在早期的数据库系统中应用得比较多,它们为统一管理和共享数据提供了有力的支撑。但是这两种模型系统也存在不足,主要是它们脱胎于文件系统,受文件的物理影响较大,对数据库的使用带来诸多不便;同时,此类系统的数据模式构造烦琐,不宜推广使用。

关系模型的数据库系统出现于 20 世纪 70 年代,在 20 世纪 80 年代得到蓬勃发展,并逐渐取代了前两种模型的数据库系统。关系模型的数据库系统结构简单,使用方便,逻辑性强,物理依赖少,因此在 20 世纪 80 年代以后一直占据数据库领域的主导地位。但是由于此类系统来源于商业应用,它适用于事务处理领域,在非事务处理领域中的应用受到了限制,因此在 20 世纪 80 年代末期兴起了与应用技术相结合的各种专用数据库系统。

面向对象模型是数据库系统继层次、网状、关系等传统数据模型之后,进一步发展得出的一种新的逻辑数据模型。它是数据库技术和面向对象程序设计技术相结合的成果。面向对象数据模型主要适用于一些特殊的应用领域,这些领域不仅要处理数字和字符文本数据,还要处理图形、图像、声音、视频等多媒体数据信息。

现在已经出现了一些面向对象模型的数据库系统,但是由于这方面的技术不够成熟和完善,因而仍需要不断发展。面向对象模型的数据库系统的结构比较复杂,不像关系模型的数据库系统那样简单,所以应用面不是很广。目前仍以关系模型为主流,但面向对象模型有着更广阔的发展前景,以后开发的数据库系统必将在很大程度上越来越多地支持面向对象数据模型。

4. 基本概念

在开始学习数据库之前,我们需要了解一些关于数据库的基本概念,其中最基本的就是实体。

从数据处理的角度看,现实世界中的客观事物称为实体,它是现实世界中任何可区分、可识别的事物。实体可以指人,如教师、学生等,也可以指物,如书、仓库等。它不仅可以指能触及的客观对象,还可以指抽象的事件,如演出、足球赛等。实体还可以指事物与事物之间的联系,如学生选课、客户订货等。

若干个具有相同格式的实体按照特定的规则组合在一起就形成了数据表,简称表。表中的每一个实体的完整描述形成一行记录,而对所有实体共同属性的描述就形成了列。表的组成如图 1-1 所示。

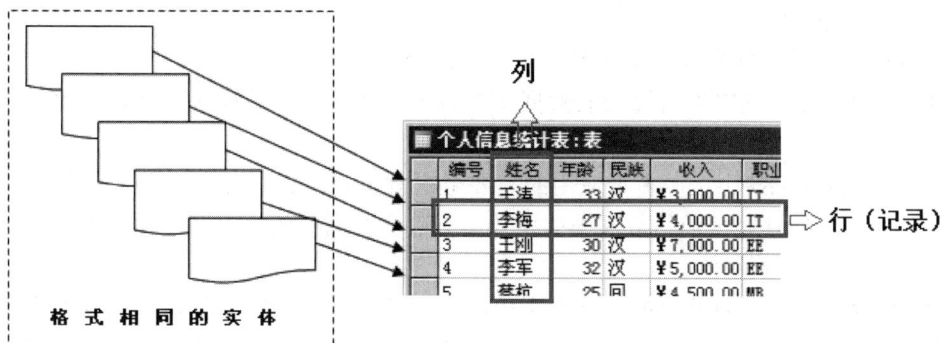

图 1-1　表的组成

　　若干张表集合在一起就形成了数据库，如图 1-2 所示。事实上，虽然数据表是数据库的主要组成部分，但是绝大部分情况下数据库还会包含数据表之间的关系以及相关的操作对象，如存储过程、触发器等。

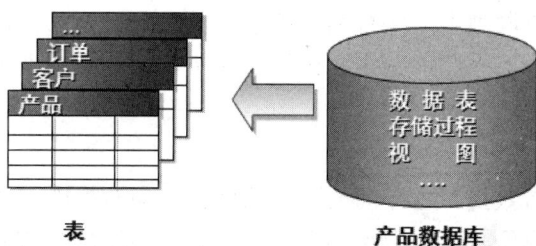

图 1-2　数据库

　　数据库加上系统提供的各种对数据进行操作的方法就构成了数据库管理系统(DBMS)，如图 1-3 所示。我们可以通过 DBMS 来完成对数据的各种操作。

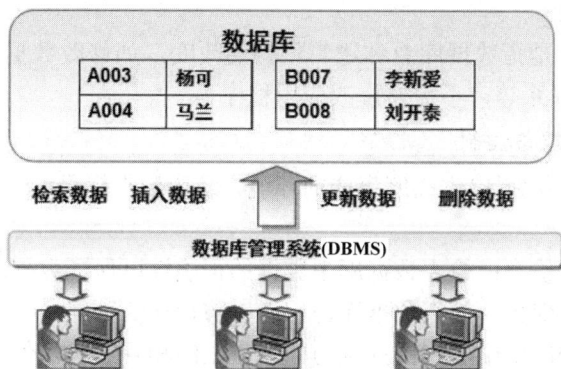

图 1-3　DBMS

　　数据库技术是在文件系统基础上产生和发展的，数据库技术和数据库系统都以数据文件的形式组织数据，但由于数据库系统在文件系统之上加入了 DBMS 对数据进行管理，从而使得数据库系统具有以下特点。

1) 数据的集成性

数据库系统的数据集成性主要表现在如下几个方面:

(1) 在数据库系统中采用统一的数据结构方式, 如在关系数据库中采用二维表作为统一的结构方式。

(2) 在数据库系统中按照多个应用的需要组织全局的、统一的数据结构, 即数据模式。数据模式不仅可以建立全局的数据结构, 还可以建立数据间的语义联系, 从而构成一个内在紧密联系的数据整体。

(3) 数据库系统中的数据模式是多个应用共同的、全局的数据结构, 而每个应用的数据则是全局结构中的一部分, 称为局部结构, 即视图。这种全局与局部的结构模式构成了数据库系统数据集成性的主要特征。

2) 数据的高共享性与低冗余性

数据的集成性使得数据可被多个应用所共享, 特别是在网络发达的今天, 数据库与网络的结合扩大了数据关系的应用范围。数据的共享又可极大地减少数据冗余性, 不仅释放了不必要的存储空间, 更为重要的是可以避免数据的不一致性。所谓数据的一致性, 是指在系统中同一数据的不同副本应保持相同的值, 而数据的不一致性指的是同一数据在系统的不同处有不同的值。因此, 减少冗余性以避免数据的不同副本是保证系统一致性的基础。

3) 数据的独立性

数据的独立性是指数据与程序间的互不依赖性, 即数据库中数据独立于应用程序而不依赖于应用程序。也就是说, 数据的逻辑结构、存储结构与访问方式的改变不会影响应用程序。

数据的独立性一般分为物理独立性和逻辑独立性两级。

(1) 物理独立性: 是指数据的物理结构(包括存储结构、访问方式等)的改变(如存储设备的更换、物理存储位置的更换、访问方式的改变等)不会影响数据库的逻辑结构, 从而不会引起应用程序的变化。

(2) 逻辑独立性: 是指数据库总体逻辑结构的改变, 如修改数据模式、增加新的数据类型、改变数据间的联系等, 不需要修改应用程序。

4) 数据的统一管理与控制

数据库系统不仅为数据提供高度集成的环境, 还为数据提供统一管理的手段, 主要包含以下三个方面。

(1) 数据的完整性检查: 检查数据库中数据的正确性以保证数据的完整性。

(2) 数据的安全性保护: 检查数据库访问者以防止非法访问。

(3) 并发控制: 控制多个应用的并发访问所产生的相互干扰以保证其正确性。

任务三　　了解关系数据库的组成

关系模型把所有的数据都组织到表中。表是由行和列组成的, 行表示数据的记录, 列表示记录中的域，表反映了现实世界中的事实和值。

1. 表

关系数据库采用二维表来存储数据，表是一种按行与列排列的具有相关信息的逻辑组，它类似于工作单表。一个数据库可以包含任意多个二维表。

2. 记录

表中的每一行都称为一条记录。一般来说，数据库表中的任意两行都不能完全相同。

3. 字段

数据表中的每一列都称为一个字段，表是由其包含的各种字段定义的，每个字段描述了它所含有的数据的意义，数据表的设计实际上就是对字段的设计。创建数据表时，为每个字段分配一个数据类型来定义它们的数据长度和其他属性。

4. 关键字(Key)

关键字是关系模型中的一个重要概念，它是逻辑结构，不是数据库的物理部分。

1) 候选关键字(Candidate Key)

如果一个属性集能唯一地标识表的一行而又不含多余的属性，那么这个属性集称为候选关键字。

2) 主关键字(Primary Key)

主关键字是被挑选出来，作表的行的唯一标识的候选关键字。一个表最多只可以有一个主关键字。主关键字又称为主键。

3) 公共关键字(Common Key)

在关系数据库中，关系之间的联系是通过相容或相同的属性或属性组来表示的。如果两个关系中具有相容或相同的属性或属性组，那么这个属性或属性组被称为这两个关系的公共关键字。

4) 外关键字(Foreign Key)

如果公共关键字在一个关系中是主关键字，那么这个公共关键字被称为另一个关系的外关键字。由此可见，外关键字表示了两个关系之间的联系。以另一个关系的外关键字作为主关键字的表称为主表，具有此外关键字的表称为主表的从表。外关键字又称作外键。

另外，表之间的关系也是通过主键来实现的。一个表有多个外键，就表示它可以跟另外多个表建立关系。

5. 索引

索引可以更快地访问数据，索引是表中单列或多列数据的排序列表，每个索引指向其相关的数据表的某一行。索引提供了一个指向存储在表中特定列的数据的指针，可根据指定的排列顺序来排列这些指针。

6. 表间关系

在实际情况中，一个数据库往往都包含多个表，不同类别的数据存放在不同的表中。表间关系把各个表连接起来，将来自不同表的数据组合在一起。表与表之间的关系是通过各个表中的某一个关键字段建立起来的，建立表关系所用的关键字段应具有相同的数据类型。

◇◇◇　作　业　◇◇◇

一、选择题

1. 数据库(DB)、数据库系统(DBS)和数据库管理系统(DBMS)之间的关系是(　　)。(选择 1 项)

　A. DBS 包括 DB 和 DBMS　　　　　　B. DBMS 包括 DB 和 DBS

　C. DB 包括 DBS 和 DBMS　　　　　　D. DBS 就是 DB，也就是 DBMS

2. 以下不属于数据库系统的特点的是(　　)。(选择 1 项)

　A. 数据共享　　　　　　　　　　　　B. 数据完整性

　C. 数据冗余度高　　　　　　　　　　D. 数据独立性高

3. 以下不属于逻辑数据模型的是(　　)。(选择 1 项)

　A. 关系模型　　　　　　　　　　　　B. 层次模型

　C. 网状模型　　　　　　　　　　　　D. 平面模型

4. 以下关于数据库系统的特点描述正确的是(　　)。(选择 3 项)

　A. 集成性　　　　　　　　　　　　　B. 低冗余性

　C. 专用性　　　　　　　　　　　　　D. 统一管理

5. 数据库是长期存储在计算机内、有组织的、统一管理的相关(　　)。(选择 1 项)

　A. 文件的集合　　　　　　　　　　　B. 数据的集合

　C. 命令的集合　　　　　　　　　　　D. 程序的集合

二、简答题

1. 数据库管理系统的主要功能是什么？

2. DBS、DBMS、DB、DBA 分别是什么？它们之间有什么关系？

3. 数据库模型有哪些？其中 SQL 属于什么模型？Oracle 是什么模型？DB2 是什么模型？

4. 关系型数据库有哪些特征？

项目二　　数据库的创建与管理

　　在学习了有关 DBMS 的基本知识和设计方法后，下一个要解决的问题就是如何将我们的设计应用到某个具体的 DBMS 上。从本项目开始，我们将以微软的 SQL Server 2008 为平台，学习相关的各种操作。数据库是整个数据库系统的核心，也是我们制作应用程序的基础，因此我们将从数据库开始介绍。

本项目主要内容：

(1) SQL Server 2008 的功能；

(2) SQL Server 2008 各组件的使用方法；

(3) 数据库的操作方法。

任务一　预　　习

1. 启动和停止 SQL 服务的方法是什么？
2. 在 SQL Server Management 视图创建数据库的步骤有哪些？
3. 数据库文件有哪几种类型，分别代表什么含义？
4. 系统数据库有哪几个，Master 数据库有什么作用？

任务二　了解 SQL Server 2008 的功能

　　长久以来，微软一直期望能够在大型数据库管理系统的市场中拥有自己的一席之地，为此 1988 年微软开始和 Sysbase 公司合作开发 SQL Server。1994 年双方终止了合作，微软开始独立开发和运作 SQL Server。2008 年，微软发布了 SQL Server 2008 数据库系统。

　　SQL Server 2008 是在 Microsoft 的数据平台上发布的，它可以帮助用户随时随地管理数据。它可以将结构化、半结构化和非结构化文档的数据(例如图像和音乐)直接存储到数据库中。SQL Server 2008 提供了一系列丰富的集成服务，可以对数据进行查询、搜索、同步、报告和分析之类的操作。数据可以存储在各种设备上，从数据中心最大的服务器一直到桌面计算机和移动设备，用户都可以控制数据而不用管数据存储在哪里。

　　SQL Server 2008 在安全、高效和智能三个方面提供了很多功能。此处只介绍安全方面的功能，其他两方面请在课后查阅资料了解。

　　SQL Server 2008 能为用户的业务关键型应用程序提供最高级别的安全性、可靠性和伸缩性，这主要体现在以下方面：

(1) 透明的数据加密：允许加密整个数据库、数据文件或日志文件，无需更改应用程序。这样做的好处包括：可以使用范围搜索或模糊搜索来搜索加密的数据，没有通过授权的用户只能搜索未加密的数据，可以在不更改现有应用程序的情况下进行数据加密。

(2) 可扩展的键管理：SQL Server 2008 为加密和键管理提供了一个全面的解决方案。SQL Server 2008 通过支持第三方键管理和硬件安全模块(Hardware Security Module，HSM)产品，提供了一个优秀、可以满足不断增长的安全性需求的解决方案。

(3) 增强的审查：通过数据库定义语言(Data Definition Language，DDL)来创建和管理审查，同时通过提供更全面的数据审查规范来提高遵从性。

(4) 增强的数据库镜像：SQL Server 2008 构建于 SQL Server 2005 之上，但增强了数据库镜像功能，包括自动页修复、日志流压缩。SQL Server 2008 允许主机器和镜像机器从823/824 类型的数据页错误中透明地恢复，它可以向透明于终端用户和应用程序的镜像伙伴请求新副本。SQL Server 2008 压缩了日志流，可以最小化数据库镜像使用的网络带宽。

(5) 加强的资源管理：通过引入资源管理者来为用户提供一致且可预测的响应，允许为不同的工作负载定义资源限制和优先级，并发工作负载可为终端用户提供一致的性能。

(6) 可预测的查询性能：通过提供锁定查询功能，支持更高的查询性能稳定性和可预测性，允许在硬件服务器替换、服务器升级和生产部署之间推进稳定的查询计划。

(7) 改进的数据压缩：使数据更有效地存储，并降低了数据的存储需求。数据压缩提高了大型输入/输出工作负载的性能。

(8) 热添加 CPU：允许 CPU 资源添加到 SQL Server 2008 所在的硬件平台上，而不需要停止应用程序。即，SQL Server 已经具有支持在线添加内存资源的能力。

任务三　学习数据库的创建

SQL Server 2008 是一个完整的数据库关系系统平台，通过它提供的管理平台，我们可以很方便地完成有关数据库的各种操作。

1. 配置并启动 SQL Server 2008

1) 配置启动项

默认情况下，在安装完 SQL Server 2008 后系统会自动帮助我们完成相关的启动项配置工作，但是我们依然可以通过 SQL Server 2008 的配置平台进行配置，配置步骤如下：

(1) 在"开始"菜单中，依次选择"所有程序"→"Microsoft SQL Server 2008"→"配置工具"，然后单击"SQL Server 配置管理器"，打开如图 2-1 所示的界面。

(2) 在 SQL Server 配置管理器界面中，展开"SQL Server 服务"，再单击"SQL Server 网络配置"。

(3) 在详细信息窗格中，单击要自动启动的实例的名称，然后右键单击选择"属性"。

(4) 在"SQL Server <实例名> 属性"对话框中，将"启动模式"设置为"自动"。

(5) 单击"确定"按钮，然后关闭 SQL Server 配置管理器。

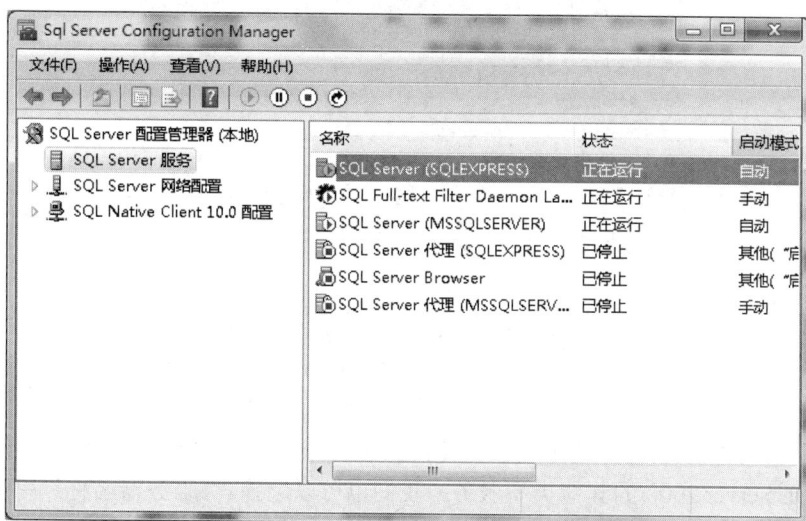

图 2-1　SQL Server 2008 配置管理器

2) 启动 SQL Server 2008

　　配置完成后，就可以使用 SQL Server 2008 了。在 Windows 的"开始"菜单上，选择"所有程序"，再选择"Microsoft SQL Server 2008"，然后单击"SQL Server Management Studio"，启动的界面如图 2-2 所示。

图 2-2　SQL Server 2008 启动界面

　　SQL Server 2008 在使用的时候需要有服务器的支持，因此在启动的时候首先打开的是一个"连接到服务器"对话框，如图 2-3 所示。在这个对话框中可以选择服务器的类型、服务器的名称以及身份验证方式。

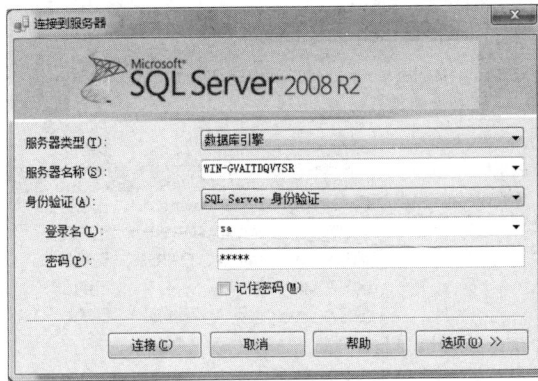

图 2-3　　"连接到服务器"对话框

"服务器类型"用来选择使用的服务器的类型，一般为"数据库引擎"，如果该服务器上安装了 SQL Server 2008 的其他类型服务，我们也可以选择。"服务器名称"用来选择所要连接的服务器的名称，默认是连接本机，如果要连接其他的服务器，可以在这里直接输入服务器的名称，或者在下拉列表中通过选择"<浏览更多…>"来定位服务器。"身份验证"有两个选项，如果选择"Windows 身份验证"，则以当前登录到 Windows 的用户名登录 SQL Server 2008；如果选择"SQL Server 身份验证"，则使用 SQL Server 自带的身份管理机制登录。这里为了演示方便，我们选择"SQL Server 身份验证"，并使用系统内置的超级管理员"sa"来登录。

3) 系统介绍

在成功连接到服务器后，我们将打开 SQL Server 2008 的主窗口，如图 2-4 所示。

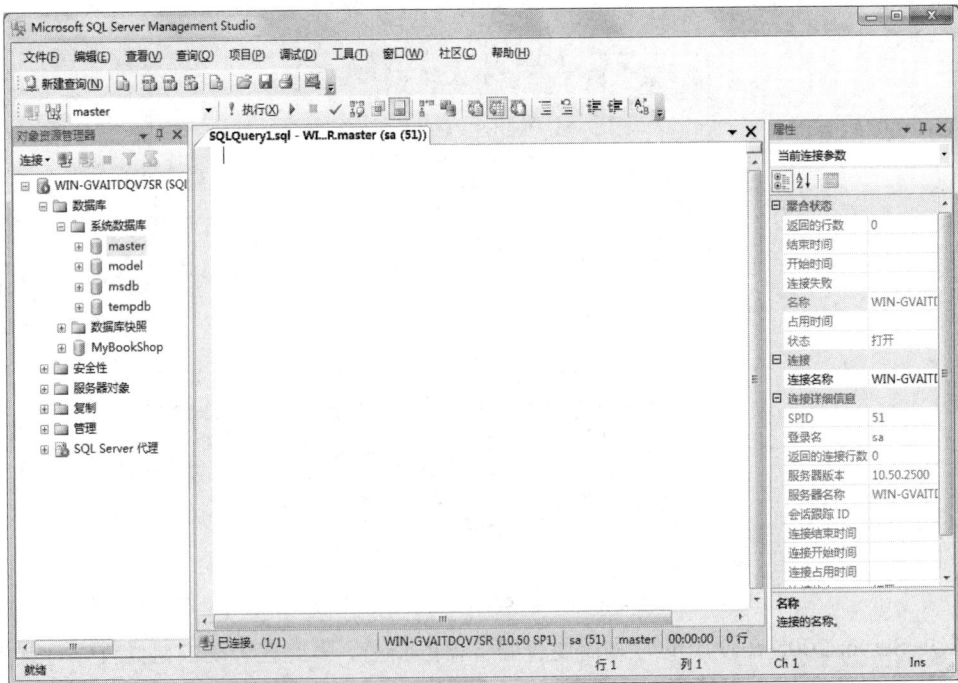

图 2-4　　SQL Server 2008 主窗口

　　窗口的顶部是菜单栏和工具栏，左侧通过一个树形结构列出了当前服务器上我们所能够操作的所有对象。窗口的右侧是属性窗口，列出了当前选中项的常用属性。窗口的中央，占据最大位置的是工作区，我们可以在这里通过各种 T-SQL 语句来完成对数据库的操作。

2. 通过图形界面创建数据库

　　数据库是整个数据库应用的基础，因此我们从认识数据库开始。在 SQL Server 2008 中，数据库分为系统数据库和用户数据库两种。系统数据库类似于操作系统的系统文件，主要用来管理和保证数据库系统的正常运作。一般情况下，不建议直接操作系统数据库，因为不当的操作有可能会导致整个 SQL Server 2008 瘫痪。图 2-5 对常用的系统数据库做了一个简单的介绍。

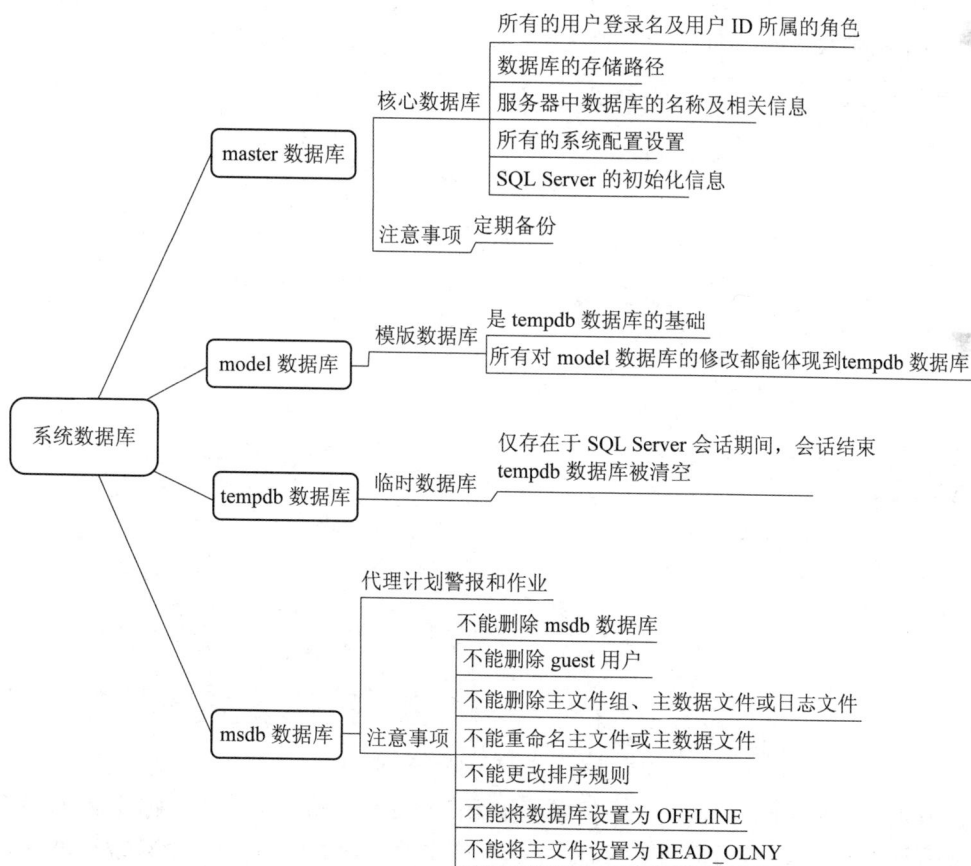

图 2-5　常用的系统数据库

　　用户数据库是我们操作和应用的主体，也是我们学习的重点。在 SQL Server 2008 中创建用户数据库的方式有两种：通过图形界面创建和通过代码创建。此处我们主要介绍通过图形界面创建数据库的方法。

　　(1) 在"对象资源管理器"窗口中，右键单击"数据库"，然后单击"新建数据库"，如图 2-6 所示。

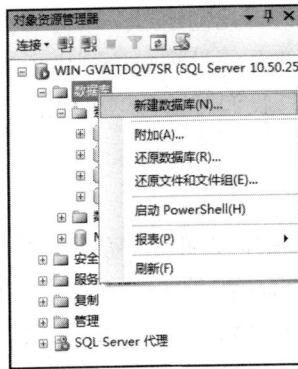

图 2-6　新建数据库的操作过程

(2) 在打开的"新建数据库"窗口中,"数据库名称"用于指定输入数据库的名称,"所有者"用于指定数据库的拥有者(一般采用"<默认值>"),如图 2-7 所示。

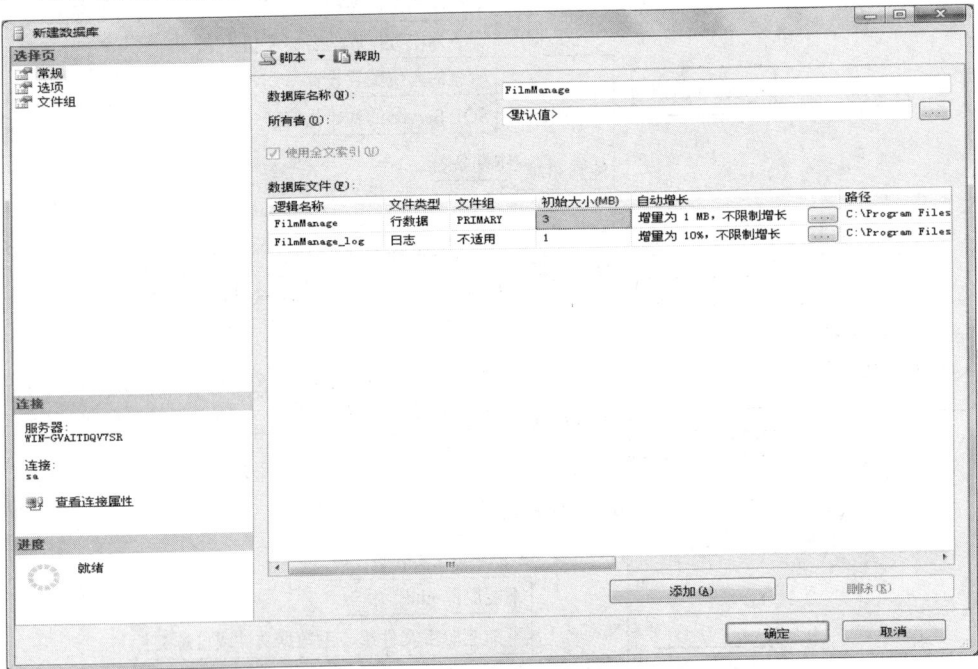

图 2-7　新建数据库界面

在 SQL Server 2008 中,一个数据库至少由两个文件组成:一个主数据库文件(后缀名为 .mdf)和一个日志文件(后缀名为 .ldf)。主数据库文件包含数据和对象,例如表、索引、存储过程和视图。日志文件包含恢复数据库中所有事务所需的信息。另外,可以根据实际需要添加次要数据库文件,该文件由用户定义,作用是存储用户数据。通过将每个次要数据库文件放在不同的磁盘驱动器上,可将数据分散到多个磁盘上。另外,如果数据库的大小超过了单个 Windows 文件的最上限,则可以使用次要数据库文件,这样数据库就能继续增长了。次要数据库文件的扩展名是 .ndf。

在"数据库文件"部分我们可以看到系统自动添加的两个文件。如果有需要,可以单击"添加"按钮,在列表中添加一个新的行,再通过对各个字段进行设置添加一个新的次要数据库文件。列表中各字段的作用分别是：

① 逻辑名称：用来设定数据库文件在服务器上的逻辑名称，一般来说文件的物理名称和逻辑名称是相同的，但是可以根据需要设定不同的名称。

② 文件类型：用于设定文件的类型，文件类型一般从列表中选择。文件类型可以为行数据、日志或 FileStream 数据，但是我们无法修改现有文件的文件类型。(注：如果未启用 FileStream，则不会出现 FileStream 选项。可以通过服务器属性"高级"页对话框启用 FileStream。)

③ 文件组：每个数据库都有一个主要文件组。此文件组包含主要数据文件和未放入其他文件组的所有次要文件。可以创建用户定义的文件组，用于将数据文件集合起来，以便于管理、数据分配和放置。例如，可以分别在三个磁盘驱动器上创建三个文件 Data1.ndf、Data2.ndf 和 Data3.ndf，然后将它们分配给文件组 fgroup1。接下来，可以明确地在文件组 fgroup1 上创建一个表，对表中数据的查询将分散到三个磁盘上进行，从而提高了性能。通过使用在独立磁盘冗余阵列(Redundant Arrays of Inexpensive Disks，RAID)条带集上创建的单个文件也能获得同样的性能提升，但是，文件和文件组使我们能够轻松地在新磁盘上添加新文件。我们可以从列表中为文件选择文件组，默认情况下，文件组为 PRIMARY。通过选择"<新文件组>"，然后在"新建文件组"对话框中输入有关文件组的信息，可以创建新的文件组，或者在"文件组"页上创建新的文件组，但是我们无法修改现有文件的文件组。

④ 初始大小：用于输入或修改文件的初始大小(MB)。默认情况下，这是 model 数据库中设定的值。此字段对于 FileStream 文件无效。

⑤ 自动增长：选择或显示文件的自动增长属性。这些属性控制在达到最大的文件大小时文件的扩展方式。若要编辑自动增长值，请单击所需编辑文件的自动增长属性旁的编辑按钮，然后更改"更改自动增长设置"对话框中的值。默认情况下，它们是 model 数据库中设定的值。此字段对于 FileStream 文件无效。

⑥ 路径：显示所选文件的路径。若要指定新的文件路径，请单击文件路径旁的编辑按钮，再导航到目标文件夹。我们无法修改现有文件的路径。对于 FileStream 文件，该路径是一个文件夹，SQL Server 数据库引擎将在此文件夹中创建基础文件。

一般情况下，这个列表中唯一需要我们修改的就是文件的路径，因为默认情况下创建的数据库文件存放在 SQL Server 2008 的安装路径下。很显然，这使用起来并不方便。列表中的其他各项直接采用系统默认值就可以了。

(3) 单击"确定"按钮，完成数据库的创建。

任务四 学习数据库的管理

一个数据库建立起来后，大部分属性我们都不建议进行修改，因此数据库的管理工作基本上都集中在对数据库文件的管理上，在这里也只讨论这部分的工作。和创建数据库一样，管理数据库也是分为通过图形界面管理和通过代码管理两种方式。此处也主要介绍通过图形界面管理数据库的方法。

1. 查看数据库属性及添加或删除数据库文件

在对象资源管理器中找到新创建的 FilmManage 数据库，右键单击，在弹出的菜单中选择"属性"如图 2-8 所示，打开该数据的属性窗口。

图 2-8　打开数据库属性窗口的操作过程

打开的属性窗口如图 2-9 所示，在左侧的"选择页"可以看到九个数据库属性设置选项，分别是：

(1) 常规：可以查看或修改所选数据库的属性；

(2) 文件：添加、查看、修改或移除相关联数据库的数据库文件；

(3) 文件组：可以查看文件组，或为所选数据库添加新的文件组；

(4) 选项：可以为每个数据库都设置若干个决定数据库特征的数据库选项；

(5) 更改跟踪：可查看或修改所选数据库的更改跟踪设置；

(6) 权限：可以查看或设置安全对象的权限；

(7) 扩展属性：可以向数据库对象添加自定义属性；

(8) 镜像：可以配置并修改数据库的数据库镜像属性，还可以启动配置数据库镜像安全向导，以查看镜像会话的状态，并可以暂停或删除数据库镜像会话；

(9) 事务日志传送：可以配置和修改数据库的日志传送属性。

这里不对所有的属性设置选项进行详细介绍，因为过于复杂而且没有必要，只重点介绍文件配置。单击"文件"后，打开文件配置，如图 2-9 所示。

在"数据库文件"列表中可以看到之前创建的三个数据库文件，并且通过列表也可以方便地看到这几个文件的相关属性，但是我们能够修改的属性只有两个：初始大小和自动增长。

单击列表下方的"添加"按钮，就可以在列表中添加一个新的数据库文件。在逻辑名称处可以输入新文件的逻辑名称。文件类型可以是行数据或者日志，如果选择行数据，则新文件为次要数据库文件；否则，就是日志文件。文件组可以是默认的，也可以新建，这里建议将同一个数据库文件放置到一个文件组中。路径可以输入，也可以选择，建议将几个文件设定为同一个路径。最后输入文件的物理名称。选中某个文件后，单击列表下方的"删除"按钮可以删除该文件，但是原始的主数据库文件和日志文件是无法删除的。

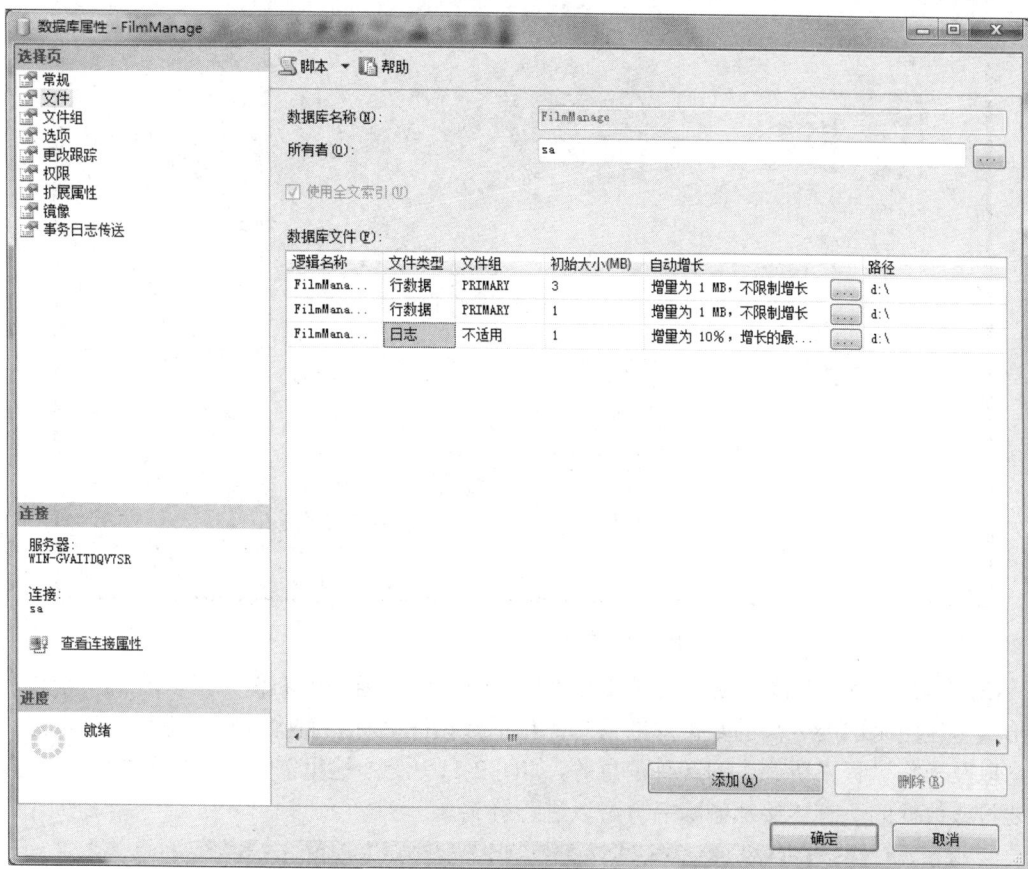

图 2-9 文件配置选项

注意：删除数据库文件会导致数据丢失，因此请谨慎使用！

2. 移动数据库

在实际开发过程中，会碰到需要移动数据库的情况，这时候可以借助于 SQL Server 2008 所提供的分离及附加功能来实现。该功能的作用是将用户数据库从服务器管理中分离出来，同时能保持数据文件和日志文件的完整性和一致性。这样分离出来的数据库可以附加到其他服务器上，构成完整的数据库，就好像一个人从现有公司辞职后到另外一家新公司从事新工作一样。

1) 分离数据库

在 SQL Server 2008 中分离数据库的步骤如下：

(1) 在"对象资源管理器"中找到需要做分离操作的数据库，例如需要将 FilmManage 数据库分离出来，这时候就可以找到它，然后右键单击，在弹出的菜单中选择"任务"，再选择"分离…"菜单命令，如图 2-10 所示。

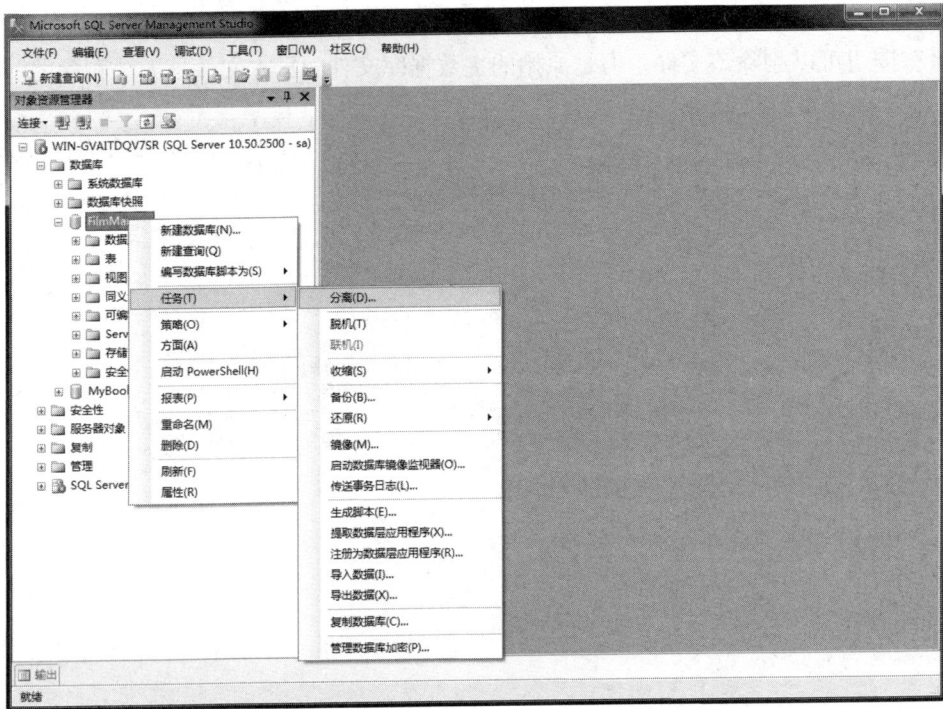

图 2-10　选择"分离"菜单命令

(2) 勾选"删除连接"项。在打开的"分离数据库"窗口的右侧，可以看到一个以列表形式呈现出来的要分离的数据库的信息，包括数据库名称、删除连接、更新统计信息、状态以及操作过程中所产生的各种消息等，如图 2-11 所示。这里需要注意，分离数据库时，需要将该数据的所有连接都删除后方可以进行分离。

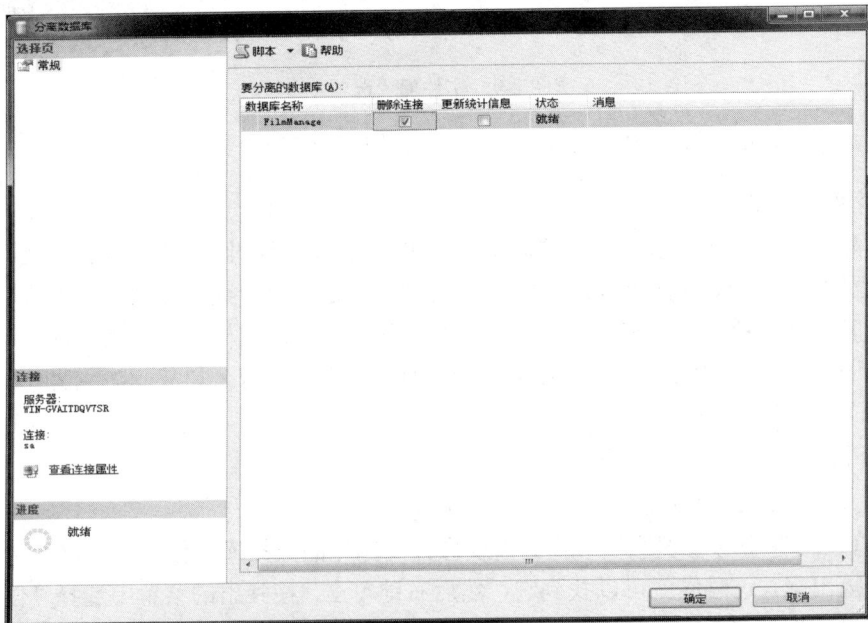

图 2-11　"分离数据库"窗口

(3) 在图 2-11 中，单击"确定"按钮，完成对 FilmManage 数据库的分离操作。此时 FilmManage 数据库将不再属于当前的数据库服务管理器，在"对象资源管理器"中也看不到 FilmManage 数据库了。

2) 附加数据库

将分离的数据库文件复制到目标位之后，通过附加操作就可以完成数据库的移动。在 SQL Server 2008 中附加用户数据库的步骤如下：

(1) 在"对象资源管理器"中选中"数据库"节点，右键单击后，在打开的菜单中选择"附加…"菜单命令，如图 2-12 所示。

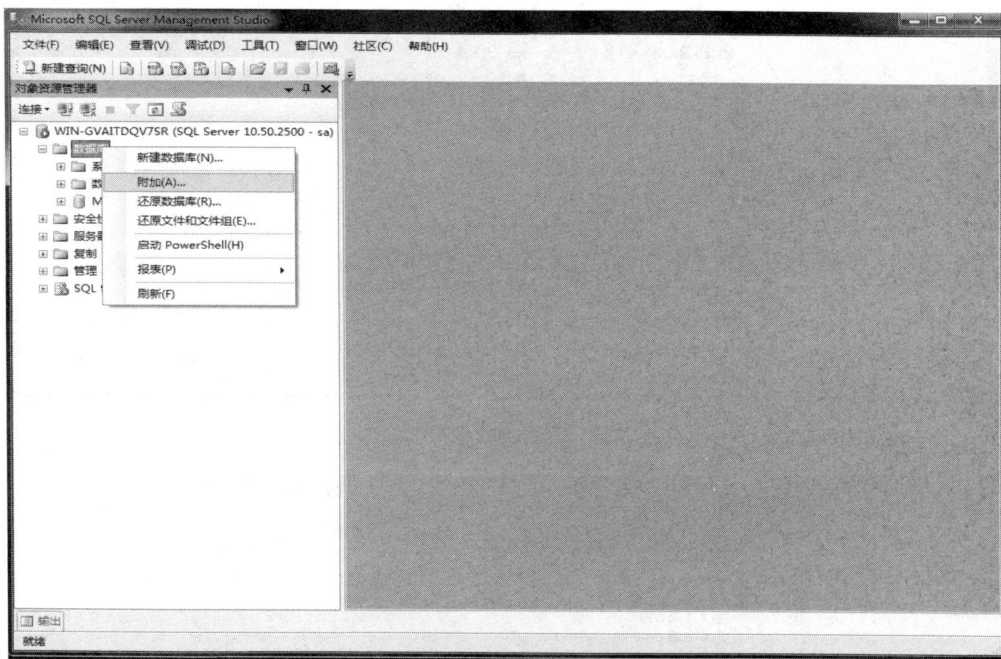

图 2-12　选择"附加…"菜单命令

(2) 在打开的"附加数据库"窗口的右侧，可以看到有上下两个列表，在上面的"要附加的数据库"列表中将会列出要附加到当前数据库服务器的数据库，如图 2-13 所示。

(3) 在图 2-13 中，单击列表下方的"添加…"按钮就可以打开"定位数据库文件"对话框。通过这个对话框，可以在计算机中寻找要附加的数据库的主数据库文件的位置和名称，如图 2-14 所示。

(4) 在图 2-14 中，单击"确定"按钮后回到"附加数据库"窗口，这时可以看到，在"要附加的数据库"列表中出现了刚才选择的数据库，如图 2-15 所示。这个列表中只有"附加为"和"所有者"这两项可以修改。"附加为"用于指定数据库附加完成后，在新的服务器上的名称，默认和分离时的名称相同，但是可以根据需要修改。"所有者"是数据库附加完成后新的数据库的所有者，默认是 sa。下面的"数据库详细信息"列表前已经加上了附加的数据库的名称。在这个列表中可以看到要附加的数据库的所有库文件的名称和位置等信息。这些文件中的日志文件可以根据需要删除，如果删除了，则在附加的时候系统会自动创建新的日志文件，但是这样做会将原来的日志信息全部丢失，因此不建议这样做。

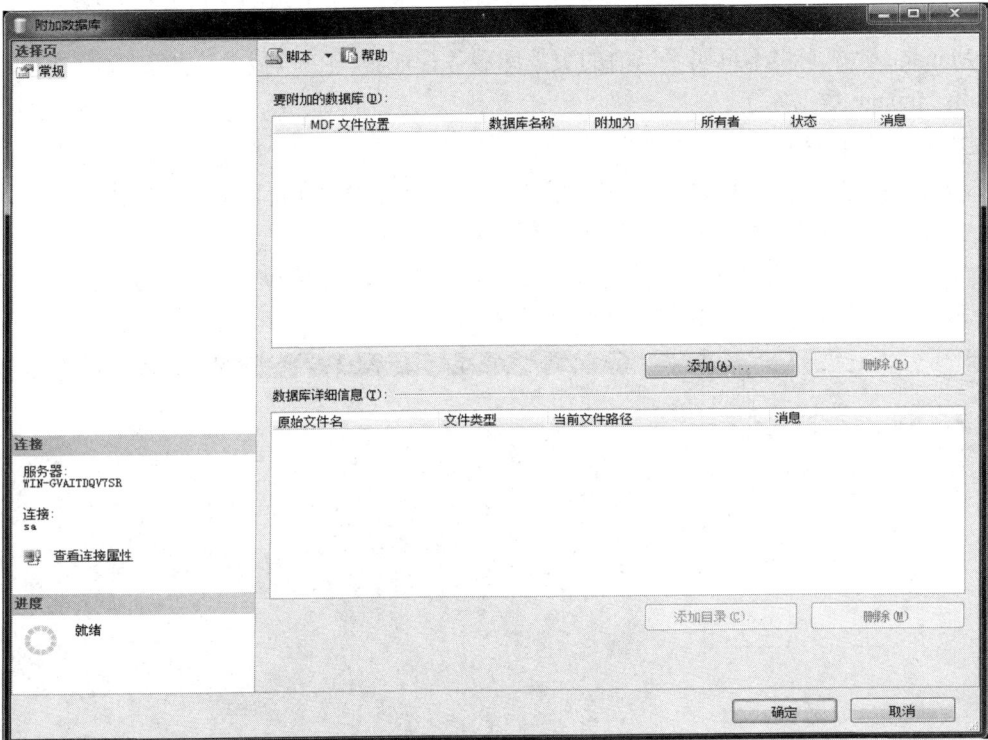

图 2-13 "附加数据库"窗口

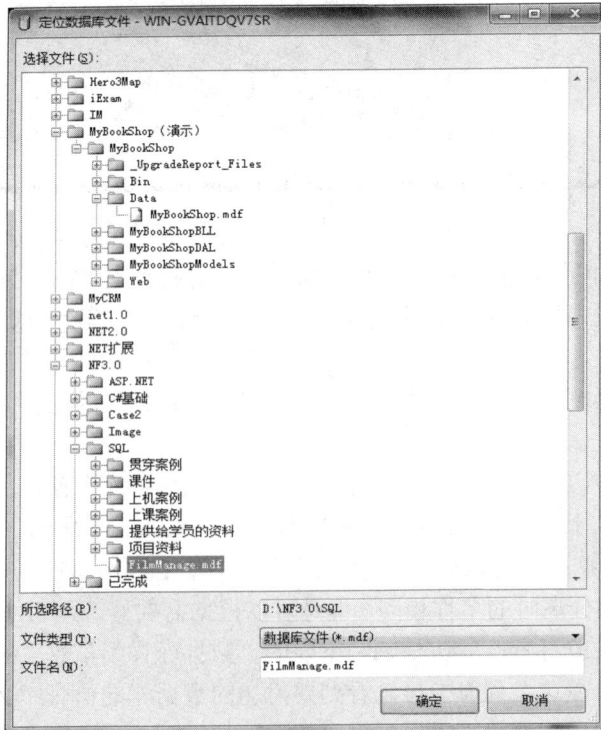

图 2-14 "定位数据库文件"对话框

（5）所有信息都确认无误后，单击图 2-15 中的"确定"按钮，开始附加数据库。成功完成对数据库的附加操作后，FilmManage 数据库就归属于当前的 SQL Server 2008 服务器，并由其管理了。这时在"对象资源管理器"中可以查看到附加上的 FilmManage 数据库。

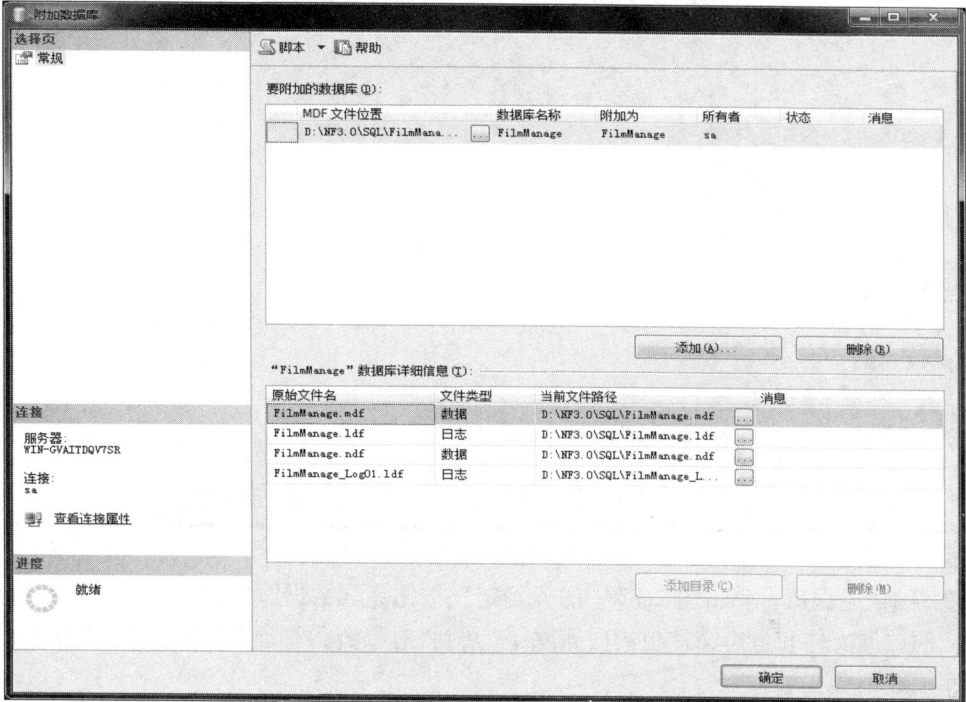

图 2-15　附加完数据库的窗口

3．删除数据库

如果用户数据库确实不再需要了，就应当从服务器中删除，释放其所占用的资源。

在图形界面下删除数据库的步骤如下：

（1）在"对象资源管理器"中找到需要删除的数据库，例如要删除 FilmManage 数据库，则在该数据库上右键单击后，在弹出的菜单中选择"删除"菜单命令，如图 2-16 所示。

（2）在"删除对象"窗口的右侧有一个"要删除的对象"列表，如图 2-17 所示，可以看到现在列表中已经有了 FilmManage 数据库的信息，包括数据库对象名称、对象类型、所有者等信息。在列表的下方有两个复选框，勾选"删除数据库备份和还原历史记录信息"复选框。默认情况下，该复选框处于选中状态,标识同时删除数据库的备份等内容。"关闭现有连接"复选框一般处于未选中状态，因为当删除某个数据库的时候都会确认该复选框处于未使用状态，否则就要勾选。

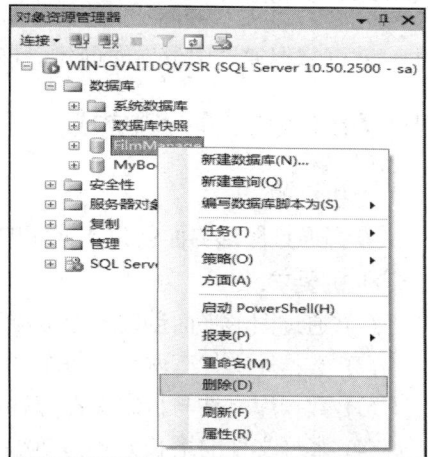

图 2-16　选择"删除"菜单命令

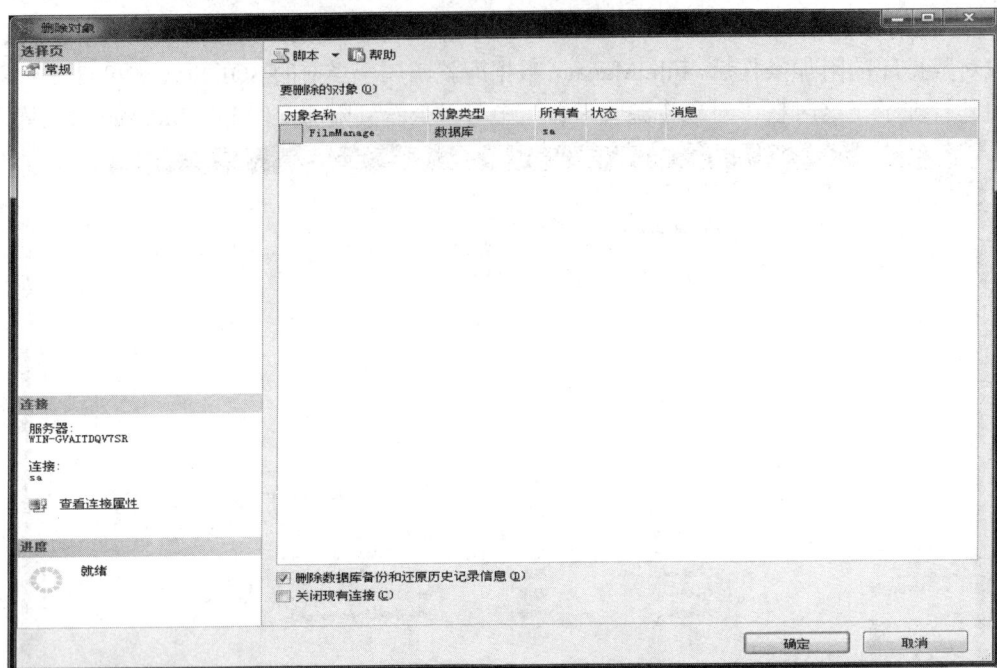

图 2-17　"删除对象"对话框

(3) 确认无误后,单击图 2-17 中的"确定"按钮完成数据库的删除操作,这时数据库所对应的数据文件和日志文件也同时删除了。回到"对象资源管理器"中会发现 FilmManage 数据库已经不存在了。

◇◇◇　上 机 实 践　◇◇◇

本次上机课总目标

熟练掌握通过图形界面创建、移动、删除数据库的方法。

上机阶段一(30 分钟内完成)

上机目的:
掌握通过图形界面创建数据库的方法。

上机要求:

(1) 通过图形界面创建一个数据库,数据库名为 Student。

(2) 数据库文件有两个,每个文件为 1 MB;日志文件两个,每个文件为 1 MB。

(3) 数据库文件与日志文件都存放在 D:\DB 目录下。

(4) 数据文件的增长方式为 20%的百分比,不限制文件大小。

(5) 日志文件的增长方式为 1 MB 的固定增长方式,不限制文件大小。

实现步骤:

(1) 启动 SQL Server 2008;

(2) 打开 SQL Server Management Studio 管理窗口；

(3) 右键单击"对象资源管理器"中的"数据库"结点，选择"新建数据库"；

(4) 在窗体中完成上述要求；

(5) 完成相关操作后，在窗体中单击"确定"按钮，保存退出。

上机阶段二(10 分钟内完成)

上机目的：

掌握通过图形界面添加或删除数据库文件的方法。

上机要求：

(1) 通过图形界面打开刚刚创建的 Student 数据库。

(2) 为数据库增加一个数据文件和一个日志文件，每个文件为 1 MB，并一起存放在 D:\db 目录下。

(3) 新增的数据文件的增长方式为 20%的百分比，不限制文件大小。

(4) 新增的日志文件的增长方式为 1 MB 的固定增长方式，不限制文件大小。

(5) 删除一个原来的日志文件与数据文件。

实现步骤：

(1) 启动 SQL Server 2008；

(2) 打开 SQL Server Management Studio 管理窗口；

(3) 单击"对象资源管理器"中的"数据库"结点，右键单击"Student"数据库，选择"属性"；

(4) 在窗体中完成上述要求；

(5) 完成相关操作后，在窗体中单击"确定"按钮，保存退出。

上机阶段三(10 分钟内完成)

上机目的：

掌握通过图形界面删除数据库的方法。

上机要求：

(1) 通过图形界面打开刚刚创建的 Student 数据库。

(2) 删除 Student 数据库。

实现步骤：

(1) 启动 SQL Server 2008；

(2) 打开 SQL Server Management Studio 管理窗口；

(3) 单击"对象资源管理器"中的"数据库"结点，右键单击"Student"数据库，选择"删除"；

(4) 在窗体中完成上述要求(如果有用户连接到本数据库，可选择"关闭现有连接"选项)；

(5) 完成相关操作后，在窗体中单击"确定"按钮，保存退出。

上机作业

为了把你自己创建好的数据库给你的同桌使用或者你想换一台电脑，现需要把你的数据库分离，分离后的数据库目录下的所有数据文件与日志文件一起通过 U 盘或网络的方式复制给你同桌或者复制到另外一台电脑中，你同桌把分离后的数据库附加到自己的数据库中或者你将分离后的数据库附加到新电脑的数据库中。请用图形界面的方式实现数据库的分离与附加。

◈◈◈ 　作　业　 ◈◈◈

一、选择题

1. 下列(　)不是 SQL 数据库文件的后缀。

A. .mdf 　　　　　B. .ldf 　　　　　　　C. .tdf 　　　　　　　D. .ndf

2. 数据定义语言的缩写词为(　　)。

A. DDL 　　　　　B. DCL 　　　　　　　C. DML 　　　　　　D. DBL

3. SQL Server 系统中的所有服务器级系统信息存储于(　　)数据库。

A. master 　　　　B. model 　　　　　　　C. tempdb 　　　　　D. msdb

4. 在 SQL Server 2008 环境下，关于数据库的说法正确的是(　　)。

A. 一个数据库可以不包含事务日志文件

B. 一个数据库可以只包含一个事务日志文件和一个数据库文件

C. 一个数据库可以包含多个数据库文件，但只能包含一个事务日志文件

D. 一个数据库可以包含多个事务日志文件，但只能包含一个数据库文件

5. 数据库系统的日志文件用于记录(　　)的内容。

A. 数据操作过程 　　　　　　　　　B. 数据查询操作

C. 程序执行结果 　　　　　　　　　D. 数据更新操作

6. 主数据库文件包含数据库的启动信息，它的扩展名是(　　)。

A. .mdf 　　　　　B. .sql 　　　　　　　C. .ndf 　　　　　　D. .ldf

7. 每个文件组可以有 (　　) 日志文件。

A. 1 个 　　　　　B. 2 个 　　　　　　　C. 3 个 　　　　　　D. 多个

8. 移动数据库之前应该先(　　)。

A. 重命名数据库 　　　　　　　　　B. 附加数据库

C. 分离数据库 　　　　　　　　　　D. 删除数据库

二、实践题

1. 练习启动 SQL 服务和停止 SQL 服务。

2. 在 E:\DB 文件夹下创建一个名称为 MySchool 的数据库。

3. 将 MySchool 数据库复制到自己电脑的 SQL 上，并显示出来。

4. 删除自己电脑上的数据库 MySchool。

项目三　　数据表管理

在关系数据库中，数据表是一系列二维数组的集合，用来代表和储存数据对象之间的关系。它由纵向的列和横向的行组成。例如，一个有关作者信息的名为 authors 的表中，每列包含的是所有作者的某个特定类型的信息(如姓氏)，而每行则包含了某个特定作者的所有信息(如姓、名、住址等)。

对于特定的数据表，列的数目一般事先固定，各列之间可以由列名来识别；而行的数目可以随时、动态变化，每行通常都可以根据某个(或某几个)列中的数据来识别。

本项目主要内容：
(1) 数据表中的数据类型；
(2) 数据表的基本概念；
(3) 数据表的创建；
(4) 数据表的管理；
(5) 数据表中数据的管理。

任务一　预　　习

1. 创建数据表有哪几个步骤？
2. 常用的数据类型有哪些？
3. char 与 varchar 有什么区别？存储性别和姓名的值应该采用什么类型？
4. 存储逻辑型的数据应该采用什么类型？
5. 创建数据表的结构有哪些方法？

任务二　了解数据的类型

在数据表中，每一个数据都必须有其唯一的类型，我们称之为数据类型。数据类型就是以数据的表现方式和存储方式来划分的数据种类。SQL Server 中常用的数据类型如表 3-1 所示。

表 3-1　SQL Server 中常用的数据类型

种类	数 据 类 型
整型	int, bigint, smallint, tinyint
浮点类型	float, real
字符类型	char, varchar
日期类型	datetime, smalldatetime
其他类型	binary, varbinary, image, nchar, nvarchar, ntext

下面将逐一介绍这几种数据类型。

1. 整型

整型是最常用的数据类型之一，SQL Server 2008 支持 int、bigint、smallint 和 tinyint 四种整型数据。表 3-2 列出了这四种整型数据的相关信息。

表 3-2　整 型 数 据

类型名称	取 值 范 围	存储空间
bigint	-2^{63} ($-9\,223\,372\,036\,854\,775\,808$)～$2^{63}-1$($9\,223\,372\,036\,854\,775\,807$)	8 字节
int	-2^{31} ($-2\,147\,483\,648$)～$2^{31}-1$($2\,147\,483\,647$)	4 字节
smallint	-2^{15} ($-32\,768$)～$2^{15}-1$($32\,767$)	2 字节
tinyint	0～255	1 字节

2. 浮点类型

浮点类型用于存储十进制小数。浮点数据为近似值，因此，并非数据类型范围内的所有值都能精确地表示。表 3-3 列出了两种浮点类型数据的相关信息。

表 3-3　浮点类型数据

类型名称	取 值 范 围	存储空间
float	$-1.79E+308$～$-2.23E-308$、0 以及 $2.23E-308$～$1.79E+308$	取决于位数
real	$-3.40E+38$～$-1.18E-38$、0 以及 $1.18E-38$～$3.40E+38$	4 字节

float 类型的语法是 float[(n)]。其中 n 为用于存储 float 数值尾数的位数，以科学记数法表示，因此可以确定精度和存储大小。n 是介于 1 和 53 之间的某个值，默认值为 53。表 3-4 列举了 float 类型数据的精度与存储空间的关系。

表 3-4　float 类型数据的精度与存储空间的关系

n 值	精度	存储空间
1～24	7 位数	4 字节
25～53	15 位数	8 字节

real 类型的语法是 real。real 类型数据的范围是 $-3.40E+38$ 到 $3.40E+38$。real 类型数据的存储空间为 4 字节。在 SQL Server 中，real 的同义词为 float(24)。

3. 字符类型

字符类型用于存储字符串数据，它包括固定长度与可变长度两种字符数据类型。

1) char[(n)]

char 是固定长度字符数据类型，非 Unicode 字符数据。n 为字符串长度，取值范围为 1～8000，存储大小是 n 字节。在 SQL Server 中，char 的同义词为 character。

2) varchar[(n|max)]

varchar 是可变长度字符数据类型，所存储的字符串数据为非 Unicode 字符数据。n 为字符串长度，取值范围为 1～8000。max 指示最大存储容量是 $2^{31}-1$ 个字节。存储空间是输入数据的实际长度加 2 字节。所输入数据的长度可以为 0。在 SQL Server 中，varchar 就是 char varying 或 character varying。

如果未在数据定义或变量声明语句中指定 n，则默认长度为 1。如果在使用 CAST 和 CONVERT 函数时未指定 n，则默认长度为 30。

除非已经使用 COLLATE 子句指派了特定的排序规则，否则将为使用 char 或 varchar 的对象指派数据库的默认排序规则。使用 COLLATE 子句指派的特定的排序规则用于控制存储字符数据的代码页。

如果站点支持多语言，请考虑使用 Unicode nchar 或 nvarchar 数据类型，以最大限度地消除字符转换问题。如果使用 char 或 varchar，则建议执行以下操作：

(1) 如果列数据项的大小一致，则使用 char。

(2) 如果列数据项的大小差异相当大，则使用 varchar。

(3) 如果列数据项的大小相差很大，而且大小可能超过 8000 字节，则使用 varchar(max)。

char 和 varchar 数据类型存储由以下字符组成的数据：

(1) 大写字符或小写字符，如 a、b 和 C。

(2) 数字，如 1、2 和 3。

(3) 特殊字符，如符号 @、& 和!。

char 和 varchar 数据可以是单个字符；char 数据还可以是最多包含 8000 个字符的字符串，varchar 数据还可以是最多包含 2^{31} 个字符的字符串。varchar 数据可以有两种形式，varchar 数据的最大字符长度可以是指定的。例如，varchar(6)指示此数据类型最多存储 6 位字符，它也可以是 varchar(max)形式的，即此数据类型可存储的最大字符数可达 2^{31} 个。

每个 char 和 varchar 数据值都具有排序规则。排序规则用于定义属性，如用于表示每个字符的位模式、比较规则以及是否区分大小写或重音。每个数据库有默认的排序规则。当定义列或指定常量时，除非已经使用 COLLATE 子句指派了特定的排序规则，否则将为它们指派数据库的默认排序规则。当组合或比较两个具有不同排序规则的 char 或 varchar 值时，根据排序规则的优先规则来确定操作所使用的排序规则。

4. 日期类型

日期类型是用于表示某天的日期和时间的数据类型，它包括 datetime 和 smalldatetime 等。表 3-5 列出了这两种类型数据的相关信息。

表 3-5　日期类型数据

数据类型	取 值 范 围	精确度
datetime	1753-1-1～9999-12-31 00:00:00～23:59:59.997	3.33 ms
smalldatetime	1900-1-1～2079-6-6 00:00:00～23:59:59	1 min

Microsoft SQL Server 2008 用两个 4 字节的整数内部存储 datetime 数据类型的值。第一个 4 字节存储"基础日期"(即 1900 年 1 月 1 日)之前或之后的天数。基础日期是系统参照日期。另外一个 4 字节存储天的时间(用午夜后经过的毫秒数表示)。

smalldatetime 数据类型存储天的日期和时间，但精确度低于 datetime。数据库引擎将 smalldatetime 值存储为两个 2 字节的整数。第一个 2 字节存储 1900 年 1 月 1 日后的天数，另外一个 2 字节存储午夜后经过的分钟数。

5. 其他类型

SQL Server 中还包括其他一些不太常用的数据类型，这里简单介绍一下。

(1) 用于存储大型非 Unicode 字符、Unicode 字符及二进制数据的固定长度的数据类型和可变长度的数据类型。

① ntext：存储长度可变的 Unicode 数据，数据最大长度为 $2^{30}-1(1\,073\,741\,823)$ 个字符。存储大小是所输入字符个数的两倍(以字节为单位)。

② text：存储服务器代码页中长度可变的非 Unicode 数据，数据最大长度为 $2^{31}-1$ $(2\,147\,483\,647)$ 个字符。当服务器代码页使用双字节字符时，存储空间仍是 $2\,147\,483\,647$ 字节。根据字符串，存储空间可能小于 $2\,147\,483\,647$ 字节。

③ image：存储长度可变的二进制数据，数据长度为 $0 \sim 2^{31}-1(2\,147\,483\,647)$ 个字符。

(2) 用来存储 Unicode 字符数据集的字符数据类型(nchar 长度固定，nvarchar 长度可变)。

① nchar[(n)]：存储 n 个字符的固定长度的 Unicode 字符数据。n 值必须在 $1 \sim 4000$ 之间(含)。存储空间为两倍 n 字节。nchar 的 SQL 2003 同义词为 national char 和 national character。

② nvarchar[(n|max)]：存储可变长度的 Unicode 字符数据。n 值在 $1 \sim 4000$ 之间(含)。max 指示最大存储容量为 $2^{31}-1$ 字节。存储空间是所输入字符个数的两倍再加 2 个字节。所输入数据的长度可以为 0 个字符。在 SQL Server 中，nvarchar 的同义词为 national char varying 和 national character varying。

(3) 用来存储二进制数据的固定长度或可变长度的 binary 数据类型。

① binary[(n)]：存储长度为 n 字节的固定长度的二进制数据。n 是从 1 到 8000 的值。存储大小为 n 字节。

② varbinary[(n|max)]：存储可变长度的二进制数据。n 可以取从 1 到 8000 的值。max 指示最大的存储容量为 $2^{31}-1$ 字节。存储空间为所输入数据的实际长度再加 2 个字节。所输入数据的长度可以是 0。

任务三　学习数据表的创建和管理

表是存储各种数据的载体，具有以下特点：

(1) 在特定的数据库中，表名是唯一的，在特定的表中，列名是唯一的，但不同的表可以有相同的列名。两者的唯一性都是由 SQL Server 强制实现的。

(2) 表是由行和列组成的，行又称为记录，列又称为字段。行和列的次序是任意的。

(3) 每个表最多有 1024 列。

数据行在表中是唯一的，行的唯一性可以通过定义主键来实现。一般来说，在一个表中，不允许有两个完全相同的行存在。

1. 创建数据表

在创建数据表之前，需要定义表中的列(字段)的名称，同时还需要定义每列的数据类型和宽度。数据类型指定了在每列中存储的数据的类型，如文本、数字、日期等，用户可以自定义数据类型。宽度指定了可以向列中输入多少个字符或数字。除此之外，还需要设定表中列是否允许为空，是否有默认值，是否设置为标识列等。下面以创建"客房类型"表为例来介绍几个与创建表结构相关的概念。图 3-1 所示为在 SQL Server Management Studio 中通过图形界面创建结构如图 3-2 所示的"客户类型"数据表的操作过程。

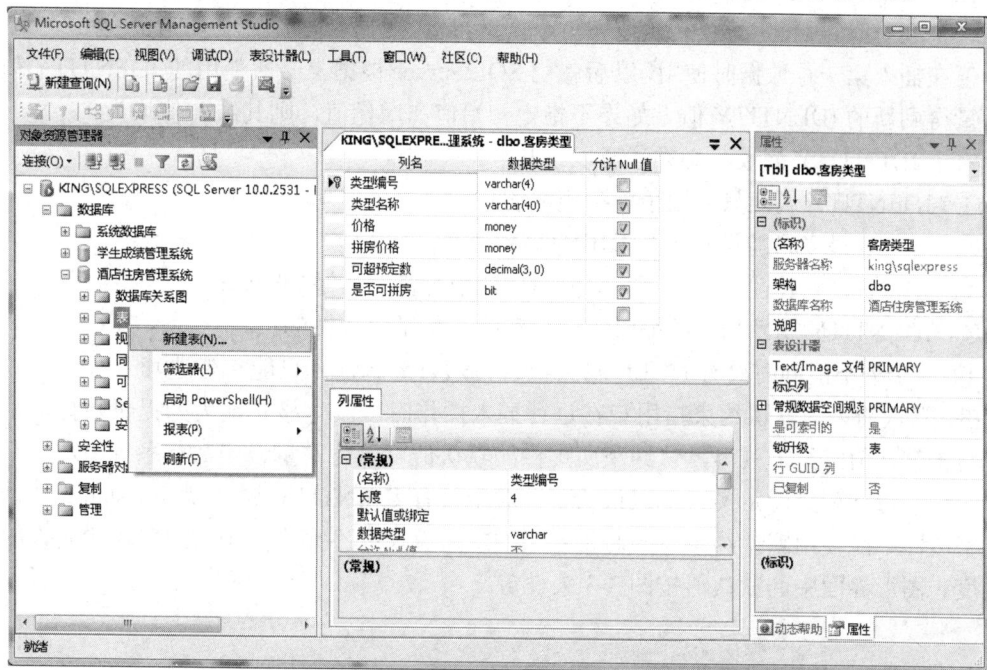

图 3-1　通过图形界面创建表

类型编号	类型名称	价格	拼房价格	可超预定数	是否可拼房
1	普通房	168.0000	30.0000	10	True
2	标准房	150.0000	0.0000	0	False
3	套房	300.0000	0.0000	0	False
4	豪华套房	400.0000	100.0000	0	True
5	小时房	40.0000	NULL	NULL	True
6	商务房	268.0000	NULL	NULL	NULL
NULL	NULL	NULL	NULL	NULL	NULL

图 3-2　"客户类型"数据表

1) 列的属性

表的列名在同一个表中具有唯一性，同一列的数据属于同一种类型的数据。除了用列名和数据类型来指定列的属性外，还可以定义其他属性：NULL 或 NOT NULL 属性、IDENTITY 属性。

(1) NULL 或 NOT NULL 属性。如果表的某一列被指定具有 NULL 属性，那么就允许在插入数据时省略该列的值。反之，如果表的某一列被指定具有 NOT NULL 属性，那么就不允许在没有指定列缺省值的情况下插入省略该列值的数据行。在 SQL Server 中，列的缺省属性是 NOT NULL。要设置缺省属性为 NULL 或 NOT NULL，可以通过将 Enterprise Manager(企业管理器)中的数据库属性选项中的"ANSI null default"设置为真或假来实现。

(2) IDENTITY 属性。IDENTITY 属性可以使表的列包含系统自动生成的数字。这种数字在表中可以唯一标识表的每一行，即表中的每一行数据在指定为 IDENTITY 属性的列上的数字均不相同。指定了 IDENTITY 属性的列称为 IDENTITY 列。当用 IDENTITY 属性定义一个列时，可以指定一个初始值和一个增量。插入数据到含有 IDENTITY 列的表中时，初始值在插入第一行数据时使用，以后就由 SQL Server 根据上一次使用的 IDENTITY 值加上增量得到新的 IDENTITY 值。如果不指定初始值和增量值，则其缺省值均为 1。

对于 IDENTITY 属性，必须注意以下几点：

① IDENTITY 属性只适用于整型类型的列；

② 一个表最多只能设置一个 IDENTITY 属性；

③ IDENTITY 属性的列中每个单元格中的值无需人为添加或修改；

④ IDENTITY 属性列中的编号，一旦删除，将是永久性的；

⑤ 一个列不能同时具有 NULL 属性和 IDENTITY 属性，只能二者选其一。

(3) 默认约束。默认约束指用户在进行插入操作时，没有显式地为列提供数据，那么系统将把默认值赋给该列。默认约束所提供的默认值可以为常量、函数、系统函数、空值等，表中的每一列只能定义一个默认约束。对于具有 IDENTITY 属性和 timestamp 数据类型的字段，不能使用默认约束，同时，定义的默认值长度不允许大于对应字段所允许的最大长度。图形界面中的默认值按图 3-3 来设定。

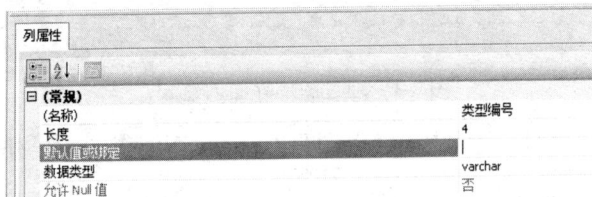

图 3-3　默认约束

(4) 空值约束。空值约束指是否允许该字段的值为 NULL，即空值。主键列不允许为空值，否则就失去了唯一标识的意义。图 3-4 中的复选框中，选中就表示允许空值。

图 3-4　空值约束

2) 使用 SQL Server Management Studio 创建表

下面以创建学员信息表为例，介绍使用 SQL Server Management Studio 创建表的方法。

(1) 进入 SQL Server Management Studio，分别单击"对象资源管理器"中的"数据库"、"Student"左边的"+"，右键单击"表"，再单击"新建表"，系统将弹出如图 3-5 所示的窗口。

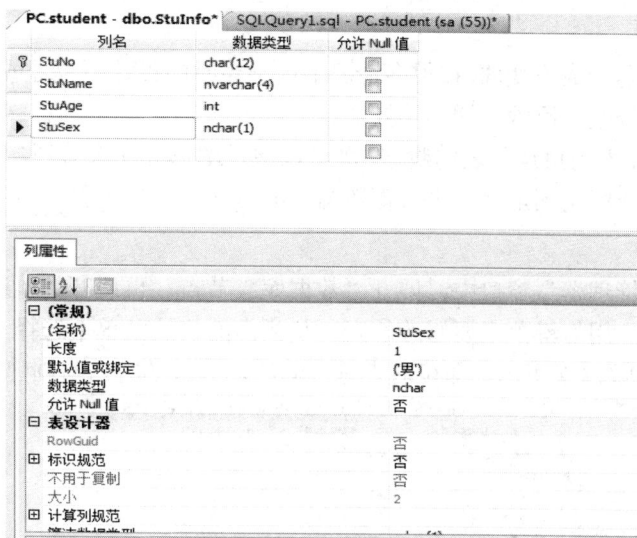

图 3-5　创建新表的窗口

（2）依次输入要创建的表的字段名 StuNo、StuName、StuAge、StuSex、StuTel、StuAddress 以及相应的数据类型、字段长度等设置值，并在输入每个字段时，在下面的"列属性"栏目中设置相应的值。

（3）查看表中的有关信息。打开指定的数据库，在需要查看的表上单击鼠标右键，从弹出的快捷菜单中选择"属性"命令，将打开"表属性"对话框，如图 3-6 所示。"常规"选项页中显示了该表格的定义，包括架构、当前连接参数及名称等属性。该选项页中显示的属性不能修改。

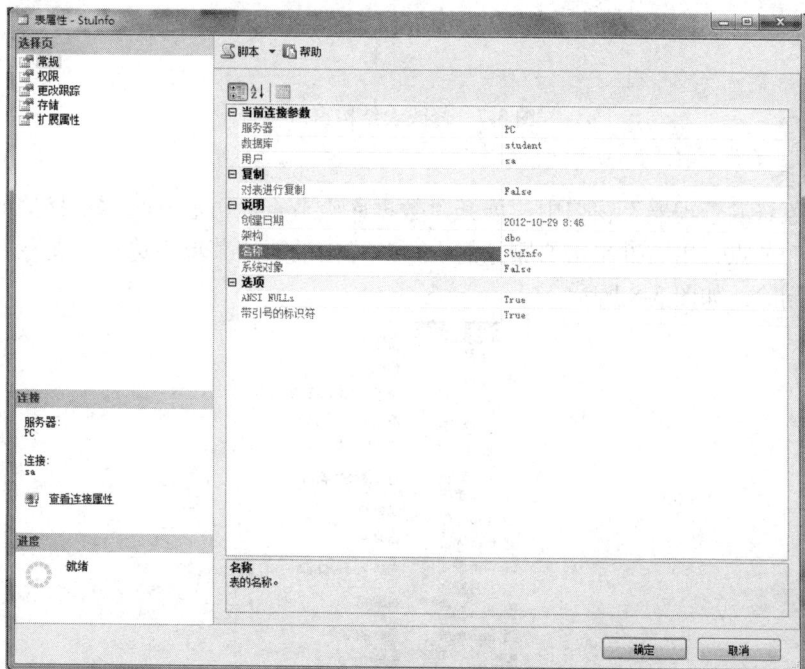

图 3-6　"表属性"对话框

2. 管理数据表

表创建之后不是一成不变的,在很多情况下由于当时的设计不合理或当时考虑不周全,往往需要对字段做修改、删除、增加等操作。

无论是表结构、表约束还是表的数据,既可以通过图形界面来管理,也可以通过 T-SQL 语句来管理。下面介绍用图形界面来管理数据表的方法。

1) 修改表结构

在"对象资源管理器"窗口中,展开"数据库"节点,再展开具体选择的数据库,然后展开"表"节点,用右键单击要修改的表,从弹出的快捷菜单中选择"设计"命令,打开"表设计器",如图 3-7 所示,即可对表进行修改,修改的方法与创建表相同。

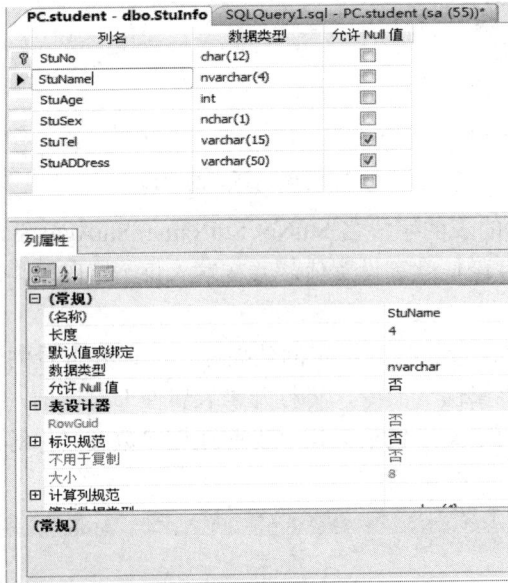

图 3-7　修改表结构窗口

2) 删除表

在"对象资源管理器"窗口中,展开"数据库"节点,再展开具体选择的数据库,然后展开"表"节点,用右键单击要删除的表,从弹出的快捷菜单中选择"删除"命令,即可对表进行删除,如图 3-8 所示。

图 3-8　删除表操作

3) 创建约束

在"对象资源管理器"窗口中，展开"数据库"节点，再展开具体选择的数据库，然后展开"表"节点，用右键单击"约束"节点，从弹出的快捷菜单中选择"新建约束"命令，弹出如图 3-9 所示的对话框。在此对话框中可对表创建所需要的约束。

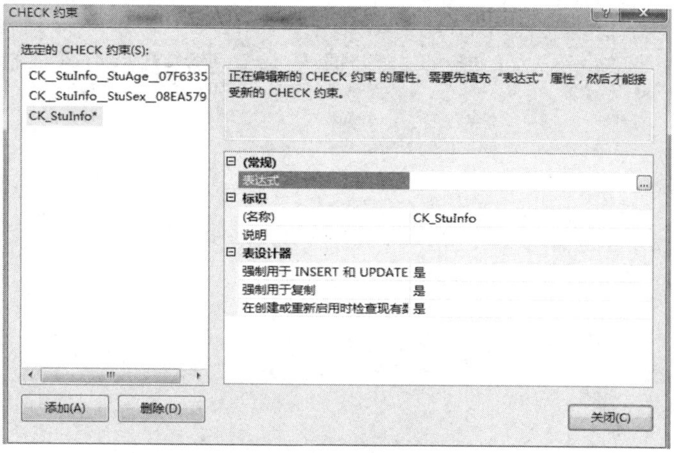

图 3-9　创建约束对话框

4) 删除约束

在"对象资源管理器"窗口中，展开"数据库"节点，再展开具体选择的数据库，然后展开"表"节点，再展开"约束"节点，从"约束"节点中找出需要删除的节点，右键单击该节点，从弹出的快捷菜单中选择"删除"命令，即可弹出如图 3-10 所示的界面，单击"确定"按钮，即可删除约束。

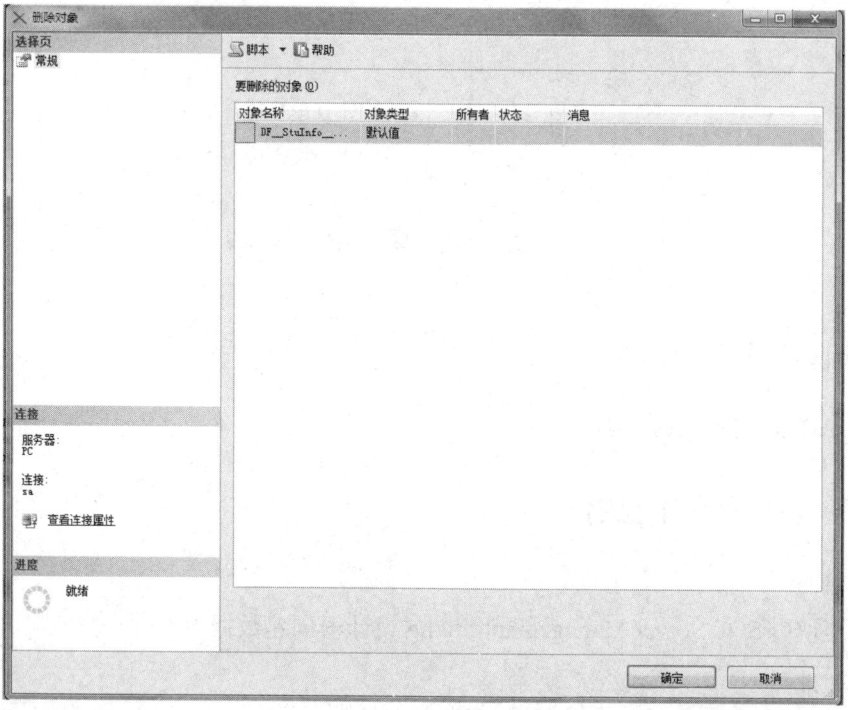

图 3-10　删除约束对话框

5) 编辑表数据

在"对象资源管理器"窗口中，展开"数据库"节点，再展开具体选择的数据库，然后展开"表"节点，再右键单击"编辑前 200 行"，即可弹出如图 3-11 所示的界面。在此界面可以对表数据进行编辑操作。

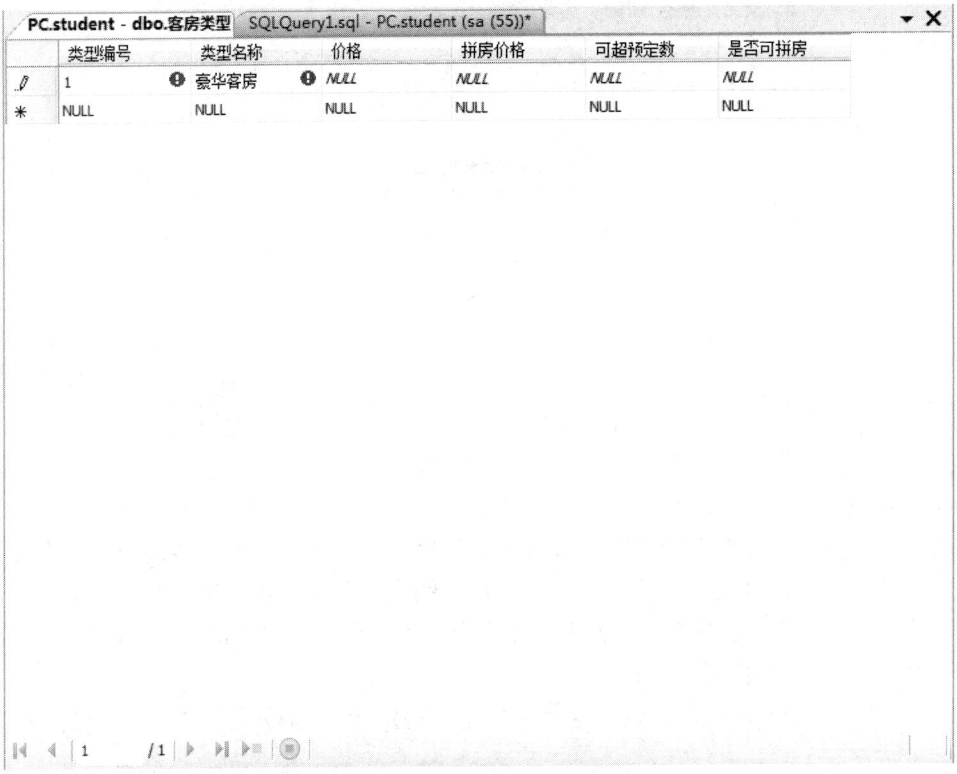

图 3-11　编辑表数据对话框

◇◇◇　**上 机 实 践**　◇◇◇

本次上机课总目标

熟练地掌握数据表的操作。

上机阶段一(25 分钟内完成)

上机目的:

熟练地使用 SQL Server Management Studio 设计器创建数据表。

上机要求:

参照图 3-12，使用 SQL Server Management Studio 设计器设计出"客房信息"表。

列名	数据类型	允许 Null 值
RoomId	int	☐
Number	nvarchar(20)	☐
BedNumber	int	☐
Description	nvarchar(50)	☑
State	int	☐
GuestNumber	int	☐
TypeId	int	☐
		☐

图 3-12　客房信息表结构

上机阶段二(35 分钟内完成)

上机目的:

熟练地使用 SQL Server Management Studio 设计器创建数据库和数据库表。

上机要求:

创建 MySchool 数据库,并在此数据库中创建如下数据表:

(1) Student 表,如图 3-13 所示。

StudentID	int	☐
LoginId	varchar(50)	☐
LoginPwd	varchar(50)	☐
UserStateId	int	☐
ClassID	int	☐
StudentNO	nvarchar(255)	☐
StudentName	nvarchar(255)	☐
Sex	nvarchar(255)	☐
StudentIDNO	nvarchar(255)	☑
StudentStateID	int	☑
DegreeID	int	☑
Major	nvarchar(255)	☑
SchoolBefore	nvarchar(255)	☑
Phone	nvarchar(255)	☑
Address	nvarchar(255)	☑
PostalCode	float	☑
CityWanted	nvarchar(255)	☑
JobWanted	nvarchar(255)	☑
Comment	nvarchar(255)	☑
Email	varchar(50)	☑
		☐

图 3-13　Student 表

(2) Teacher 表,如图 3-14 所示。

TeacherID	int	☐
LoginId	varchar(50)	☐
LoginPwd	varchar(50)	☐
UserStateId	int	☐
TeacherName	varchar(50)	☐
Sex	char(10)	☑
Birthday	datetime	☑

图 3-14　Teacher 表

(3) Question 表，如图 3-15 所示。

QuestionId	int	☐
Question	varchar(500)	☐
Answer	varchar(50)	☐
Difficulty	int	☐
SubjectId	int	☐
OptionA	varchar(500)	☐
OptionB	varchar(500)	☐
OptionC	varchar(500)	☐
OptionD	varchar(500)	☐

图 3-15　Question 表

(4) UserState 表，如图 3-16 所示。

UserStateId	int	☐
UserState	varchar(50)	☐

图 3-16　UserState 表

(5) Class 表，如图 3-17 所示。

ClassID	int	☐
ClassName	varchar(50)	☐
GradeID	int	☑

图 3-17　Class 表

(6) Grade 表，如图 3-18 所示。

GradeID	int	☐
GradeName	varchar(50)	☐

图 3-18　Grade 表

(7) Admin 表，如图 3-19 所示。

AdminID	int	☐
LoginId	varchar(50)	☐
LoginPwd	varchar(50)	☐
AdminName	varchar(50)	☑
Sex	varchar(50)	☑
		☐

图 3-19　Admin 表

◇◇◇　作　　业　◇◇◇

一、选择题

1. 表是反映现实世界中一类事务的数学模型，现实世界中一类事务的属性是表中的 (　　)。

A. 列　　　　　　　　B. 行　　　　　　　　C. 记录　　　　　　　　D. 数值

2. 如果表的某一列的取值为不固定长度的字符串，则适合采用(　　)数据类型描述。

A. char　　　　　　　B. number　　　　　　C. varchar　　　　　　D. int

3. 下列对空值的描述正确的是(　　)。

A. 是 char 或 varchar 类型的空格

B. 是 int 类型的 0 值

C. 是 char 或 varchar 类型的空格或 int 类型的 0 值

D. 既不是 char 或 varchar 类型的空格，也不是 int 类型的 0 值，而是表的某一列取值不确定的情况

4. 如果将某一列设置为表的主键，则在表中此列的值(　　)。

A. 可以出现重复值

B. 允许为空值

C. 不允许为空值，也不能出现重复值

D. 不允许为空值，但允许列值重复

5. 对于表的外键，下列描述正确的是(　　)。

A. 是表的非主键列，是另一个表的主键列

B. 主键和外键不能描述表之间的关系

C. 外键不能是表的索引

D. 外键允许为空值

6. 表的主键也是表的(　　)。

A. 非唯一索引　　　　　　　　　　　　B. 聚集索引

C. 非聚集索引　　　　　　　　　　　　D. 唯一索引

7. 以下关于外键和相应的主键之间的关系，正确的是(　　)。

A. 外键并不一定要与相应的主键同名

B. 外键一定要与相应的主键同名

C. 外键一定要与相应的主键同名而且唯一

D. 外键一定要与相应的主键同名，但并不一定唯一

8. 在 SQL Server 数据库中，将一个表中的各条记录任意调换位置将(　　)。

A. 不会影响数据库中的数据关系

B. 会影响统计处理的结果

C. 会影响按字段索引的结果

D. 会影响关键字排列的结果

9. 关于 IDENTITY 属性，下列说法错误的是(　　)。

A. 一个表只能有一个列具有 IDENTITY 属性

B. 不能对定义了 IDENTITY 属性的列加上 default 约束

C. 附加了 IDENTITY 属性的列可以是任意数据类型

D. 不能更新一个已经定义了的 IDENTITY 属性

二、操作题

在数据库 MySchool 中创建如图 3-20 所示的用户表。

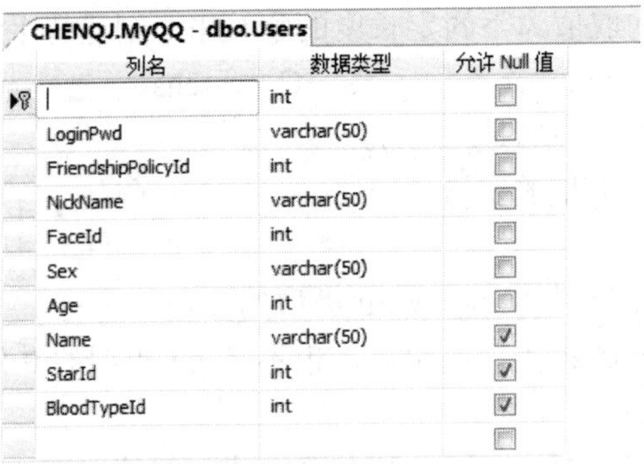
CHENQJ.MyQQ - dbo.Users

列名	数据类型	允许 Null 值
	int	☐
LoginPwd	varchar(50)	☐
FriendshipPolicyId	int	☐
NickName	varchar(50)	☐
FaceId	int	☐
Sex	varchar(50)	☐
Age	int	☐
Name	varchar(50)	☑
StarId	int	☑
BloodTypeId	int	☑
		☐

图 3-20　用户表

项目四　数据查询操作

SQL(Structure Query Language，结构化查询语言)是数据库查询和程序设计语言。它结构简洁、功能强大、简单易学，自问世以来，得到了广泛的应用。许多成熟商用的关系型数据库，如 Visual Foxpro、Access、Oracle 和 Sybase 等，都支持 SQL。

学习和掌握 SQL，不仅对学习 SQL Server 数据库系统具有重要作用，而且能为学习其他关系数据库系统奠定扎实的基础。

随着 Microsoft SQL Server 版本的演进，从标准 SQL 衍生出的 T-SQL(Transact-SQL)变得独立而且功能强大，拥有众多用户，是解决各种数据问题的主流语言。

注：SQL Server 中，默认 T-SQL 是不区分大小写的，因此本书在正文叙述和程序中都不区分大小写，大小写都正确。

本项目主要内容：

(1) T-SQL 的组成；

(2) SQL 的应用方式；

(3) SQL 表达式；

(4) SQL 单表查询。

任务一　预　习

1. T-SQL 分为哪几种类型？

2. DML、DDL、DCL、TCL 分别代表什么含义？

3. SELECT 语句中的 ORDER BY 和 GROUP BY 分别代表什么作用？

4. SELECT 语句中的 WHERE 关键字省略返回的结果是什么？

5. 聚合函数有哪几个？

6. 要统计全班的学员个数、平均成绩、总成绩，分别应该采用哪个聚合函数？

7. 分组中如果采用聚合函数作为条件，则应该采用哪个关键字？

任务二　了解 T-SQL 的组成

SQL 语言的命令通常分为四类，即 DML、DDL、DCL、TCL。

1. 数据操纵语言(DML)

数据操纵语言按照指定的组合、条件表达式或排序检索已存在的数据库中的数据，或对已经存在的数据库表进行元组的查询、插入、删除、修改等操作。

数据操纵语言的命令如下：

  SELECT column1, column2, … FROM　table_name WHERE condition…;

  INSERT INTO table_name [(column1, column2…)] VALUES (value1, value2…);

  UPDATE table_name SET column1 = value WHERE condition…;

  DELETE FROM table_name WHER condition…;

2. 数据定义语言(DDL)

数据定义语言能够创建、修改或删除数据库中的各种对象，包括表、视图、索引等。

数据定义语言的命令有：CREATE TABLE、CREATE VIEW、CREATE INDEX、ALTER TABLE、DROP TABLE、DROP VIEW、DROP INDEX。

3. 数据控制语言(DCL)

数据控制语言用来授予或收回访问数据库的某种特权、控制数据访问的发生时间及效果、对数据库进行监视。

数据控制语言的命令有：GRANT、REVOKE。

4. 事务控制语言(TCL)

事务控制语言用来操纵事务的提交或回滚操作的语句。

事务控制语言的命令有：COMMIT、ROLLBACK。

任务三　了解 SQL 的应用方式

1. 交互式 SQL

一般的 DBMS 都提供联机交互工具，用户可直接键入 SQL 命令对数据库进行操作，由 DBMS 来进行解释。

2. 嵌入式 SQL

即将 SQL 语句嵌入到高级语言(宿主语言)，使应用程序充分利用 SQL 访问数据库的能力、宿主语言的过程处理能力。一般需要预编译，将嵌入的 SQL 语句转化为宿主语言编译器能处理的语句。

任务四　认识表达式

表达式是操作数与操作符的组合，Microsoft SQL Server 对其求值以获得单个数据值。

1. 操作数

操作数可以是常量、变量、函数的返回值，甚至可以是另一个查询语句。

常量，也称为字面值或标量值，是表示一个特定数据值的符号。常量的格式取决于它所表示的值的数据类型。

1) 字符串常量

字符串常量括在单引号内，包含字母、数字、字符(a～z、A～Z 和 0～9)以及特殊字符，如！、@、#。除非已经使用 COLLATE 子句为其指定了排序规则，否则将为字符串常量指派当前数据库的默认排序规则。用户键入的字符串通过计算机的代码页计算，如有必要将被转换为数据库的默认代码页。更多有关信息，请参见排序规则。

如果 QUOTED_IDENTIFIER 选项已将连接设置成 OFF，字符串也可以使用双引号括起来，但是用于 Microsoft SQL Server 和 ODBC 驱动程序的 Microsoft OLE DB 提供程序自动使用 SET QUOTED_IDENTIFIER ON。建议使用单引号。

如果单引号中的字符串包含一个嵌入的引号，则可以使用两个单引号表示嵌入的单引号。对于嵌入在双引号中的字符串则没有必要这样做。

字符串的示例如下：

        'Cincinnati'
        'O"Brien'
        'Process X is 50% complete.'
        'The level for job_id: %d should be between %d and %d.'
        "O'Brien"

空字符串用中间没有任何字符的两个单引号表示。在 SQL Server 6.x 兼容模式中，空字符串被看作是一个空格。

2）十六进制常量

十六进制常量具有前缀 0x 并且是十六进制数字字符串。这些常量不使用引号。十六进制字符串的示例如下：

        0xAE
        0x12Ef
        0x69048AEFDD010E
        0x(empty binary string)

3）bit 常量

bit 常量使用数字 0 或 1 表示，并且不使用引号。如果使用一个大于 1 的数字，它将被转换为 1。

4）datetime 常量

datetime 常量使用特定格式的字符日期值表示，并被单引号括起来。有关 datetime 常量格式的更多信息，请查阅日期和时间数据的使用。下面是一些日期常量的示例：

        'April 15, 1998'
        '15 April, 1998'
        '980415'
        '04/15/98'
        '1998-04-15'

下面是一些时间常量的示例：

        '14:30:24'
        '04:24 PM'

5）integer 常量

integer 常量由没有用引号括起来且不含小数点的一串数字表示。integer 常量必须是整数，不能包含小数点。下面是一些 integer 常量的示例：

    1894

    2

6) decimal 常量

decimal 常量由没有用引号括起来且包含小数点的一串数字表示。下面是一些 decimal 常量的示例：

    1894.1204

    2.0

7) float 和 real 常量

float 和 real 常量使用科学记数法表示。下面是一些 float 或 real 值的示例：

    101.5E5

    0.5E-2

8) money 常量

money 常量是以可选小数点和可选货币符号作为前缀的一串数字。这些常量不使用引号。下面是一些 money 常量的示例：

    $12

    $542023.14

9) 指定负数和正数

若要指明一个数是正数还是负数，应该对数字常量应用"+"或"-"的一元运算符。这将创建一个代表有符号数字值的表达式。如果没有应用"+"或"-"符号，则数字常量默认为正数。

有符号的 integer 表达式示例如下：

    +145345234

    -2147483648

有符号的 decimal 表达式示例如下：

    +145345234.2234

    -2147483648.10

有符号的 float 表达式示例如下：

    +123E-3

    -12E5

有符号的 money 表达式示例如下：

    -$45.56

    +$423456.99

2. 操作符

操作符就是运算符，下面介绍几种操作符。

1) 算术运算符

算术运算符在两个表达式上执行数学运算，这两个表达式可以是数字数据类型中的任何数据类型，如表 4-1 所示。

表 4-1 算术运算符

运 算 符	含 义
+	加
−	减
*	乘
/	除

加(+)和减(−)运算符也可用于对 datetime 及 smalldatetime 值执行算术运算。

2) 赋值运算符

T-SQL 有一个赋值运算符，即等号(=)。

3) 比较运算符

比较运算符测试两个表达式是否相同，如表 4-2 所示。除了 text、ntext 或 image 数据类型的表达式外，比较运算符可以用于所有的表达式。

表 4-2 比较运算符

运 算 符	含 义
=	等于
>	大于
<	小于
>=	大于等于
<=	小于等于
<>	不等于

比较运算符的结果为布尔数据类型，它有三种值：TRUE、FALSE 及 UNKNOWN。那些返回布尔数据类型数据的表达式被称为布尔表达式。

和其他 SQL Server 数据类型不同，不能将布尔数据类型指定为表列或变量的数据类型，也不能在结果集中返回布尔数据类型的数据。

当 SET ANSI_NULLS 为 ON 时，带有一个或两个 NULL 表达式的运算符返回 UNKNOWN。当 SET ANSI_NULLS 为 OFF 时，上述规则同样适用，只不过如果两个表达式都为 NULL，那么等号运算符返回 TRUE。例如，如果 SET ANSI_NULLS 是 OFF，那么 NULL = NULL 就返回 TRUE。

在 WHERE 子句中使用带有布尔数据类型数据的表达式，可以筛选出符合搜索条件的行。

4) 逻辑运算符

逻辑运算符对某个条件进行测试，以获得其真实情况，如表 4-3 所示。逻辑运算符和比较运算符一样，返回带有 TRUE 或 FALSE 值的布尔数据类型数据。

表 4-3   逻 辑 运 算 符

运 算 符	含 义
AND	如果两个布尔表达式都为 TRUE，那么结果就为 TRUE
NOT	对任何其他布尔运算符的值取反
OR	如果两个布尔表达式中的一个为 TRUE，那结果就为 TRUE

有关逻辑运算符的更多信息，请参阅专门的图书。

5) 字符串串联运算符

T-SQL 允许通过加号 (+) 进行字符串串联，这个加号也称为字符串串联运算符。其他所有的字符串操作都可以通过字符串函数(例如 SUBSTRING)进行处理。

默认情况下，对于 varchar 数据类型的数据，在 INSERT 或赋值语句中，将空的字符串解释为空字符串。在串联 varchar、char 或 text 数据类型的数据时，空的字符串被解释为空字符串。例如，将 'abc' + '' + 'def' 存储为 'abcdef'。但是，如果 sp_dbcmptlevel(调整兼容级别的系统存储过程)兼容性级别设置为 65，那么将会把空的常量当作一个空格字符，这样就将 'abc' + '' + 'def' 存储为 'abc def'。

当两个字符串串联时，根据排序规则的优先规则设置结果表达式的排序规则。

6) 一元运算符

一元运算符只对一个表达式执行操作，如表 4-4 所示，这些表达式可以是数字数据类型中的任何一种数据类型。

表 4-4   一 元 运 算 符

运算符	含 义
+ (正)	数值为正
– (负)	数值为负

+ (正)和– (负)运算符可以用于数字数据类型中的任何数据类型的表达式。

7) 其他比较运算符

其他比较运算符如表 4-5 所示。

表 4-5   其他比较运算符

运算符	含 义
BETWEEN	如果操作数在某个范围之内，那么就为 TRUE
IN	如果操作数等于表达式列表中的一个，那么就为 TRUE
LIKE	如果操作数与一种模式相匹配，那么就为 TRUE

8) 运算符的优先顺序

当一个复杂的表达式中有多个运算符时，运算符优先级决定执行运算的先后次序。执行的顺序可能严重地影响所得到的值。

在求值较低等级的运算符之前，应先对较高等级的运算符进行求值。运算符的优先等级由高到低依次为：

① ＋(正)、－(负)；

② *(乘)、/(除)、%(模)；

③ ＋(加)、＋(串联)、－(减)；

④ ＝、>、<、>=、<=、<>；

⑤ NOT；

⑥ AND；

⑦ BETWEEN、IN、LIKE、OR；

⑧ ＝(赋值)。

当一个表达式中的两个运算符有相同的运算符优先等级时，基于它们在表达式中的位置，对其从左到右进行求值。

9) 详述 LIKE 运算符

LIKE 运算符能够确定给定的字符串是否与指定的模式匹配。模式可以包含常规字符和通配符字符。模式匹配过程中，常规字符必须与字符串中指定的字符完全匹配。然而，可使用字符串的任意片段匹配通配符。与使用"="和"!="字符串比较运算符相比，使用通配符可使 LIKE 运算符更加灵活。如果任何参数都不属于字符串数据类型，那么 Microsoft SQL Server 会将其转换成字符串数据类型(如果可能)。

LIKE 运算符的语法如下：

字段名 [NOT] LIKE

通配符及其含义如表 4-6 所示。

表 4-6　通配符及其含义

通配符	描　　述	示　　例
%	包含零个或更多字符的任意字符串	Where title LIKE '%computer%' 将查找处于书名任意位置的包含单词 computer 的所有书名
_ (下划线)	任何单个字符	Where au_fname LIKE '_ean' 将查找以 ean 结尾的所有 4 个字母的名字(Dean、Sean 等)
[ ]	指定范围([a-f])或集合([abcdef])中的任何单个字符	Where au_lname LIKE '[C-P]arsen' 将查找以 arsen 结尾且以介于 C 与 P 之间的任何单个字符开始的作者姓氏，例如 Carsen、Larsen、Karsen 等
[^]	不属于指定范围([a-f])或集合([abcdef])中的任何单个字符	Where au_lname LIKE 'de[^l]%' 将查找以 de 开始且其后的字母不为 l 的所有作者的姓氏

通配符范例如表 4-7 所示。

表 4-7　通 配 符 范 例

符　　号	含　　义
LIKE '5[%]'	5%
LIKE '[_]n'	_n
LIKE '[a-cdf]'	a、b、c、d 或 f
LIKE '[-acdf]'	-、a、c、d 或 f
LIKE '[']'	'
LIKE ']'	]
LIKE 'abc[_]d%'	abc_d 和 abc_de
LIKE 'abc[def]'	abcd、abce 和 abcf

任务五　掌握 SELECT 查询语句的用法

SELECT 语句是一个查询表达式，包括 SELECT、FROM、WHERE、GROUP BY 和 ORDER BY 子句。SELECT 语句具有数据查询、统计、分组和排序的功能，可以精确地对数据库进行查找，也可以进行模糊查询。

SELECT 语句有自己的语法结构，使用该语句时一定要严格执行其语法结构。SELECT 语句的子句有很多，这里只列举它的主要子句格式：

```
SELECT [ALL|DISTINCT]select_list
[INTO new_table]
FROM table_source
[WHERE search_conditions]
[GROUP BY group_by_expression]
[HAVING search_conditions]
[ORDER BY order_expression[ASC|DESC]]
```

上面的 SELECT 查询语句中共有六个子句，其中 SELECT 和 FROM 语句为必选子句，而 WHERE、GROUP BY 和 ORDER BY 子句为可选子句。[]内的部分为可选项且大写内容为关键字。下面对各种参数进行详细说明。

(1) SELECT 子句：用来指定由查询语句返回的列，并且各列在 SELECT 子句中的顺序决定了它们在结果表中的顺序。

(2) ALL|DISTINCT：用来标识在查询结果集中对相同行的处理方式。关键字 ALL 表示返回查询结果集的所有行，其中包括重复行；关键字 DISTINCT 表示若结果集中有相同的数据行，则只显示一行，默认值为 ALL。

(3) select_list：用来指定要显示的目标列，若要显示多个目标列，则各列名之间用半角逗号隔开；若要返回所有列，则用"*"表示。

(4) INTO new_table：用来创建一个新的数据表，new_table 为新表的名称，表的数据为查询的结果集。

(5) FROM table_source 子句：用来指定数据源，table_source 为数据源表名称。

(6) WHERE search_conditions 子句：用来指定限定返回的行的搜索条件，search_conditions 为条件表达式。

(7) GROUP BY group_by_expression 子句：用来指定查询结果的分组条件，即归纳信息类型，group_by_expression 为分组所依据的表达式。

(8) HAVING search_conditions 子句：用来指定组或聚合的搜索条件，search_conditions 为分组后的条件表达式。

(9) ORDER BY order_expression[ASC|DESC]子句：用来指定结果集的排序方式，ASC 表示结果集以升序方式排列，DESC 表示结果集以降序方式排列，默认情况下结果集以 ASC 升序方式排列。

在使用 SELECT 语句时，还要遵守以下两条规则：

(1) SELECT 语法中子句的测试顺序。SELECT 语句中的 FROM、WHERE、GROUP BY 和 HAVING 等子句称为表表达式，它们在执行 SELECT 语句时首先被测试，并且每个子句按照某种次序被依次测试。了解这种测试顺序，对用户创建较复杂的 SELECT 语句非常有利。

测试表示 SELECT 语句在系统中的执行，其结果是一个虚拟表，用于以后的测试。具体地说，前一个子句的测试结果将用于下一个子句，直到表表达式的每个子句都被测试完毕。SELECT 语句中首先要测试的子句是 FROM 子句。如果指定了 WHERE 子句，那么 FROM 子句的测试结果将用于 WHERE 子句。如果没有 WHERE 子句，那么 FROM 子句的测试将用于下一个指定的子句。在表达式中的最后一个子句被测试完之后，测试结果才用于 SELECT 子句，而 SELECT 子句的测试结果用于 ORDER BY 子句。总的来说，SELECT 语句的测试顺序如下：

　　　　FROM 子句

　　　　WHERE 子句(可选)

　　　　GROUP BY 子句(可选)

　　　　HAVING 子句(可选)

　　　　SELECT 子句

　　　　ORDER BY 子句(可选)

了解该测试顺序对于提高查询效率有很大意义，这种效率在简单的查询语句中表现得并不明显。但是一旦用户使用了复杂的查询语句，尤其是在处理连接查询和子查询时，不了解 SELECT 语句的测试顺序将严重影响 SELECT 语句的查询效率。

(2) 引用对象名称约定。若使用 SELECT 语句查询时，所引用对象的数据库不是当前数据库或引用的列名不明确，为了保证查询的正确性，在引用数据表或列时需要使用数据库或数据表名来限定数据表或列的名称。

如果要引用某数据表名称，而当前数据库不是所引用对象的数据库，就需要使用 USE 语句将当前数据库设置为该表所在的数据库。例如，当前数据库为"Student"，而现在要引用"zxt"数据库中的"answer"数据表，这时需要在前面加上"USE student"语句。

如果当前使用的列名不明确是哪个数据表中的列，就需要通过给该列指定表名来确定其数据源。例如，在同一数据表中的多个表中都存在着名为"学号"的列，当进行多表操作时，如果只使用"学号"指定选择条件，就会出现歧义，所以需要通过表名来明确所要指定的"学号"列，也就是使用"stuinfo.stuno"和"exam.stuno"表示。

1. 使用 SELECT 语句

前面已经详细介绍了 SELECT 及其子句的语法格式，此处将主要列举实例，单独介绍 SELECT 语句的使用方法而并不涉及它的各个子句。关于其子句的使用方法及其特点将在后面的章节中详细介绍。

1) 查询全部行和列

查询全部行和列的语法是：

　　　　select {列举所有字段名 | *}　　from　表名

举例：

```
--先删除这张表中的数据
delete from StuInfo
--再从备份表中插入数据到学员表
insert into StuInfo select * from StuInfo_bak
--查询全表
Select * from stuinfo;
--按字段列表查询
Select stuno, stuName, stuAge, stuSex, stuTel, stuAddress from stuinfo;
```

注意：当你要把所有字段的值都查询出来时，可以用"*"号代替所有字段。虽然用"*"号代替所有字段，在代码上是省事了，尤其对于那些有几十上百个字段的表，但从执行的效率上来说是不可取的，执行"*"要先从数据字典中查询出待查询的表的所有字段后，再进行查询，因此性能差了很多。

2) 查询全部行和部分列

查询全部行和部分列的语法是：

　　　　select column1, column2，…，from　表名

举例：

```
Select stuno, stuname from stuinfo;
Select stuName, stuTel, stuAddress from stuinfo;
```

注意：当我们只要查看表中的某些列值时，必须指定字段名进行查询。而且还可以在字段名上加函数进行运算。

3) 查询部分行和全部列

查询部分行和全部列的语法是：

　　　　select 所有字段名　from　表名　where 查询条件语句集合

举例：

```
--查询手机号是 13800138000 的学员的所有资料
Select * from stuinfo where stuTel = '13800138000'
--查询姓名为刘志峰的学员的所有资料
Select * from stuinfo where stuname = '刘志峰'
```

注意：WHERE 子句中的条件可以是多个，多个条件之间可以用 OR 或 AND 等逻辑运算符连接起来。如：

```
--查询手机号以 139 开头的珠海的学员的所有资料
Select stuno, stuName, stuAge, stuSex, stuTel, stuAddress
from stuinfo
where stuTel like '139%'
    and stuAddress like '%珠海%'
```

4）查询部分行和部分列

查询部分行和部分列语法是：

SELECT 部分字段名 FROM 表名 WHERE 查询条件语句集合

举例：

```
--查询手机号以 139 开头的珠海的学员的学号、姓名与具体地址
Select stuno, stuName, stuAddress
from stuinfo
where stuTel like '139%'
    and stuAddress like '%珠海%'
```

5）添加 top n 查询顶部几条记录

添加 top n 查询顶部几条记录的语法是：

SELECT top n 部分字段名|所有字段名　FROM 表名

举例：

```
--查询手机号以 139 开头的珠海的前 3 个学员的学号、姓名与具体地址
Select top 3 stuno, stuName, stuAddress
from stuinfo
where stuTel like '139%'
    and stuAddress like '%珠海%'
```

注意：top n 必须放在 SELECT 关键字后面，第一个被查询字段的前面。使用 top n 时也可以用"*"表示要查询所有的字段，top n 中的 n 表示要显示查询结果集中的前 n 条记录。

6）添加 top n percent 查询表中百分比的记录

添加 top n percent 查询表中百分比的记录的语法是：

SELECT top n percent 部分字段名|所有字段名　FROM 表名

举例：

```
--查询手机号以 139 开头的珠海的学员的学号、姓名与具体地址，显示前 10%的记录
Select top 10 percent stuno, stuName, stuAddress
from stuinfo
where stuTel like '139%'
    and stuAddress like '%珠海%'
```

7）使用＋号并列查询

使用＋号并列查询的语法是：

SELECT 字段名 m ＋ 字段名 n, 其他字段名　FROM 表名

举例：

    --查询手机号以 139 开头的珠海的学员的学号、姓名与地址，出生日期

    Select stuno, stuName + '(' + stuAddress + ')', birthday

    from stuinfo

    where stuTel like '139%'

      and stuAddress like '%珠海%'

注意：把多个字段与某些常量或表达式通过运算符"＋"号合并在一起，生成新的值如"张三(珠海香洲)"格式，并显示出来。

8) 查询中使用 AS 以别名显示字段名

查询中使用 AS 以别名显示字段名的语法是：

    SELECT 字段名 m + 字段名 n AS 别名, 其他字段名　FROM　表名

举例：

    --查询手机号以 139 开头的珠海的学员的学号、姓名与地址，出生日期

    Select stuno, stuName + '(' + stuAddress + ')' as fullName, birthday

    from stuinfo

    where stuTel like '139%'

      and stuAddress like '%珠海%'

注意：多个字段或常量或表达式通过运算符合起来的字段，如果不用 AS 设一个别名，这个字段名将会很长，而且难以识别。这里的 as 还可以省略，上面的例子可以写成如下所示的语句：

    --查询手机号以 139 开头的珠海的学员的学号、姓名与地址，出生日期

    Select stuno, stuName + '(' + stuAddress + ')' fullName, birthday

    from stuinfo

    where stuTel like '139%'

      and stuAddress like '%珠海%'

9) 查询中使用＝号代替 AS 的用途

查询中使用＝号代替 AS 的用途的语法是：

    SELECT 别名 = 字段名 m + 字段名 n, 其他字段名　FROM　表名

举例：

    --查询手机号以 139 开头的珠海的学员的学号、姓名与地址，出生日期

    Select stuno, fullName = stuName + '(' + stuAddress + ')', birthday

    from stuinfo

    where stuTel like '139%'

      and stuAddress like '%珠海%'

注意：这种命别名的方式与前一种只是语法格式上不同，效果是一样的。

10) 查询中使用 AS 添加常量列

查询中使用 AS 添加常量列的语法是：

    SELECT 部分字段名 | 全部字段名, '常量值' AS　新字段名　FROM　表名

举例：

    --查询手机号以 139 开头的珠海的学员的学号、姓名与地址, 出生日期

```
Select stuno,stuname, '中国' as country , stuAddress
from stuinfo
where stuTel like '139%'
    and stuAddress like '%珠海%'
```

2. 使用 from 子句

FROM 子句是 SELECT 语句中必不可少的子句，该语句用于指定要读取的数据所在的一个表或几个表的名称，使用 FROM 子句表示要输出信息的来源。FROM 子句的基本语法格式如下：

FROM table_source

其中，table_source 指定要在 T-SQL 语句中使用的表、视图或派生表源(有无别名均可)。虽然语句中可用的表源个数的限值会因为内存和查询中其他表达式的复杂性的不同而有所不同，但一个语句中最多可使用 256 个表源。单个查询可能不支持最多有 256 个表源，可将 table 变量指定为表源。

如果查询中引用了许多表，则查询性能会受到影响。编译和优化时间也会受到其他因素的影响。这些因素包括：每个<table_source>是否有索引和索引视图，以及 SELECT 语句中<select_list>的大小。表源在 FROM 关键字后的顺序不影响返回的结果集。如果 FROM 子句中出现重复的名称，则 SQL Server 会返回错误。

在指定 table_source 表的同时也可以使用 AS 关键字给该表定义一个别名，别名方便使用，也可用于区分自连接或子查询中的表或视图。别名往往是一个缩短了的表名，用于在连接中引用表的特定列。如果连接中的多个表中存在相同的列名，SQL Server 要求使用表名、视图名或别名来限定列名。如果定义了别名，则不能使用表名。

下面来对 Student 数据库中的 StuInfo 表进行简单查询，并对 StuInfo 表定义别名 "s"。具体查询语句如下：

SELECT * FROM StuInfo AS s

3. 使用 WHERE 子句

在 SQL Server 数据库中查询数据时，有时需要定义严格的查询条件，只查询所需要的数据，而并非数据表中的所有数据，那么就可以使用 SELECT 语句中的 WHERE 子句来实现。它类似一个筛选器，通过用户定义的查询条件，来保留从 FROM 子句中返回并满足条件的数据。

WHERE 子句被用于选取需要检索的数据行，灵活地使用 WHERE 子句能够指定许多不同的查询条件，以实现更精确的查询，如精确查询数据库中某条语句的某项数据值或在 WHERE 子句中使用表达式。

在 SELECT 查询语句中，使用 WHERE 子句的一般语法结构如下：

SELECT condition FROM table WHERE search_conditions

其中，search_conditions 为用户选取所需查询的数据行的条件，即查询返回的行记录的满足条件。对于用户所需要的所有行，search_conditions 条件为 true；而对于其他行，search_conditions 条件为 false 或者未知。WHERE 子句使用灵活，search_conditions 有多种使用方式。表 4-8 列出了 WHERE 子句中可以使用的条件。

表 4-8　　WHERE 子句使用的条件

类　别	运　算　符	说　　　明
比较运算符	=、>、<、>=、<=、<>、!=	比较两个表达式
逻辑运算符	AND、OR、NOT	组合两个表达式的运算结果或取反
范围运算符	BETWEEN、NOT BETWEEN	搜索值是否在范围内
列表运算符	IN、NOT IN	查询值是否属于列表值之一
字符匹配符	LIKE、NOT LIKE	字符串是否匹配
未知值	IS NULL、IS NOT NULL	查询值是否为 NULL

针对表 4-8 列举的查询条件，下面将详细介绍它们在 WHERE 子句中的使用方法及其功能。

1) 比较运算符

WHERE 子句的比较运算符主要有=、<、>、>=、<=、<>和!=，分别表示等于、小于、大于、大于等于、小于等于、不等于(<>和!=都表示不等于)，使用它们对查询条件进行限定。下面通过几个实例详细介绍这些比较运算符的使用方法。

(1) 使用等于"="运算符。在 Student 数据库 stuinfo 表中查询学号为"13540607014"的"学员姓名""出生日期"以及"地址"时，使用下面的语句：

```
SELECT stuNo, stuName, birthday, stuAddress
FROM stuinfo
WHERE stuno= '13540607014'
```

上面语句中使用"stuno='13540607014'"指定查询条件，且该条件中"="后面的内容使用单引号括起来。

(2) 使用小于"<"运算符。小于运算符的使用方法和注意事项与等于运算符基本相同，使用小于运算符可以指定查询的某个范围，例如查询"学员信息"表中"年龄"小于 30 岁的"学员姓名"、"出生日期"以及"地址"时，使用下面的语句：

```
SELECT stuNo, stuName, birthday, stuAddress
FROM stuinfo
WHERE stuage<30
```

(3) 使用不等于运算符。比较运算符中!=和<>都表示不等于，例如查询学员信息表中"年龄"不等于 30 岁的"学员姓名""出生日期"以及"地址"时，使用下面的语句：

```
SELECT stuNo, stuName, birthday, stuAddress
FROM stuinfo
WHERE stuage<>30
```

上面使用"!="符号，其中"!"也是一种运算符，如!<表示不小于(大于等于)，而!>表示不大于(小于等于)。

2) 逻辑运算符

有时，在执行查询任务时，仅仅指定一个查询条件不能够满足用户需求，此时需要指定多个条件来限制查询，这就要使用逻辑运算符将多个查询条件连接起来。

WHERE 子句中可以使用 AND、OR 和 NOT 这三个逻辑运算符，表 4-9 列举了它们的作用与使用方法。

表 4-9　逻辑运算符的功能

运算符	功　　能	示　　例
AND	当使用 AND 连接的所有条件都为 true 时，才会返回查询结果	Express1 AND Express2
OR	在使用 OR 连接的所有条件中，只要其中有一个条件满足就返回查询结果	Express1 OR Express2
NOT	取反，条件不成立时，返回查询结果	NOT Express，当 Express 不成立时，返回结果

这三个逻辑运算符可以混合使用，在 WHERE 子句中使用逻辑运算符来限定查询条件的语法格式如下：

WHERE NOT expression|expression1 logical_operator expression2

其中，logical_operator 表示逻辑运算符 AND 或 OR 中的任意一个。如果在 WHERE 子句中使用 NOT 运算符，则将 NOT 放在表达式的前面。

例如，在"Student"数据库中，查询"学员信息"表中年龄>=20，且年龄<30 的"学员姓名""出生日期"以及"地址"时，使用下面的语句：

```
USE Student
SELECT stuNo, stuName, birthday, stuAddress
FROM stuinfo
WHERE stuage >= 20 and stuage<30
```

默认情况下，NOT 只对紧跟着它后面的那个条件取反，因此使用 NOT 运算符时，如果连接的多个条件同时取反，则需要将这多个条件用括号括起来。

NOT 运算符使用很灵活，在 WHERE 子句中，可以与多种条件共用，例如 NOT LIKE、NOT BETWEEN、IS NOT NULL 等。当 NOT 与 AND 或 OR 结合使用时，具有如下规则：

(1) NOT(A AND B) = (NOT A)OR(NOT B)。

(2) NOT(A OR B) = (NOT A)AND(NOT B)。

(3) NOT(NOT A) = A。

在使用 AND 和 OR 这两个逻辑运算符时，它们只对紧挨着它们的两个条件有限定作用，如果它们需要连接一组条件，则需要将这一组条件用括号括起来。例如：

```
USE Student
SELECT stuNo, stuName, birthday, stuAddress
FROM stuinfo
WHERE stuAddress = '珠海'
and (stuage<20 or stuage>30)
```

3) 使用 IN 条件

在 SQL Server 数据库中，执行查询操作时，会遇到查询某表达式的取值属于某一列表中的数据，虽然可以结合使用比较运算符和逻辑运算符来满足查询条件，但是这样编写 SELECT 语句会使 SELECT 语句的直观性下降。使用 IN 或 NOT IN 关键字限定查询条件，能更直观地查询表达式是否在列表值中，也可作为查询特殊信息集合的方法。使用 IN 关键字来限定查询条件的基本语法格式如下：

      WHERE expression [NOT] IN value_list

上述语句中 NOT 为可选值，而 value_list 表示列表值，当值不止一个时，需要将这些值用括号括起来，各列表值之间使用逗号隔开。

例如在学员信息表中查询"学号"为 13540607014、13550418023、13540925028、13550304010 的"学员姓名""出生日期"以及"地址"时，可以使用下面的语句：

    USE Student
    SELECT stuNo, stuName, birthday, stuAddress
    FROM stuinfo
    WHERE stuno in('13540607014', '13550418023', '13540925028', '13550304010')

上面语句('13540607014', '13550418023', '13540925028', '13550304010')中定义了一个列表值，查询的内容为"学号"，它属于列表值中的内容。

从执行语句和返回结果中可以看到，使用 IN 可以返回一组特定的结果，上面的实例也可以使用逻辑运算符写成下面的形式：

    USE Student
    SELECT stuNo, stuName, birthday, stuAddress
    FROM stuinfo
    WHERE stuno = '13540607014'
        Or stuno = '13550418023'
        Or stuno = '13540925028'
        Or stuno = '13550304010'

通过比较两种写法可以看出，在这种情况下使用逻辑运算符明显比较复杂，SELECT 也比较长。因此选用合适的条件进行 SELECT 查询，能提高语句的可读性并能提高执行效率。

使用 IN 条件时还应注意，列表值中的各值必须具有相同的数据类型。另外，列表值中各项不能包含 NULL。同样，在使用 NOT IN 时也应该注意这些，例如使用下面的语句查询不属于列表值的内容：

    USE Student
    SELECT stuNo, stuName, birthday, stuAddress
    FROM stuinfo
    WHERE stuno not in('13540607014','13550418023','13540925028','13550304010')

4) 使用 BETWEEN 条件

在 WHERE 子句中使用 BETWEEN 关键字查找在某一范围内的数据，也可以使用 NOT BETWEEN 关键字查找不在某一范围内的数据。使用 BETWEEN 关键字来限定查询条件的语法格式如下：

      WHERE expression [NOT] BETWEEN value1 AND value2

其中 NOT 为可选项，value1 表示范围的下限，value2 表示范围的上限。注意 value1 必须不大于 value2，绝对不允许 value1 大于 value2。

例如，在学员信息表中查询年龄在 20～30 之间的学员的"学员姓名""出生日期""年龄"以及"地址"时，可以使用下面的语句：

　　　　USE Student

　　　　SELECT stuNo, stuName, stuAge,birthday, stuAddress

　　　　FROM stuinfo

　　　　WHERE stuAge between 20 and 30

　　上面的语句中，通过在 WHERE 子句中使用 BETWEEN 关键字查询了"年龄"在 20～30 之间的所有数据。

　　如果想查询"年龄"在 20～30 之外的所有数据，则只需在 BETWEEN 关键字前面加上 NOT 即可，语句如下：

　　　　USE Student

　　　　SELECT stuNo, stuName, stuAge, birthday, stuAddress

　　　　FROM stuinfo

　　　　WHERE stuAge not between 20 and 30

　　5) 使用 LIKE 匹配条件

　　在 SQL Server 数据库中，执行查询任务时，可能无法确定某条记录中的具体信息，如果要查找该记录，则需要使用模糊查询。比如查找学员信息中姓"王"的相关信息，或者查询学员所在地区为"江西"的相关信息。

　　在 WHERE 子句中使用 LIKE 与通配符搭配使用，可以实现模糊查询。在 WHERE 子句中使用 LIKE 关键字的作用是将表达式与字符串作比较。LIKE 关键字同样也可以与 NOT 运算符一起使用。使用 LIKE 关键字限定查询条件的语法格式如下：

　　　　　　WHERE expression [NOT] LIKE 'string'

其中，[NOT]为可选项，'string' 表示进行比较的字符串。WHERE 子句实现对字符串的模糊匹配，进行模糊匹配时，在 string 字符串中使用通配符。在 SQL Server 2008 中使用通配符时，必须将字符串连同通配符一起用单引号括起来。

　　例如，在学员信息表中查询学员的地址为"珠海"的"学员姓名""出生日期""年龄"以及"地址"时，可以使用下面的语句：

　　　　USE Student

　　　　SELECT stuNo, stuName, stuAge, birthday, stuAddress

　　　　FROM stuinfo

　　　　WHERE stuAddress like '%珠海%'

　　上面语句中使用 LIKE 与通配符％相结合，查询地址在"珠海"的所有学员。

　　6) 使用 IS NULL 条件

　　NULL(空值)表示未知、不可用或将在以后添加数据，NULL 与零、零长度的字符串或空白(字符值)的含义不同。相反，空值可用于区分输入的是零(数值列)、空白(字符列)还是无数据输入(NULL 可用于数值列和字符列)。

　　在 WHERE 子句中使用 IS NULL 条件可以查询某一数据值为 NULL 的数据信息。反之要查询数据库中的值不为 NULL 时，可以使用 IS NOT NULL 关键字。使用 IS NULL 条件的语法格式如下：

WHERE column IS [NOT] NULL

例如，在学员信息表中查询"出生日期"列为 NULL 的学员信息，可以使用下面的语句：

```
USE Student
SELECT stuNo, stuName, stuAge, birthday, stuAddress
FROM stuinfo
WHERE birthday is null
```

在上面的语句中，WHERE 子句限定了"出生日期"列为 NULL 的学员信息。

4. 使用 order by 子句

ORDER BY 子句一般位于 SELECT 语句的最后，它的功能是对查询返回的数据进行重新排序。用户可以通过 ORDER BY 子句来限定查询返回结果的输出顺序，如正序或者倒序等。

ORDER BY 子句在 SELECT 语句中的语法格式如下：

```
ORDER BY order_expression [ASC | DESC]
```

其中，order_expression 表示用于排序列或列的别名及表达式。当有多个排序列时，每个排序列之间用半角逗号隔开，而且列后都可以跟一个排序要求：当排序要求为 ASC 时，行按排序列值的升序排序；排序要求为 DESC 时，结果集的行按排序列值的降序排列。如没指定排序要求，则使用默认值 ASC。

例如，将 Student 数据库的学员信息表按照"年龄"进行升序排列，以查看学员的信息。可以使用下面的语句：

```
USE Student
SELECT * FROM stuinfo
ORDER BY stuAge ASC
```

上面的语句，使用 ORDER BY 指定"stuAge"进行升序排序。

默认情况下为正序排列，因此在使用 ORDER BY 子句时不需要指定 ASC，系统也会自动进行升序排列。

如果用户对表比较熟悉，在对列进行排序时，则可以直接指定列在表中的位置号，以方便操作。例如，"stuno"列在学员信息表中为第 1 列。上列语句就可以直接将排序依据的"stuno"列改为 1。

使用 ORDER BY 子句还可以同时对多个列进行排序。例如，对学员信息表中的数据查询时，先按"性别"进行升序排列，如果"性别"列中有相同的数据，那么再按照"年龄"进行降序排列，具体的 SELECT 语句如下：

```
SELECT * FROM stuinfo ORDER BY stuSex ASC,stuAge DESC
```

5. 使用 group by 子句

数据库具有基于表的特定列对数据进行分析的能力。可以使用 GROUP BY 子句对某一列数据的值进行分组，分组可以使同组的元组集中在一起，这也使数据能够分组统计。换句话说，就是 GROUP BY 子句用于归纳信息类型，以汇总相关数据。

GROUP BY 子句的语法格式如下：

```
GROUP BY group_by_expression [WITH ROLLUP|CUBE]
```

其中，group_by_expression 表示分组所依据的列，ROLLUP 表示只返回第一个分组条件指定的列的统计行，若改变列的顺序，就会使返回的结果行数据发生变化。CUBE 是 ROLLUP 的扩展，表示除了返回由 GROUP BY 子句指定的列外，还返回按组统计的行。GROUP BY 子句通常与统计函数联合使用，如 COUNT、SUM 等。表 4-10 中列出了几个常用的统计函数及其功能。

表 4-10　常用的统计函数及其功能

函数名	功　　能
COUNT	求组中项数，返回整数
SUM	求和，返回表达式中所有值的和
AVG	求均值，返回表达式中所有值的平均值
MAX	求最大值，返回表达式中所有值的最大值
MIN	求最小值，返回表达式中所有值的最小值
ABS	求绝对值，返回数值表达式的绝对值
ASCII	求 ASCII 码，返回字符型数据的 ASCII 码
RAND	产生随机数，返回一个位于 0～1 之间的随机数

在使用 GROUP BY 子句时，将 GROUP BY 子句中的列称为分割列或分组列，而且必须保证 SELECT 语句中的列是可计算的值或者包含在 GROUP BY 列表中。

例如，要在学员信息表中按照"出生日期"查询并统计出对应年出生的人数，具体的 SELECT 语句如下：

```
USE Student
select YEAR(birthday) year,COUNT(*) as amount
from StuInfo
group by YEAR(birthday)
```

执行上述语句后，将对 StuInfo 表中 birthday 列的年进行分组，并且对于出生日期为同一年的每一组使用 COUNT()函数统计出每年出生的人数。

GROUP BY 子句通常用于对某个子集或其中的一组数据进行运算，而不是对整个数据集中的数据进行合计运算。在 SELECT 语句中指定的列必须是 GROUP BY 子句中的列名，或者被聚合所使用的列，并且在 GROUP BY 子句中必须使用列的名称，而不能使用 AS 子句中指定的列的别名。

6. 使用 HAVING 子句

通常情况下，HAVING 子句常与 GROUP BY 子句共同使用。WHERE 子句用于限定每一行的查询条件，而 HAVING 子句则限定分组统计值。使用 HAVING 子句，可以指定分组或聚合的搜索条件。

HAVING 子句的语法格式如下：

```
HAVING search_conditions
```

其中，search_conditions 为查询所需的条件，即返回查询结果的满足条件。在使用 GROUP BY 子句时，HAVING 子句将限定整个 GROUP BY 子句创建的组，其具体规则如下：

(1) 如果指定了 GROUP BY 子句，则 HAVING 子句的查询条件将应用于 GROUP BY 子句创建的组。

(2) 如果指定了 WHERE 子句，而没有指定 GROUP BY 子句，那么 HAVING 子句的查询条件将应用于 WHERE 子句的输出结果集。

(3) 如果既没有指定 WHERE 子句，又没有指定 GROUP BY 子句，那么 HAVING 子句的查询条件将应用于 FROM 子句的输出结果集。

对于所允许的元素，HAVING 子句对 GROUP BY 子句设定查询条件的方式与 WHERE 子句对 SELECT 语句设定查询条件的方式类似，但包含聚集函数与否方面却不相同。HAVING 子句中可以包含聚集函数，而 WHERE 子句不可以。而且 HAVING 子句中的每一个元素都必须出现在 SELECT 语句的列表中。

例如，要查询学员信息表中同一年出生的学员个数超过 3 个的年份有哪些。具体的 SQL 语句如下：

```
USE Student
select YEAR(birthday) year, COUNT(*) as amount
from StuInfo
group by YEAR(birthday)
having count(*) > 3
```

执行上述语句后，将对 stuInfo 表中 birthday 列的年进行分组，并且对于出生日期为同一年的每一组使用 COUNT()函数统计出该年出生的人数，统计完这些人数后，再找出人数超过 3 人的记录。

◇◇◇　上 机 实 践　◇◇◇

本次上机课总目标

掌握 SELECT、ORDER BY、GROUP BY、HAVING 子句的使用方法。

上机阶段一(50 分钟内完成)

(1) 查询 Student 表中登录名称(LoginId)为"ZhangLihua"的登录密码(LoginPwd)。

(2) 查询 Teacher 表(教员)中出生年份为 1970～1979 之间的所有教员的信息。

(3) 查询 Question 表中难度等级(Difficulty)为 2 的所有试题信息。

(4) 查询学员中姓名(StudentName)中含"玉"的所有学员的信息。

(5) 查询教员的登录名称(LoginId)倒数第 2 位为 6 的所有教员的信息。

(6) 查询管理员(Admin)表中登录名称(LoginId)为"admin"的登录密码(LoginPwd)。

上机阶段二(50 分钟内完成)

(1) 对教员表(Teacher)的记录，按年龄进行升序排序。

(2) 对学员表(Student)的记录，按性别(Sex)进行升序排序，性别相同的，再按登录名称(LoginId)降序排序。

(3) 统计所有学员(Student)表中男性学员的个数。

(4) 显示年龄最高的教员的姓名、性别、出生日期(尽量采用两种方法来实现)。

(5) 统计难度等级为 3 的题目个数。

(6) 统计教员的平均年龄。

(7) 分别统计男女学生各自的人数。

(8) 分组统计难度等级不一样的题目的个数。

◇◇◇　　作　　业　　◇◇◇

一、选择题

1. 在 SQL Server 中，以下(　　)不是 T-SQL 语言的组成部分。(选 1 项)

A. 数据操作语言(DML)

B. 数据定义语言(DDL)

C. 数据控制语言(DCL)

D. 结构化查询语言(SQL)

2. 查找 Customers 表中客户编号的首位为 S，第二位为 2 或 4 的所有客户的编号，下列语句中正确的是(　　)。(选 2 项)

A. SELECT customerId FROM Customers WHERE customerId LIKE 'S[24]%'

B. SELECT customerId FROM Customers WHERE customerId LIKE 'S[2,4]%'

C. SELECT customerId FROM Customers WHERE customerId LIKE 'S[2-4]%'

D. SELECT customerId FROM Customers WHERE customerId LIKE 'S[^2,4]%'

E. SELECT customerId FROM Customers WHERE customerId LIKE 'S_[2,4]%'

F. SELECT customerId FROM Customers WHERE customerId between 'S2%'
　　and 'S4%'

3. 下面的 SQL 语句都使用了聚合函数，其中(　　)选项存在错误。(选 2 项)

A. Select Min(Price) From Item

B. Select Sub(Price) From Item

C. Select Type, Avg(Price) From Item Group By Type Order By Type

D. Select Name, Avg(Price) From Item Group By Type Order By Type

4. 校长要统计各个系的学生人数，正确的 SQL 语句是(　　)。(选 1 项)

A. SELECT 系名称，AVG(人数) FROM 学生表 GROUP BY 班级名称；

B. SELECT 系名称，AVG(人数) FROM 学生表 GROUP BY 学生 ID；

C. SELECT 系名称，SUM(人数)　FROM 学生表 GROUP BY 系名称；

D. SELECT 系名称，SUM(人数)　FROM 学生表 GROUP BY 班级名称；

5. 在 SQL 中，关于排序方法，正确的描述是(　　)。(选 3 项)

A. 可以提高数据检索的速度

B. 对记录顺序的暂时重排

C. 表中的记录只能按一个字段进行排序

D. 可以按照升序和降序进行排序

E. 只能按主键进行排序

6. 在 SQL Server 2008 中，要查找 eatables 表中以 "CHOCO" 开头的 item_desc 字段的值 (如 CHOCOLATE`CHOCOPIE)对应的所有记录，下列语句中正确的是(　　)。(选 1 项)

A. select * from eatables where item_desc like "CHOCO"

B. select * from eatables where item_desc = "CHOCO"

C. select * from eatables where item_desc like "CHOCO%"

D. select * from eatables where item_desc like "%CHOCO?"

7. 下面的 SQL 语句都使用了聚合函数，(　　)选项是错误的。(选 1 项)

A. SELECT　MIN(au_lname)　FROM　authors

B. SELECT　ADD(ytd_sales+1)　FROM　titles

C. SELECT　type, MAX(price)　FROM　titles　GROUP BY　type

D. SELECT　COUNT(*), AVG(price)　FROM　titles　WHERE　advance >$1000

8. 现有学生信息表 Student_info，其中包括姓名(stu_name)、学号(stu_id)、成绩(stu_grade)。我们需要查询成绩为 80 分的学生的姓名，要求结果按照学号降序排列。下面的 SQL 查询语句中正确的是(　　)。(选 1 项)

A. SELECT stu_name　FROM student_info WHERE stu_grade = 80 ORDER BY stu_id ASC;

B. SELECT stu_name　FROM student_info WHERE stu_grade = 80 ORDER BY stu_id DESC;

C. SELECT stu_id, stu_name　FROM student_info WHERE stu_grade = 80 ORDER BY stu_name ASC;

D. SELECT stu_name　FROM student_info WHERE stu_grade LIKE 80 ORDER BY stu_id DESC;

9. 在客房表中查询出不是以 "公司" 结尾的客房的记录，正确的 SQL 语句是(　　)。(选 1 项)

A. SELECT * FROM 客户 WHERE 公司名称 NOT LIKE　"公司";

B. SELECT * FROM 客户 WHERE 公司名称 LIKE　"公司";

C. SELECT * FROM 客户 WHERE 公司名称 NOT IN　"%公司";

D. SELECT * FROM 客户 WHERE 公司名称 NOT LIKE　"%公司";

10. 在 SQL Server 2008 中，有一个 product(产品)表，包含字段 pname(产品名称)。要从此表中筛选出产品名称为 "苹果" 或 "香蕉" 的记录，下列语句中正确的是(　　)。(选 1 项)

A.　Select * From product ON pname = '苹果' OR pname = '香蕉'

B.　Select * From product ON pname = '苹果' AND pname = '香蕉'

C.　Select * From product WHERE pname = '苹果' OR pname = '香蕉'

D.　Select * From product WHERE pname = '苹果' AND pname = '香蕉'

11.　在 SQL Server 2008 中，假定 grade(成绩)表中包含字段：sID(学号)、lang(语文成绩)。那么列出语文成绩在 80～90 分之间的学生的 SQL 语句是(　　　)。(选 1 项)

A.　Select * From grade WHERE lang IN (80 , 90)

B.　Select * From grade HAVING lang IN (80 , 90)

C.　Select * From grade WHERE lang BETWEEN 80 AND 90

D.　Select * From grade HAVING lang BETWEEN 80 AND 90

二、实操题

1.　查询 MySchool 中 Teacher 表中登录名称最后一位为 6 的所有教员的信息。

2.　统计 Question 表中难度等级为 2 的题目的个数。

3.　分组分别统计男女学生各自的人数。

项目五　　动作查询和多表查询

项目四介绍了如何用图形界面以及 T-SQL 来创建表和管理表，本项目继续介绍如何管理表中的数据。

本项目主要内容：

(1) 数据表记录操作；

(2) 高级查询；

(3) 子查询。

任务一　预　　习

1. 添加记录的语法有哪些？

2. select…into 和 insert…into 有什么区别？

3. 修改某个满足条件的记录值的语法格式是怎样的？

4. 删除记录有哪些指令？这些指令有什么区别？

5. 多表连接有哪几种类型？自连接、内部连接、左外部连接、右外部连接分别采用什么关键字？

6. 子查询与多表连接的区别是什么？

7. 多表连接中的条件，什么情况下采用"in"，什么情况下采用"="？

任务二　学习关于数据表记录的操作

在实际应用中，只有预先以某种方式将数据存放到数据表中，才会有数据来满足查询的需求。换句话说，创建好的数据表，需要不断地向其中插入新的数据以满足用户的需求。这些数据可以是从其他应用程序中得到的，也可以是新数据，这些数据要添加到新创建的或已存在的数据表中。SQL Server 2008 推出了在单独的一条语句中输入多条记录的功能。用图形界面管理表中的数据，其实现过程相对比较简单，这里不再介绍，重点介绍如何用 T-SQL 来添加、修改、删除数据行。

1. 添加数据记录操作

1) 使用 INSERT…VALUES 语句插入数据

INSERT…VALUES 是 SQL 语句中最常用的向数据表中插入数据的语句，使用 INSERT…VALUES 语句可向表中添加一个或多个新行。INSERT…VALUES 语句的使用很简单，语法格式如下：

　　　　INSERT [INTO] table_or_view [(字段名 1, …, 字段名 n)] VALUES (字段值 1, …, 字段值 n)

上述语句中三个参数的说明如下：

(1) table_or_view：用于指定向数据表中添加数据的表或视图的名称。

(2) 字段名 1, …, 字段名 n：用于指定该数据表的列名，可以指定一列或多列，所有这些列都必须放在圆括号中。当指定多个列时，各列必须用逗号隔开。如果已经指定了列名，那么在目标数据表中所有未被指定的列必须支持空值或者默认值。

(3) 字段值 1, …, 字段值 n：用于指定向数据表中插入的数据值。这些值也必须放在圆括号内，如果有多个指定的值，那么这些值之间也必须用逗号隔开。如果已经指定了列值，那么该数据必须与各列一一对应。如果还没有指定列值，那么该数据必须与数据表中各列的顺序一一对应。

下面的例子是为学员信息表插入所有列的值。

```
insert into stuinfo (stuno, stuName, birthday, stutel, stuAddress, classname)
values('13580901028', '周文学', '90-03-17', '2222273', '湖南衡阳', 'Y2T116');

insert into stuinfo (stuno, stuName, birthday, stutel, stuAddress, classname)
values('13550715006', '陈辉煌', '82-10-10', '13588912530', '江西全南县', 'Y2T48');

insert into stuinfo (stuno, stuName, birthday, stutel, stuAddress, classname)
values('13550808001', '曾华军', '86-08-22', '13583020539', '广东珠海', 'Y2T49');

insert into stuinfo (stuno, stuName, birthday, stutel, stuAddress, classname)
values('13551219034', '罗燕', '83-11-07', '13578696856', '云南省潞西市', 'Y2T65');

insert into stuinfo (stuno, stuName, birthday, stutel, stuAddress, classname)
values('13550815003', '黄志伟', '87-11-13', '13643088892', '江西会昌县', 'Y2T50');

insert into stuinfo (stuno, stuName, birthday, stutel, stuAddress, classname)
values('13550815015', '唐宁', '81-07-01', '13812309868', '广东珠海', 'Y2T50');

insert into stuinfo (stuno, stuName, birthday, stutel, stuAddress, classname)
values('13550826003', '贝然', '85-06-13', '13882202173', '广东珠海', 'Y2T60');

insert into stuinfo (stuno, stuName, birthday, stutel, stuAddress, classname)
values('13550808019', '白生全', '86-06-03', '8828888', '重庆', 'Y2T49');

insert into stuinfo (stuno, stuName, birthday, stutel, stuAddress, classname)
values('13540925028', '沈永强', '81-06-23', '13588065815', '江苏南通市', 'Y2T50');

insert into stuinfo (stuno, stuName, birthday, stutel, stuAddress, classname)
values('21750710010', '张键', '85-07-18', '8557378', '广东江门', 'Y2T50');
```

```sql
insert into stuinfo (stuno, stuName, birthday, stutel, stuAddress, classname)
values('13550906016', '吴家彬', '82-09-22', '8324282', '珠海市斗门区', 'Y2T52');

insert into stuinfo (stuno, stuName, birthday, stutel, stuAddress, classname)
values('13550912004', '邹城廷', '85-10-15', '8218358', '广东珠海', 'Y2T53');

insert into stuinfo (stuno, stuName, birthday, stutel, stuAddress, classname)
values('13540706014', '娄智欣', '85-09-21', '8545256', '江西峡江', 'Y2T42');

insert into stuinfo (stuno, stuName, birthday, stutel, stuAddress, classname)
values('13550304010', '陈迪华', '00-01-01', '5612698', '广东珠海', 'Y2T42');

insert into stuinfo (stuno, stuName, birthday, stutel, stuAddress, classname)
values('13550321013', '陈福清', '80-11-25', '13751861125', '江西于都县', 'Y2T42');

insert into stuinfo (stuno, stuName, birthday, stutel, stuAddress, classname)
values('13551228001', '陶正武', '83-06-19', '13824151800', '湖南益阳市', 'Y2T42');

insert into stuinfo (stuno, stuName, birthday, stutel, stuAddress, classname)
values('13540607014', '杨振杰', '75-08-10', '13800138000', '珠海', 'Y2A21');

insert into stuinfo (stuno, stuName, birthday, stutel, stuAddress, classname)
values('13550418023', '鲁力', '82-03-23', '13727003870', '广东珠海', 'Y2T44');

insert into stuinfo (stuno, stuName, birthday, stutel, stuAddress, classname)
values('13550513026', '贺际勇', '80-11-06', '2628682', '湖南常德市', 'Y2T44');

insert into stuinfo (stuno, stuName, birthday, stutel, stuAddress, classname)
values('51451226001', '刘峰', '82-02-06', '8385613', '湖南衡阳市', 'Y2T44');

insert into stuinfo (stuno, stuName, birthday, stutel, stuAddress, classname)
values('13550531024', '陈学斌', '82-02-03', '8358801', '广东珠海', 'Y2T45');

insert into stuinfo (stuno, stuName, birthday, stutel, stuAddress, classname)
values('13550531001', '郑银河', '81-08-26', '13697788878', '湖南隆回县', 'Y2T47');

insert into stuinfo (stuno, stuName, birthday, stutel, stuAddress, classname)
values('13550715014', '陈卓', '86-08-30', '2210387', '江西省于都县', 'Y2T47');

insert into stuinfo (stuno, stuName, birthday, stutel, stuAddress, classname)
values('13550715019', '贾海波', '85-04-10', '13539599336', '湖南蓝山县', 'Y2T47');

insert into stuinfo (stuno, stuName, birthday, stutel, stuAddress, classname)
values('13550912006', '钟文康', '84-05-15', '13750086179', '广东珠海市', 'S2T53');
```

```
insert into stuinfo (stuno, stuName, birthday, stutel, stuAddress, classname)
values('13550912007', '朱婉婷', '83-08-11', '13527719983', '广东珠海', 'Y2T53');

insert into stuinfo (stuno, stuName, birthday, stutel, stuAddress, classname)
values('13551011008', '易虎', '84-02-28', '13631237777', '四川安岳县', 'Y2T56');

insert into stuinfo (stuno, stuName, birthday, stutel, stuAddress, classname)
values('13551011013', '陈挺', '84-05-19', '13433677109', '珠海香洲', 'S2T56');
```

在插入数据时，如果遗漏了某个列名和对应的数值，那么当该列存在默认值时，将使用默认值。如果该列不存在默认值，则 SQL Server 将尝试补一个空值。如果该列声明了 NOT NULL，那么将会导致插入出错。

2) 使用 INSERT…SELECT 语句插入数据

使用 INSERT…SELECT 语句可以把其他数据表(源表)的行记录添加到现有的表(新表)中，同时，可以执行多行插入。也就是说，INSERT…SELECT 语句可以完成一次插入一个数据块的功能。该语句的效率比使用单独的 INSERT 语句的效率要高得多。

使用 INSERT…SELECT 语句时应该遵循如下原则：

(1) 在新表中插入所有满足 SELECT 语句的行。

(2) 必须检验新表是否在数据库中。

(3) 必须保证新表中列的数据类型与源表中相应列的数据类型一致。

(4) 必须明确新表是否存在默认值，或所有被忽略的列是否允许为空值。如果不允许为空值，则必须为这些列提供值。

INSERT…SELECT 语句的基本语法如下：

INSERT table_name SELECT column_list FROM table_list WHERE search_condirions

例如，现在想要对学员信息表做一个备份，我们可以创建一张跟学员信息表结构一样的学员信息备份表，然后再从学员信息表中查询出数据并插入到学员信息备份表中。代码如下：

```
CREATE TABLE StuInfo_bak        --创建学员信息备份表
(
    StuNo varchar(12) not null,
    StuName varchar(12) not null ,
    StuAge int,
    StuSex nchar(1) not null
        check(StuSex = '男' or StuSex = '女'),
    StuTel varchar(30) ,
    StuADDress varchar(50) default ('地址不详'),
    birthday datetime,
    classname varchar(12)
)

--从 stuinfo 表中查出记录直接插入 stuinfo_bak 表中
--insert into StuInfo_bak select * from StuInfo
```

```
--如果对应表的字段不一样，也可以指定字段列值进行插入
insert into StuInfo_bak (StuNo, StuName, StuAge, StuSex, StuTel, StuADDress, birthday, classname)
  select StuNo, StuName, StuAge, StuSex, StuTel, StuADDress, birthday, classname
  from StuInfo
  WHERE StuAge>18
```

3) 使用 SELECT…INTO 语句创建表

SELECT…INTO 语句常用于创建表的备份复件或者用于对记录进行存档。使用该语句可以把任何查询结果集放置到一个新表中，还可以解决复杂的问题。例如，需要从不同数据源中得到数据集，如果一开始先使用 SELECT…INTO 语句创建一个临时表，那么在该表上执行查询比在多表或多数据库中执行查询更简单。

在使用 SELECT…INTO 语句时，应该注意如下的事项和原则：

(1) 可以使用 SELECT…INTO 语句创建一个表并且向表中插入行。确保在 SELECT … INTO 语句中指定的表名是唯一的。如果表名重复出现，则 SELECT INTO 语句将失败。

(2) 可以创建本地或全局临时表。如果要创建一个本地临时表，则需要在表名前加#符号；如果要创建一个全局临时表，则需要在表名前加两个#符号(##)。本地临时表只在当前的会话中可见，全局临时表在所有的会话中都可见。

(3) 当使用者结束会话时，本地临时表的空间会被回收。

(4) 当创建表的会话结束且当前参照表的最后一个 T-SQL 语句执行完成时，全局临时表的空间会被回收。

使用 SELECT INTO 语句的基本语法如下：

```
SELECT <select_list>
INTO new_table
FROM {<table_source>}[, … n]
WHERE <search_condition>
```

其功能是为 table_source 生成一个表名为 new_table 的备份表，[, …n]表示可以有 n 个此类项目。上面的语法功能也可以用 SQL 语句实现，例如：

```
select StuNo, StuName, StuAge, StuSex, StuTel, StuADDress, birthday, classname
    into Stuinfo_bak
from StuInfo
WHERE StuAge>18
```

这时，不仅创建了表 StuInfo_bak，而且 StuInfo 表中的数据也一起插入到 StuInfo_bak 表中去了。

在使用 SELECT…INTO 语句时，也可以使用 WHERE 子句，为查询插入任务限定条件。这里使用 WHERE 子句的方法同前面项目四的任务五中用过的相同，就不再详细说明了。

2. 更新数据记录操作

UPDATE 语句用于更新已有数据。如果关系表中的数据已经没用了，或插入的数据不正确，那么可以修改这些有问题的数据。修改关系表中的数据需要使用 UPDATE 语句。

1) UPDATE 语句的语法

UPDATE 语句的组成元素包括关键字 UPDATE 和关系名、关键字 SET 和设置属性为

新值的表达式、关键字 WHERE 和条件。UPDATE 语句的语法格式如下：

　　　UPDATE <table name>

　　　SET <column> = <value> [, <column> = <value>]

　　　[WHERE <search condition>]

在 UPDATE 语句中，UPDATE 子句和 SET 子句是必需的。在 UPDATE 子句中必须指定将要更新的表的名称；关键字 SET 后面是一系列新值的表达式，这些表达式由属性名、等号和新值组成，说明了要更新的数据在关系表中的列位置；关键字 WHERE 后面的 condition 条件用于指定将要修改的数据在关系表中的位置。因此，关键字 SET 和 WHERE 完全可以确定将要修改的数据的位置。

2) 根据表中数据更新行

在分析了 UPDATE 语句的各个部分之后，现在把它们汇总起来应用到一些实例当中，这些实例都基于学员信息表。

例如，将学员信息表中学号为"13540607014"的学员的年龄修改为 38 岁，可以使用如下更新语句：

　　　--修改年龄为 38 岁

　　　update StuInfo

　　　set stuage = 38

　　　where stuno = '13540607014'

　　　--查看这个学员的信息，看是否已经改变

　　　select * from StuInfo where stuno = '13540607014'

在更新数据后，执行 SELECT 语句查看结果，可以看到执行上述语句后输出结果如图 5-1 所示。

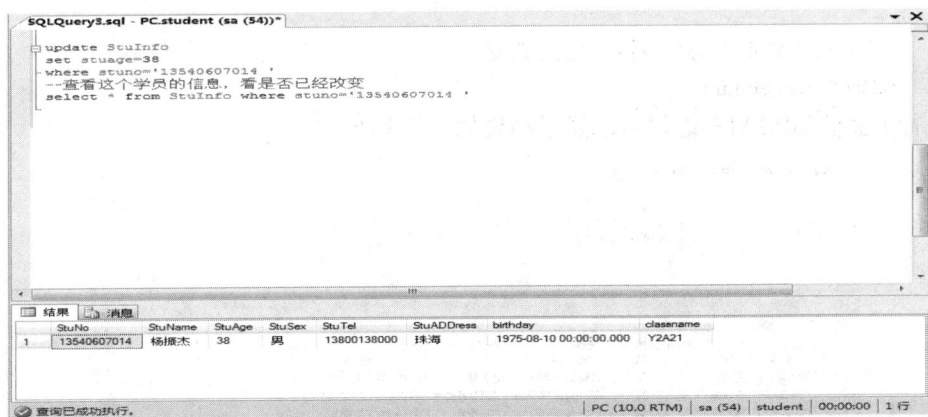

图 5-1　更新单行数据的输出结果

3) 更新表中列数据

在需要更新整列数据时，也可以使用 UPDATE 语句。例如，当前记录中所有学员的年龄都为空，现在要将所有学员的年龄都改为当前实际年龄(当前年减出生年即为年龄，假设当前年为 2012 年)，可以执行如下 UPDATE 语句：

　　　--修改年龄为实际年龄

　　　update StuInfo　set stuage = datediff(yyyy, birthday, GETDATE())

--查看这个学员的信息，看是否已经改变

select * from StuInfo

执行上述语句后，输出结果如图 5-2 所示，发现所有学员的年龄都已经不再为空了。

图 5-2　更新整列数据的输出结果

在 SET 子句中还可以指定多个表达式。也就是说，一次可以改变一个以上的列的值。例如，要将学员的年龄增加两岁，并且电话号码前增加区号"0756"，可以使用如下 UPDATE 语句：

--年龄加两岁且电话号码前加区号"0756"

update StuInfo set stuage = stuage+2, StuTel = '0756-' + StuTel

--查看这个学员的信息，看是否已经改变

select * from StuInfo

执行上面的 UPDATE 语句后，显示结果如图 5-3 所示。

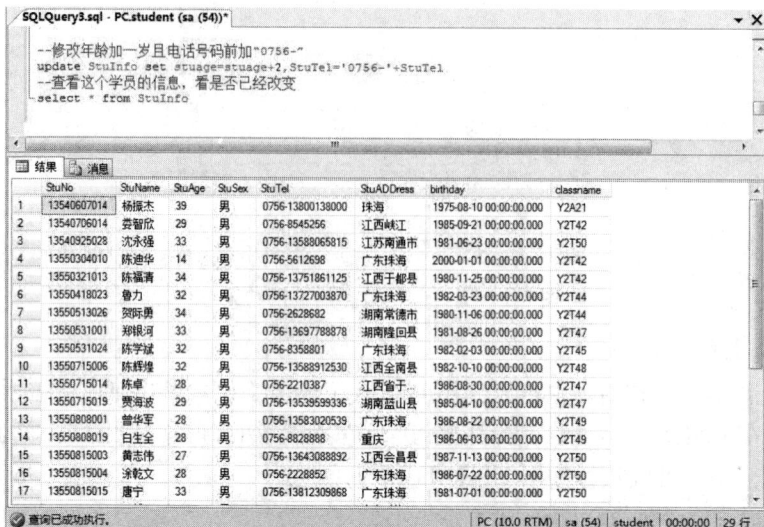

图 5-3　实现多列同时更新

4) 根据其他表更新行

除了上面一些基本的更新语句外，还可以利用其他表来更新行。这就需要在 UPDATE 语句的 SET 子句中使用 SELECT 语句。SELECT 语句返回的值是在设置子句表达式的 <value expression> 部分中定义的值。也就是说，SELECT 语句相当于 SET 子句等号右边的部分。

假设需要使用厂商信息表中的数据来修改商品信息表中的数据，即需要将商品信息表中的商品名称为"新版美国 EL 雅诗兰黛 ANR 特润眼部精华眼霜 ml"的厂商编号改为厂商信息表中厂商名称为"牛牛集团"的厂商编号，即 B10005，可以使用如下 UPDATE 语句：

> update　商品信息
> set　厂商编号 = (select　厂商编号　FROM　厂商信息　where　厂商名称='牛牛集团')
> where　商品名称 = '新版美国 EL 雅诗兰黛 ANR 特润眼部精华眼霜 ml'

SET 子句中的 SELECT 语句有且只有一个返回值。如果 SELECT 语句返回多个值，则 SQL 将不知道为该列赋予哪个值。

5) 使用 TOP 子句

除了常用的 UPDATE 语句外，还可以使用 TOP 子句来限制 UPDATE 语句中修改的行数。当在 UPDATE 语句中使用 TOP (n)子句时，将随机选择 n 行来执行更新操作。

例如，某家商场搞活动，需要随机抽 5 件商品价格降低 25%，即商品信息表中随机的 5 件商品价格降低 25%，可以使用如下的 UPDATE 语句：

> UPDATE TOP (5)　商品信息
> SET　商品价格 = 商品价格*0.75

3. 删除数据记录操作

当数据库的添加工作完成以后，随着数据库的使用和对数据的修改，表中可能存在一些无用的数据，这些无用的数据不仅会占用空间，还会影响修改和查询的速度，所以应及时将它们删除。本节主要介绍几种最常用的删除方法。

1) 使用 DELETE 语句

在 SQL 支持的所有数据修改语句中，DELETE 语句可能是最简单的语句。它只包含两个子句，其中一个子句是强制性的。DELETE 语句的语法格式如下：

> DELETE FROM <table name>
> [WHERE <search condition>]

其中，DELETE FROM 子句是必选项，要求指定需要删除行的表的名称；WHERE 子句是可选项，类似于 SELECT 和 UPDATE 这两个语句中的 WHERE 子句，它要求指定搜索条件。如果在 DELETE 语句中没有包括 WHERE 子句，那么将从指定的表中删除所有行。DELETE 语句只从表中删除数据，它不删除表定义本身。如果要删除数据和表定义，应使用 DROP TABLE 语句。

DELETE 语句中没有指定列名，这是由于不能从表中删除单个列的值，只能删除行。如果需要删除特定的列值，应使用 UPDATE 语句将该列值设置为空值，不过，只有在该列支持空值时才可以这么做。

上面介绍了 DELETE 语句的语法以及注意事项，下面通过几个具体实例来详细介绍一下如何使用 DELETE 语句删除表中的数据。首先介绍怎么删除一个表中的所有数据。例如，要删除学员备份表中的所有数据，可以使用如下 DELETE 语句：

> DELETE FROM stuinfo_bak

在需要删除所有语句时才可以使用这条语句。不过，这种情况使用得并不多，更多的时候需要使用 WHERE 子句来指定要删除的行。例如，要删除学员信息表中地址为"珠海"的所有信息，则可以使用如下 DELETE 语句：

> DELETE FROM StuInfo WHERE stuAddress = '珠海'

执行上面的语句后，地址为"珠海"的学员信息将被删除。

如果用户需要删除包含某些字段的信息，例如，需要删除学员信息表中地址包含"珠海"的学员信息，则可以使用如下 DELETE 语句：

> DELETE FROM StuInfo WHERE stuAddress like '%珠海%'

如果需要删除学员信息表中 20%的学员信息，则可以使用如下 DELETE 语句：

> DELETE top(20) percent StuInfo

执行上述语句后，将会删除学员信息表中前 20%的记录，本例删除了 4 条记录(总记录数 20×20%＝4)。如果需要删除学员信息表的前 4 行，可以使用如下 DELETE 语句：

> DELETE top(4) StuInfo

2) 使用 TRUNCATE TABLE 语句

TRUNCATE TABLE 语句提供了一种删除表中所有记录的快速方法。因为 TRUNCATE TABLE 语句不记录日志，只记录整个数据页的释放操作，而 DELETE 语句对每一行修改都记录日志，所以使用 TRUNCATE TABLE 语句进行清空表数据操作总是比使用 DELETE 语句清空表数据操作的效率高。TRUNCATE TABLE 语句立即释放了表中数据及索引所占用的全部空间，其语法格式如下：

> TRUNCATE TABLE [[database.] owner.] table_name

与 DELETE 语句相比，TRUNCATE TABLE 语句具有以下优点：

(1) 所用的事务日志空间较少。DELETE 语句每次删除一行，并在事务日志中为所删除的每行记录一个项。TRUNCATE TABLE 通过释放用于存储表数据的数据页来删除数据，并且在事务日志中只记录页释放。

(2) 使用的锁通常较少。当使用行锁执行 DELETE 语句时，将会锁定表中各行以便删除。TRUNCATE TABLE 始终锁定表和页，而不是锁定各行。

(3) 表中将毫无例外地不留下任何页。执行 DELETE 语句后，表仍会包含空页。例如，必须至少使用一个排他(LCK_M_X)表锁，才能释放堆中的空表。如果执行删除操作时没有使用表锁，则表(堆)中将包含许多空页。对于索引，删除操作会留下一些空页，不过这些页会通过后台清除进程迅速释放。

那么可不可以用 TRUNCATE TABLE 代替不带 WHERE 子句的 DELETE 语句呢？在以下几种情况下是不行的：

(1) 在需要保留标识的情况下不能用 TRUNCATE TABLE，因为 TRUNCATE TABLE 会重置标识(标识是数据库内部用来记录数据存放位置的一个符号，用户不能使用标识)。

(2) 在需要使用触发器的情况下，不能使用 TRUNCATE TABLE，因为它不会激发触发器。

(3) 对于由 FOREIGN KEY 约束引用的表(即主键所在的表，不是外键所在的表)，不能使用 TRUNCATE TABLE。

(4) 对于参与了索引视图的表，不能使用 TRUNCATE TABLE，注意指的是索引视图，并非普通视图。

那么用户需要具有什么权限才可以使用 TRUNCATE TABLE 呢？若要使用 TRUNCATE TABLE 语句，必须是表的所有者，具有 DBA 权限或表的 ALTER 权限。对于基表，TRUNCATE TABLE 语句需要有表的排他访问权限，因为操作是原子操作(要么删除所有行，要么不删除任何行)。这意味着所有以前打开的游标和引用要截短的表的游标都必须关闭，并且必须发出 COMMIT 或 ROLLBACK 命令释放对表的引用。对于临时表，每个用户都有自己的数据副本，不需要排他访问。

下面结合一个简单的实例来说明如何使用 TRUNCATE TABLE 语句。比如需要删除学员信息表中的所有数据，则可以使用如下语句：

TRUNCATE TABLE StuInfo　–注意，若为有外键引用的表，则不能用此语句

由于 TRUNCATE TABLE 操作是不进行日志记录的，所以建议在 TRUNCATE TABLE 语句之前使用 BACKUP DATABASE 语句来对数据库做备份。

任务三　学习高级查询方法

在实际查询应用中，用户所需要的数据并不全在一个表或视图中，而在多个表中，这时就要进行多表查询。多表查询即将多个表中的数据组合，再从中获取所需要的数据信息。多表查询实际上是通过各个表之间的共同列的相关性来查询数据的，是数据库查询最主要的特征。多表查询首先要在这些表中建立连接，表之间的连接用于连接查询的结果集或结果表。而实现连接的结果在向数据库添加新类型的数据方面是没有限制的，具有很大的灵活性。通常总是通过连接创建一个新表，以包含不同表中的数据。如果新表有合适的域，就可以将它连接到现有的表中。

1. 基本连接

在进行多表查询操作时，最简单的连接方式就是在 SELECT 语句列表中引用多个表的字段，其中 FROM 子句中用半角逗号将不同的基本表隔开。如果使用 WHERE 子句创建一个同等连接，则能使查询的结果集更加丰富。同等连接是指第一个基表中的一个或多个列值与第二个基表中对应的一个或多个列值相等的连接。通常情况下，使用键码列建立连接，即一个基表中的主键码与第二个基表中的外键码保持一致，以保持整个数据库的参照完整性。

用户在进行基本连接操作时，可以遵循以下基本原则：

(1) SELECT 子句列表中，每个目标列前都要加上基表名称；

(2) FROM 子句应包括所有使用的基表；

(3) WHERE 子句应定义一个同等连接。

多表查询中同样可以使用 WHERE 子句的各个搜索条件，比如比较运算符、逻辑运算

符、IN 条件、BETWEEN 条件、LIKE 条件及 IS NULL 条件等，也可以规范化结果集。

例如，Student 数据库中学员信息表和考试成绩表都包含了学号列，根据该列在 WHERE 子句中建立同等连接，查询年龄小于 30 岁的学员的学号、姓名、性别、出生日期、机试成绩、笔试成绩。查询语句如下：

```
--为查询方便，先向考试成绩表 exam 插入考试成绩数据
--插入成绩表
insert into Exam values('13540607014', 95, 86);
insert into Exam values('13540706014', 55, 56);
insert into Exam values('13540925028', 65, 86);
insert into Exam values('13550304010', 60, 60);
insert into Exam values('13550321013', 89, null);
insert into Exam values('13550418023', 91, 60);
insert into Exam values('13550513026', 60, 76);
insert into Exam values('13550531001', null, null);
insert into Exam values('13550531024', null, 86);
insert into Exam values('13550715006', 54, 46);
insert into Exam values('13550715014', 46, 76);
insert into Exam values('13550715019', 32, 86);
insert into Exam values('13550808001', 86, 36);
select s.stuno, s.stuName, s.stuSex, s.birthday, e.Written, e.Lab
from StuInfo s, Exam e
where s.StuNo = e.StuNo
    and StuAge<30
```

上面语句在 SELECT 语句中各个查询列前都指定了其所在的表，从而确定每个列的来源并限定列名。WHERE 子句中创建了一个同等连接，即通过两个表的学号来建立联系的机制。

使用同等连接不仅可以连接两个列，而且如果表中结构允许，用户还可以在 WHERE 子句中连接多个同等连接条件。多个同等连接条件之间可以使用 AND、OR 或 NOT 等逻辑运算符连接起来。例如，在订单管理信息系统中，有商品信息表、订单信息表、注册会员表等，如果要查询某会员在某订单中订购了什么商品，则需要将三个表进行同等连接条件查询。在 WHERE 子句中的第一个连接是商品信息表中的商品编号与订单信息表中的商品编号，第二个连接是订单信息表中的会员编号与注册会员表中的会员编号，最后又使用 AND 连接一个限定某会员的条件。

2. JOIN 关键字

使用 JOIN 关键字可以进行连接查询，它和基本连接查询一样都是用来连接多个表的操作。使用 JOIN 关键字可以引导出多种连接方式，如内连接、外连接、交叉连接、自连接等。其连接条件主要通过以下方法定义两个表在查询中的关系方式：

(1) 指定每个表中要用于连接的目标列，即在一个基表中指定外键，在另外一个基表中指定与其关联的键。

(2) 比较各目标列的值要使用比较运算符，如=、<等。

使用 JOIN 关键字连接查询的语法格式如下：

```
SELECT select_list
FROM table1 join_type JOIN table2 [ON join_conditions]
[WHERE search_conditions]
[ORDER BY order_expression]
```

其中，table1 与 table2 为基表；join_type 指定连接类型，正是该连接类型指定了多种连接方式，如内连接、外连接、交叉连接和自连接；join_conditions 指定连接条件。

例如，在 Student 数据库中学员信息表和考试成绩表两个表中都包含学号列，用户可以使用 JOIN 关键字将两个表建立连接，可以使用下面的语句：

```
USE Student
SELECT s.stuno, stuName, stuSex, birthday, e.Written, e.Lab
FROM StuInfo s join Exam e
ON s.StuNo = e.StuNo
WHERE StuAge<30
```

在上面的语句中，首先在 FROM 子句中使用 JOIN 关键字将两个表建立连接，然后通过 ON 子句给出了连接的条件，最后使用 WHERE 子句又给出了连接的限定条件。

3. 内连接

内连接是比较常用的一种数据连接查询方式。它使用比较运算符进行多个基表间数据的比较操作，并列出这些基表中与连接条件相匹配的所有的数据行。一般用 INNER JOIN 或 JOIN 关键字来指定内连接，它是连接查询默认的连接方式。内连接的语法格式如下：

```
SELECT select_list
FROM table INNER JOIN table2 [ON join_conditions]
[WHERE search_conditions]
[ORDER BY order_expression]
```

细分起来，又可将内连接分为等值连接、非等值连接和自然连接三种。

1) 等值连接

等值连接就是在连接条件中使用等于号(=)比较运算符来比较连接列的列值，其查询结果中可以包括被连接表中的所有列。

下面的语句对学员信息表和考试成绩表进行了内连接中的等值连接：

```
USE Student
SELECT s.stuno, stuName, stuSex, birthday, e.Written, e.Lab
FROM StuInfo s join Exam e
ON s.StuNo = e.StuNo
WHERE StuAge<30
ORDER BY s.birthday
```

上面的语句使用了 ON 子句指定连接条件，并使用了 ORDER BY 子句通过学员信息表中的出生日期进行升序排列。

2) 非等值连接

非等值连接查询就是在连接条件中使用了除等于号之外的比较运算符以比较连接列的列值，比较运算符有>、<、>=、<=、< >。除了比较运算符外，也可以使用范围运算符，如 BETWEEN。

例如，在学员信息表和考试成绩表中查询学号、姓名、年龄、出生日期、笔试成绩、机试成绩，同时要找出年龄在 20～30 岁之间的学员信息，可以使用下面的语句：

```
USE Student
SELECT s.stuno, stuName, stuSex, birthday, e.Written, e.Lab
FROM StuInfo s join Exam e
ON    s.StuNo = e.StuNo
and s.StuAge BETWEEN 20 and 30
ORDER BY s.birthday
```

上面的语句中，除了通过 ON 子句指定了连接的条件外，还给出了 BETWEEN 非等值连接运算。执行该语句后，将查询出年龄在 20～30 之间的学员的学号、姓名、年龄、出生日期、笔试成绩、机试成绩，并按照出生日期升序显示。

3) 自然连接

自然连接与等值连接相同，都是在连接条件中使用等于比较运算符，使用自然连接查询时，它会为具有相同名称的列自动进行记录匹配。

例如，基于学员信息表和考试成绩表创建一个自然连接查询，限定条件为两个基表中的学员编号，在结果集中显示学号、姓名、年龄、出生日期、笔试成绩、机试成绩，可以使用下面的语句：

```
USE Student
SELECT s.stuno, stuName, stuSex, birthday, e.Written, e.Lab
FROM StuInfo s INNER join Exam e
ON s.StuNo = e.StuNo
WHERE StuAge<30
ORDER BY s.birthday
```

执行上面的语句后，我们发现得到的结果与等值连接的结果是一模一样的。其实我们也可以简单地理解为内连接的时候 INNER 关键字可以省略不写。

4. 外连接

由于内连接可能产生信息的丢失，为避免这种情况的发生，用户可以使用外连接。外连接与内连接不同，在查询时所用的基表有主从表之分。使用外连接时，以主表中的每行数据去匹配从表中的数据行，如果符合连接条件，则返回到结果集中；如果没有找到匹配行，则主表的行仍然保留，并且返回到结果集中，相应的从表中的数据行被填上 NULL 后也返回到结果集中。

根据返回行的主从表形式的不同，外连接可以分为三种类型：左外连接、右外连接和全外连接。各种外连接方式有独特的关键字，下面对这三种连接方式进行详细介绍。

1) 左外连接

左外连接是指返回所有的匹配行并从关键字 JOIN 左边的表中返回所有的不匹配行。由此可知，即使不匹配，JOIN 关键字左边表中的数据也将被保留，所以在左外连接中 JOIN 关键字左边的表为主表，右边的表为从表。使用左外连接的一般语法结构如下：

```
SELECT select_list
```

FROM table1 LEFT OUTER JOIN table2[ON join_conditions]
[WHERE search_conditions]
[ORDER BY order_expression]

上面语句结构中，OUTER JOIN 表示外连接，而 LEFT 为表示左外连接的关键字，因此 table1 为主表，table2 为从表。

例如，在学员信息表中一个学员编号对应一个完整的学员资料，在学员信息表中保存了所有的学员资料，而考试成绩表中并不是所有学员都有考试成绩，有些未参加考试的学员是没有考试成绩记录的，因此可以使用这两个表作为左外连接。可以使用下面语句：

```
USE Student
SELECT s.stuno, stuName, stuSex, birthday, e.ExamNo, e.Written, e.Lab
FROM StuInfo s left outer join Exam e
ON    s.StuNo = e.StuNo
```

上面语句的返回结果显示学员编号、姓名、性别、出生日期、笔试成绩、机试成绩，主表为学员信息(stuInfo)表，从表为考试成绩(exam)表。执行语句后，结果如图 5-4 所示。

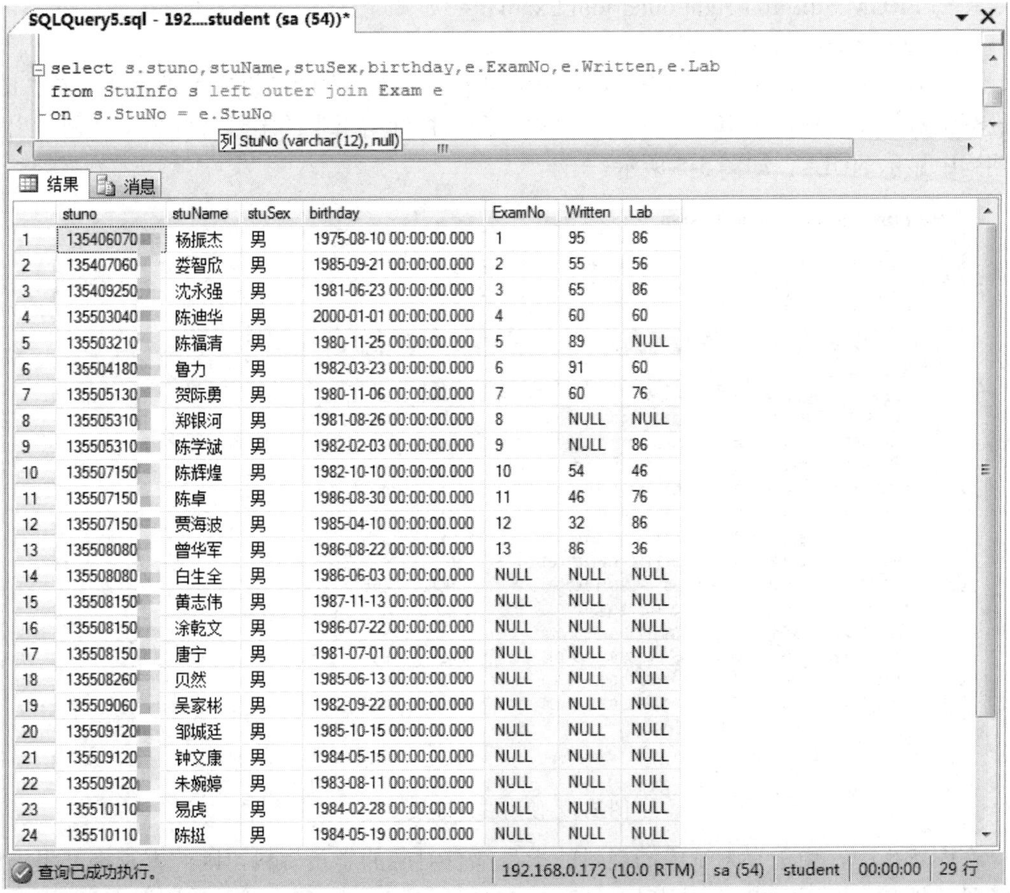

	stuno	stuName	stuSex	birthday	ExamNo	Written	Lab
1	135406070	杨振杰	男	1975-08-10 00:00:00.000	1	95	86
2	135407060	娄智欣	男	1985-09-21 00:00:00.000	2	55	56
3	135409250	沈永强	男	1981-06-23 00:00:00.000	3	65	86
4	135503040	陈迪华	男	2000-01-01 00:00:00.000	4	60	60
5	135503210	陈福清	男	1980-11-25 00:00:00.000	5	89	NULL
6	135504180	鲁力	男	1982-03-23 00:00:00.000	6	91	60
7	135505130	贺际勇	男	1980-11-06 00:00:00.000	7	60	76
8	135505310	郑银河	男	1981-08-26 00:00:00.000	8	NULL	NULL
9	135505310	陈学斌	男	1982-02-03 00:00:00.000	9	NULL	86
10	135507150	陈辉煌	男	1982-10-10 00:00:00.000	10	54	46
11	135507150	陈卓	男	1986-08-30 00:00:00.000	11	46	76
12	135507150	贾海波	男	1985-04-10 00:00:00.000	12	32	86
13	135508080	曾华军	男	1986-08-22 00:00:00.000	13	86	36
14	135508080	白生全	男	1986-06-03 00:00:00.000	NULL	NULL	NULL
15	135508150	黄志伟	男	1987-11-13 00:00:00.000	NULL	NULL	NULL
16	135508150	涂乾文	男	1986-07-22 00:00:00.000	NULL	NULL	NULL
17	135508150	唐宁	男	1981-07-01 00:00:00.000	NULL	NULL	NULL
18	135508260	贝然	男	1985-06-13 00:00:00.000	NULL	NULL	NULL
19	135509060	吴家彬	男	1982-09-22 00:00:00.000	NULL	NULL	NULL
20	135509120	邹城廷	男	1985-10-15 00:00:00.000	NULL	NULL	NULL
21	135509120	钟文康	男	1984-05-15 00:00:00.000	NULL	NULL	NULL
22	135509120	朱婉婷	男	1983-08-11 00:00:00.000	NULL	NULL	NULL
23	135510110	易虎	男	1984-02-28 00:00:00.000	NULL	NULL	NULL
24	135510110	陈挺	男	1984-05-19 00:00:00.000	NULL	NULL	NULL

图 5-4　使用左外连接

由图 5-4 可以看到，由于考试成绩表中存在不匹配的行，因此不匹配结果的笔试成绩、机试成绩以及考试号都为 NULL。

2) *右外连接*

与左外连接相反，右外连接返回所有的匹配行，并从关键字 JOIN 右边的表中返回所有不匹配的行。因此，在右外连接中 JOIN 关键字右边的为主表，关键字左边的为从表，右外连接的返回结果与左外连接的相同，即不满足匹配的结果集在相应列中添加 NULL。

右外连接的语句结构如下：

```
SELECT select_list
FROM table1 RIGHT OUTER JOIN table2 [ON join_conditions]
[WHERE search_conditions]
[ORDER BY order_expression]
```

OUTER JOIN 表示外连接，RIGHT 为右外连接的关键字。例如，在学员信息表和考试成绩表中使用右外连接，返回学员编号、姓名、性别、出生日期、笔试成绩、机试成绩等，可以使用下面的语句：

```
USE Student
SELECT s.stuno, stuName, stuSex, birthday, e.ExamNo, e.Written, e.Lab
FROM StuInfo s right outer join Exam e
ON   s.StuNo = e.StuNo
```

上述语句中，考试成绩表为主表，学员信息表为从表，返回结果中不满足匹配条件的，即没有学员信息资料，但有考试成绩资料的，会在查询结果中的学号、姓名、性别、出生日期列中显示 NULL，如图 5-5 所示。

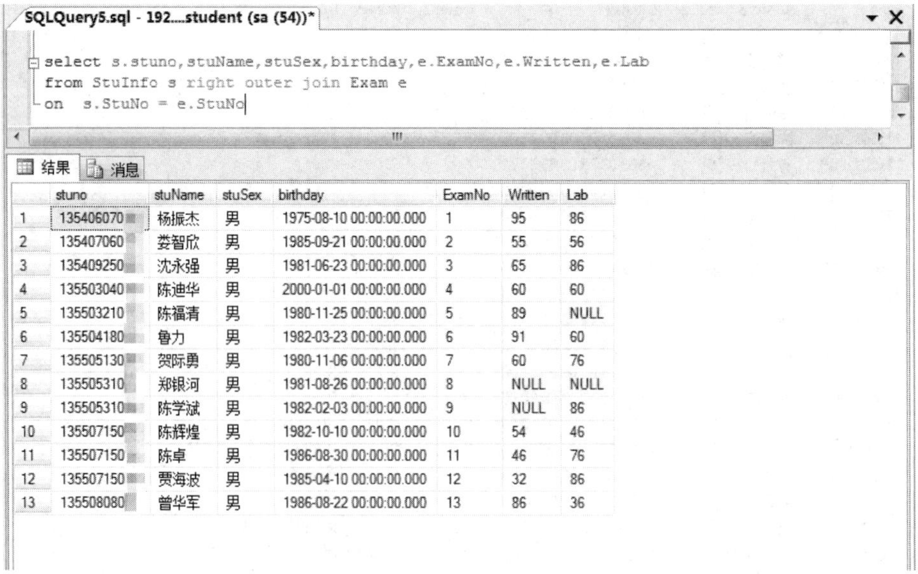

	stuno	stuName	stuSex	birthday	ExamNo	Written	Lab
1	135406070	杨振杰	男	1975-08-10 00:00:00.000	1	95	86
2	135407060	娄智欣	男	1985-09-21 00:00:00.000	2	55	56
3	135409250	沈永强	男	1981-06-23 00:00:00.000	3	65	86
4	135503040	陈迪华	男	2000-01-01 00:00:00.000	4	60	60
5	135503210	陈福清	男	1980-11-25 00:00:00.000	5	89	NULL
6	135504180	鲁力	男	1982-03-23 00:00:00.000	6	91	60
7	135505130	贺际勇	男	1980-11-06 00:00:00.000	7	60	76
8	135505310	郑银河	男	1981-08-26 00:00:00.000	8	NULL	NULL
9	135505310	陈学斌	男	1982-02-03 00:00:00.000	9	NULL	86
10	135507150	陈辉煌	男	1982-10-10 00:00:00.000	10	54	46
11	135507150	陈卓	男	1986-08-30 00:00:00.000	11	46	76
12	135507150	贾海波	男	1985-04-10 00:00:00.000	12	32	86
13	135508080	曾华军	男	1986-08-22 00:00:00.000	13	86	36

图 5-5　使用右外连接 1

在图 5-5 中，由于有考试成绩资料的学员都有对应的学员资料，因此本查询结果未出现学号、姓名、性别、出生日期列中显示 NULL 的记录。为了验证右外连接，可以在考试成绩表中增加一条记录，这条记录的学号为空，表示这条记录对应的学号在学员信息表中不存在(因为 exam 表的 stuNo 字段是外键引用了 StuInfo 表中的 stuNo，因此在 exam 表中不能增加除 NULL 以外且在 StuInfo 表中不存在 stuNo 的值)，实现语句如下：

```
insert into Exam values(null, 86, 36);
select s.stuno, stuName, stuSex, birthday, e.ExamNo, e.Written, e.Lab
from StuInfo s right outer join Exam e
on   s.StuNo = e.StuNo
```

执行上面的语句后，结果如图 5-6 所示。

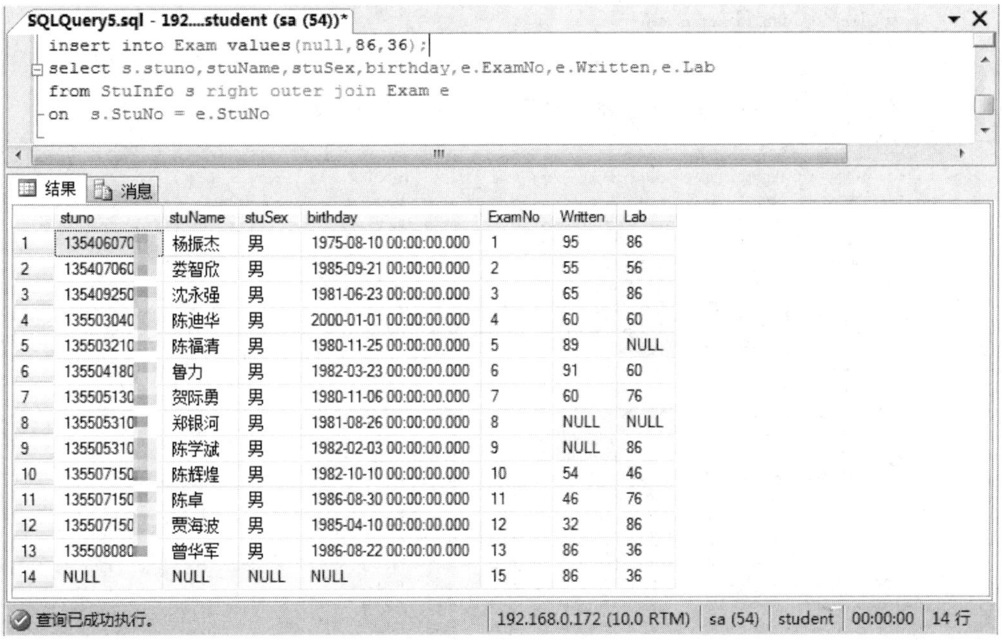

	stuno	stuName	stuSex	birthday	ExamNo	Written	Lab
1	135406070	杨振杰	男	1975-08-10 00:00:00.000	1	95	86
2	135407060	娄智欣	男	1985-09-21 00:00:00.000	2	55	56
3	135409250	沈永强	男	1981-06-23 00:00:00.000	3	65	86
4	135503040	陈迪华	男	2000-01-01 00:00:00.000	4	60	60
5	135503210	陈福清	男	1980-11-25 00:00:00.000	5	89	NULL
6	135504180	鲁力	男	1982-03-23 00:00:00.000	6	91	60
7	135505130	贺际勇	男	1980-11-06 00:00:00.000	7	60	76
8	135505310	郑银河	男	1981-08-26 00:00:00.000	8	NULL	NULL
9	135505310	陈学斌	男	1982-02-03 00:00:00.000	9	NULL	86
10	135507150	陈辉煌	男	1982-10-10 00:00:00.000	10	54	46
11	135507150	陈卓	男	1986-08-30 00:00:00.000	11	46	76
12	135507150	贾海波	男	1985-04-10 00:00:00.000	12	32	86
13	135508080	曾华军	男	1986-08-22 00:00:00.000	13	86	36
14	NULL	NULL	NULL	NULL	15	86	36

图 5-6　使用右外连接 2

在图 5-6 中，由于有考试成绩资料的学员中考试号为 15 的学员没有对应的学员资料，因此本查询结果出现了考试号为 15 的那条记录的学号、姓名、性别、出生日期列中显示 NULL 的情况。

实现左外连与右外连之间的查询是可以相互转换的，只要把 LEFT JOIN 前后的表互换位置，然后把 LEFT 关键字换为 RIGHT 关键字，就可以将左外连接转换为右外连接了，反之亦然。

3) 全外连接

全外连接又称完全外连接，该连接查询方式返回连接表中所有行的数据。与左外连接相同，JOIN 关键字左边为主表，右边为从表。根据匹配条件，如果满足匹配条件，则返回数据；如果不满足匹配条件，同样返回数据，只不过在相应列中填入 NULL。在整个全外连接的返回结果中，包含了两个完全连接表的所有数据。

使用全外连接的一般语法结构如下：

```
SELECT select_list
FROM table1 FULL OUTER JOIN table2 [ON join_conditions]
[WHERE search_conditions]
[ORDER BY order_expression]
```

例如，在学员信息表和考试成绩表中使用全外连接，可以使用下面的语句：

```
select s.stuno, stuName, stuSex, birthday, e.ExamNo, e.Written, e.Lab
from StuInfo s full outer join Exam e
on    s.StuNo = e.StuNo
```

从上面的语句中可以看到，学员信息表与考试成绩表中的数据全部都返回，返回结果如图 5-7 所示。

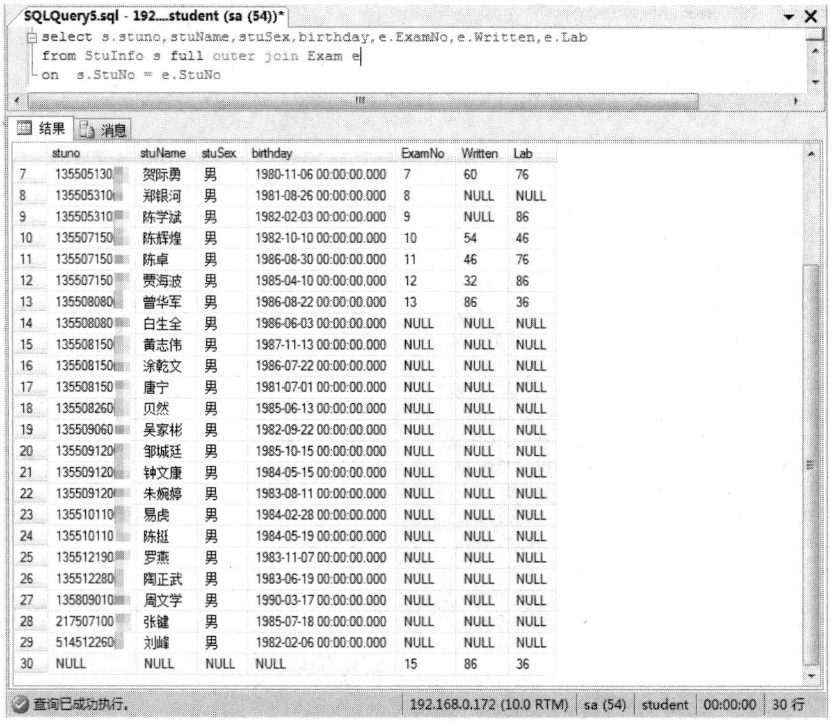

	stuno	stuName	stuSex	birthday	ExamNo	Written	Lab
7	135505130	贺际勇	男	1980-11-06 00:00:00.000	7	60	76
8	135505310	郑银河	男	1981-08-26 00:00:00.000	8	NULL	NULL
9	135505310	陈学斌	男	1982-02-03 00:00:00.000	9	NULL	86
10	135507150	陈辉煌	男	1982-10-10 00:00:00.000	10	54	46
11	135507150	陈卓	男	1986-08-30 00:00:00.000	11	46	76
12	135507150	贾海波	男	1985-04-10 00:00:00.000	12	32	86
13	135508080	曾华军	男	1986-08-22 00:00:00.000	13	86	36
14	135508080	白生全	男	1986-06-03 00:00:00.000	NULL	NULL	NULL
15	135508150	黄志伟	男	1987-11-13 00:00:00.000	NULL	NULL	NULL
16	135508150	涂乾文	男	1986-07-22 00:00:00.000	NULL	NULL	NULL
17	135508150	唐宁	男	1981-07-01 00:00:00.000	NULL	NULL	NULL
18	135508260	贝然	男	1985-06-13 00:00:00.000	NULL	NULL	NULL
19	135509060	吴家彬	男	1982-09-22 00:00:00.000	NULL	NULL	NULL
20	135509120	邹城廷	男	1985-10-15 00:00:00.000	NULL	NULL	NULL
21	135509120	钟文康	男	1984-05-15 00:00:00.000	NULL	NULL	NULL
22	135509120	朱婉婷	男	1983-08-11 00:00:00.000	NULL	NULL	NULL
23	135510110	易虎	男	1984-02-28 00:00:00.000	NULL	NULL	NULL
24	135510110	陈挺	男	1984-05-19 00:00:00.000	NULL	NULL	NULL
25	135512190	罗燕	男	1983-11-07 00:00:00.000	NULL	NULL	NULL
26	135512280	陶正武	男	1983-06-19 00:00:00.000	NULL	NULL	NULL
27	135809010	周文学	男	1990-03-17 00:00:00.000	NULL	NULL	NULL
28	217507100	张键	男	1985-07-18 00:00:00.000	NULL	NULL	NULL
29	514512260	刘峰	男	1982-02-06 00:00:00.000	NULL	NULL	NULL
30	NULL	NULL	NULL	NULL	15	86	36

图 5-7　使用全外连接

5. 交叉连接

使用交叉查询，如果不带 WHERE 子句，则返回的结果是被连接的两个表的笛卡尔积；如果交叉连接带有 WHERE 子句，则返回结果为被连接的两个表的笛卡尔积减去 WHERE 子句所限定而省略的行数。

使用交叉连接的语法格式如下：

```
SELECT select_list
FROM table1 CROSS JOIN table2
[WHERE search_conditions]
[ORDER BY order_expression]
```

CROSS 为交叉连接的关键字。例如，在学员信息表和考试成绩表中进行交叉连接，可以使用如下语句：

```
--交叉连接
select s.stuno, stuName, stuSex, birthday, e.ExamNo, e.Written, e.Lab
from StuInfo s cross join Exam e
```

执行上面的语句，根据交叉连接的语句及其返回结果可以看出，实际上交叉连接和使用逗号的基本连接操作非常相似，唯一不同之处在于交叉连接使用 CROSS JOIN 关键字，而基本连接使用逗号操作符。因此，下面的查询语句：

```
--基本连接
select s.stuno, stuName, stuSex, birthday, e.ExamNo, e.Written, e.Lab
from StuInfo s , Exam e
```

与前面的查询语句的查询结果一样，而且后面都可以带 WHERE 子句来限制连接条件。但两者的性能可能不一样，推荐使用后面的"基本连接"的写法。

6. 自连接

前面介绍了多种方式实现两个或多个表之间的连接查询，对同一个表也可以进行连接查询，这种连接查询方式就称为自连接。对一个表使用自连接方式时，其他内容与两个表之间的连接操作完全相似，只是在每次列出这个表时便为它命名一个别名。

在自连接中可以使用内连接或外连接等连接方式。例如，对学员信息表实现自连接，并在连接时使用内连接，可以使用下面的语句：

```
USE Student
select s1.stuno, s1.stuName, s2.stuSex, s2.birthday
from StuInfo s1, StuInfo s2
where s1.StuNo = s2.StuNo
```

可以看到，在上面的语句中，为表创建了两个别名 s1 和 s2，接下来将 s1 和 s2 作为两个不同的表进行查询。

7. 联合查询

对于不同的查询操作会生成不同的查询结果集，但在实际应用中希望将这些查询结果集连接到一起，从而组成符合实际需要的数据，此时就可以使用联合查询了。使用联合查询可以将两个或更多的结果集组合到一个结果集中，组合后的新结果集包含了所有查询结果集中的全部数据。

使用联合查询的一般语法结构如下：

```
SELECT search_list
FROM table_source
[WHERE search_conditions]
{UNION [ALL]
SELECT select_list
FROM table_source
[WHERE search_conditions]}
[ORDER BY order_expression]
```

大括号中联合查询通过 UNION 子句实现，其中 ALL 关键字为可选的：如果在 UNION 子句中使用该关键字，则返回全部满足匹配的结果；如果不使用该关键字，则在返回结果中删除满足匹配的重复行。在进行联合查询时，查询结果的列标题为第一个查询语句的列标题。因此，必须在第一个查询语句中定义列标题。

```
select stuno, stuname, birthday from StuInfo
union all
select stuno, stuname, birthday from StuInfo_bak
```

在进行联合查询时，一定要注意以下两点：

(1) 所有 UNION 查询必须在 SELECT 列表中有相同的列数，即如果第一个 SELECT 语句中有 3 列，那么第二个 SELECT 语句中也必须有 3 列。

(2) UNION 返回结果集的列名仅从第一个查询结果中获得。如果第一个 SELECT 语句中定义了列名，那么不管其他 SELECT 语句中是否为列定义了别名，UNION 子句返回的结果集都是第一个 SELECT 语句中定义的内容。

任务四　学习使用子查询的方法

使用子查询或连接，都可以实现使用查询语句来访问多个表中的数据的效果。子查询可以使用在 SELECT、INSERT、UPDATE 或 DELETE 语句中，子查询同样遵循 SQL Server 语法规范。根据子查询返回行数的不同，又可将其分为返回多行的子查询和返回单行的子查询。同时，子查询又可嵌套使用。

1. 返回多行的子查询

返回多行的子查询是指在执行查询语句获得的结果集中返回了多行数据的子查询。一般情况下，子查询都是通过 WHERE 子句来实现的，但实际上它还能应用于 SELECT 语句及 HAVING 子句中。在子查询中可以使用 IN 关键字、EXISTS 关键字和比较运算符来连接表。

1) 使用 IN 关键字

通过使用 IN 关键字，可以把原表中目标列的值和子查询返回的结果进行比较。如果列值与子查询的结果一致或存在与之匹配的数据行，则查询结果集中就包含该数据行。使用 IN 关键字的子查询的语法格式如下：

```
SELECT select_list
FROM table_source
WHERE expression IN|NOT IN (subquery)
```

上面的语法中(subquery)表示子查询，括号外围的查询将子查询的结果作为限定条件，继续进行查询。例如下面的语句：

```
USE Student
SELECT * FROM stuInfo
WHERE stuno IN (select stuno from exam where Written >=60 and Lab>=60)
```

括号中子查询得出的结果为机试与笔试成绩都及格的学员的编号，外围查询根据学员编号将其作为限定条件，查询出"学员信息"表中的相应数据，这样整个 SQL 语句的功能就是查询机试与笔试成绩都及格的学员的相关信息。

同样，这里也可以使用 NOT IN 关键字查询出与 IN 关键字相反的结果。

2) 使用 EXISTS 关键字

EXISTS 关键字的作用是在 where 子句中测试子查询返回的行是否存在。如果存在，则返回真值；如果不存在，则返回假值。使用 EXISTS 关键字的子查询实际上不产生任何数据，其语法格式如下：

```
select select_list
from table_source
where EXISTS|NOT EXISTS(subquery)
```

同样，以上面的实例为例，查询没有考试成绩的学员信息，在这个语句中使用 EXISTS 关键字，如果子查询中能够返回数据行，即查询成功，则子查询外围的查询也能成功；如果子查询失败，则外围的查询也会失败，这里 EXISTS 连接的子查询可以理解为外围查询的触发条件。也可以使用下面的语句：

```
use Student
select * from StuInfo s
where Not EXISTS
(   select stuNo from Exam e
      where e.stuno=s.stuNo
)
```

使用 NOT EXISTS 与使用 EXISTS 相反，当子查询返回空行或查询失败时，外围查询成功；当子查询成功或返回非空行时，外围查询失败。同样使用上面的实例，只不过将 EXISTS 换为 NOT EXISTS，可以查询缺考的学员信息。

3) 使用比较运算符

子查询可以由一个比较运算符和一些关键字引入，查询结果返回一个值列表。使用比较运算符的子查询的基本语法格式如下：

```
select select_list
from table_source
where expression operator [ANY | ALL | SOME] (subquery)
```

其中，operator 表示比较运算符，ANY、ALL 和 SOME 是 SQL 支持的、在子查询中用于比较的关键字。ANY 和 SOME 都表示外围查询限定条件，与子查询返回值进行比较，如果外围查询中有任意多个数据与子查询的返回值相同，则这些相同的数据全部返回；使用 ALL 关键字表示外围查询限定条件与子查询返回值进行比较，外围查询返回结果必须全部满足比较条件。

也许上面的语句过于抽象，可以通过下面的实例语句加深理解：

```
use Student
select * from StuInfo s
where    stuNo = ANY
    (select stuNo from Exam e where Written >=60 and Lab>=60)
```

子查询中返回了学员的考试成绩（笔试与机试成绩）都及格的学员编号，在外围查询中使用 ANY 关键字，因此可知，只要外围查询中的学员编号等于子查询的返回结果中的任意一个学员编号就可满足查询条件，则该项数据被返回。再看下面几个简单而典型的例子：

```
set nocount on
if (object_id ('t1') is not null) drop table t1
create table t1 (n int)
insert into t1 select 2 union select 3
if (object_id ('t2') is not null) drop table t2
```

```
create table t2 (n int)
insert into t2 select 1 union select 2 union select 3 union select 4
-- t1 表数据  2, 3
-- t2 表数据  1, 2, 3, 4
-- '>all' 表示:t2 表中列 n 的数据大于 t1 表中列 n 的数据的数，结果只有 4
select * from t2 where n > all(select n from t1 )          --4
select * from t2 where n > any(select n from t1 )          --3, 4
select * from t2 where n > some(select n from t1)          --3, 4
select * from t2 where n = all(select n from t1 )          --无数据
select * from t2 where n = any(select n from t1 )          --2, 3
select * from t2 where n = some(select n from t1 )         --2, 3
select * from t2 where n < all(select n from t1 )          --1
select * from t2 where n < any(select n from t1 )          --1, 2
select * from t2 where n < some(select n from t1 )         --1, 2
select * from t2 where n <>all(select n from t1 )          --1, 4
select * from t2 where n <>any(select n from t1 )          --1, 2, 3, 4
select * from t2 where n <>some(select n from t1)          --1, 2, 3, 4
set nocount off
```

2. 返回单值的子查询

返回单值的子查询就是子查询的查询结果只返回一个值，然后外围查询将一列值与这个返回的值进行比较。在 WHERE 子句中可以使用比较运算符来连接子查询。语法格式如下：

```
SELECT select_list   FROM table_source
WHERE expression operator (subquery)
```

在返回单值的子查询中，比较运算符不需要使用 ANY、SOME 等关键字。

下面的语句用来查询考号为 10 的学生信息，因考号为 10 的学生只有一个，所以其中 ANY 可以省略。

```
USE Student
SELECT * from stuInfo s
WHERE    stuNo = ANY
    (SELECT stuNo FROM exam e WHERE examNo=10)
```

3. 嵌套子查询

在 SQL Server 2008 中，子查询是可以嵌套使用的，并且用户可以在一个查询中嵌套任意多个子查询，即一个子查询中还可以包含另一个子查询，这种查询方式就是嵌套子查询。在实际应用中，嵌套子查询能够帮助用户从多个表中完成查询任务。

下面是一个很常见的嵌套查询语句：

```
USE Student
SELECT * FROM stuInfo
WHERE stuno IN (select stuno from exam where Written >=60 and Lab>=60)
```

上面语句的子查询为查询笔试及机试都及格的学员学号，整个查询为查询笔试及机试都及格的学员信息。

注意：如及格的学生不止一个，in 不能用 "＝" 代替。

◇◇◇ 上 机 实 践 ◇◇◇

本次上机课总目标

(1) 掌握 Update、Insert、Select…Into、Delete、Truncate Table 子句的使用方法。

(2) 掌握多表连接和子查询。

上机阶段一(50 分钟内完成)

(1) 分别在 Student 表、Teacher 表、Admin 表、Question 表中各添加 3 条记录。

(2) 将 Admin 表中登录名称为"Admin"的用户的登录密码修改为"123456"。

(3) 将 QuestionId 为 88 和 66 的难度等级修改为 2。

(4) 删除 Teacher 表中出生日期为 null 的记录。

(5) 删除所有的班级信息记录(两种方法)。

(6) 修改所有学员的状态为启用状态。

上机阶段二(50 分钟内完成)

(1) 查询学员表中的姓名、性别、班级名称、年级名称、状态,并将列名汉化显示。

(2) 查询科目为"进入软件编程世界"的所有试题信息。

(3) 查询所修的专业为"经济管理"和"计算机应用"的学员的姓名、性别、专业、班级名称。

(4) 查询课时超过(包括)20 的所有科目的名称、课时、年级名称(列名汉化)。

(5) 将年级为"s1"的学员的状态改为禁用状态。

(6) 查询"张利华"所在班级的所有学员信息(分别采用多表连接和子查询两种方法实现)。

(7) 查询科目不是"STB"的所有考题。

◇◇◇ 作 业 ◇◇◇

一、选择题

1. (　　)子句可以与子查询一起使用,以检查是否有数据。(选择 1 项)

A. UNION　　　　　　　　　　　　B. EXISTS

C. DISTINCT　　　　　　　　　　　D. COMPUTE BY

2. (　　)是修改记录值的指令。(选择 1 项)

A. Insert　　　　B. Update　　　　C. Delete　　　　D. Select

3. (　　)一定能够删除所有不带约束的记录。(选择 2 项)

A. delete…where　　　　　　　　　　B. Delete

C. Truncate table　　　　　　　　　　D. Truncate table…where

4. 已知两个表的记录分别是 10 和 6 条记录，进行内部连接(Inner Jion)，如果连接的两个表的连接条件为相等(=)，则返回 5 条，请问，如果将连接的条件中的相等(=)改成不相等(!=)，则返回(　　　)条记录。

A. 10　　　　　　　　B. 6　　　　　　　　C. 5　　　　　　　　D. 55

二、操作题

1. 向 MySchool 数据库中的 Teacher 表中添加一条记录。

2. 删除题库中难度等级为 3 的所有题目。

3. 将 Teacher 表的登录名称修改为 T002，将其状态修改为非活动。

4. 采用多表查询：显示所有学员的登录名称、姓名、性别、班级名称、年级名称、状态名称。

项目六　数据库设计

数据库设计(Database Design)是指根据用户的需求，在某一具体的数据库管理系统上，设计数据库的结构并建立数据库的过程。数据库系统需要操作系统的支持。数据库设计是建立数据库及其应用系统的技术，是信息系统开发和建设中的核心技术。由于数据库应用系统的复杂性，为了支持相关程序运行，数据库设计就变得异常复杂，因此最佳设计不可能一蹴而就，而只能是一种"反复探寻、逐步求精"的过程，是规范和结构化数据库中的数据对象以及这些数据对象之间关系的过程。

本项目主要内容：

(1) 数据库设计的重要性；

(2) 数据库设计的步骤；

(3) E-R 图的相关知识；

(4) 数据库设计的三大范式；

(5) 创建和删除数据库的 T-SQL 语句；

(6) 创建和管理表的 T-SQL 语句。

任务一　预　　习

1. 为什么需要设计数据库？

2. 实体之间有几种关系？

3. 数据库设计有哪些步骤？

4. E-R 图有哪些图形？

5. 三大范式是什么？

6. 如何用 T-SQL 语句创建数据库？

7. 如何用 T-SQL 语句创建表？

任务二　了解数据库设计的重要性

一个规划和设计良好的数据库优点很多，它可以用简单的语句完成各种复杂的查询，它条理清晰而且逻辑性很强，并且实践也证实了这样一个道理：前期做的工作越多，后面要做的就越少。反之，规划和设计粗糙的数据库，不仅仅性能差，而且在工程维护中更是会带来很多的麻烦，特别是在使用数据库的应用程序公开发布之后，还要对数据库进行重新设计，这是最糟糕的，然而，这确实会发生，并且代价高昂。

良好的数据库设计对于一个高性能的应用程序非常重要，就像一个空气动力装置对于一辆赛车的重要性一样。如果关系没有经过优化，数据库就无法高效运行。应该把数据库的关系和性能看作是规范化的一部分。

除了性能问题，就是维护问题了，数据库应该易于维护，这包括对存储数量有限的(如果有的话)重复性数据的维护。如果有很多的重复性数据，并且这些数据中的一个实例发生了一次改变(例如，一个名字的改变)，那么所有的其他数据都必须进行相应的改变。为了避免重复，并且增强数据维护的能力，我们可以为可能的值创建一个表，并使用一个键来引用该值。在这种方式中，如果值改变了，并且这个改变只在主表中发生一次，那么其他表的引用都保持不变。

提示：规范化指的是为了尽量避免重复性和不一致性而组织数据结构的过程。

例如，假设你负责维护一个学生数据库以及学生所注册的课程。如果这些学生中的 35 个人在同一个课堂中，让我们将这门课叫作 Advanced Math(高等数学)，课程的名字将会在表中出现 35 次。现在，如果老师决定把这门课的名字改为 Mathematics IV，那么我们必须修改 35 条记录以反映出新的课程名。如果数据库设计将课程名创建在一个表中，并且将课程 ID 号码和学生记录一起存储，那么要更改课程名称，我们就只需要改变一条记录而不是 35 条记录。

在开始编写一个应用程序的代码之前，请设计好你的数据库。

任务三　了解和掌握数据库设计的步骤

数据库设计和项目开发是紧密相连的，项目开发需要经过需求分析、概要设计、详细设计、代码编写、运行测试及打包发行几个阶段。前三个阶段的具体工作如下：

(1) 需求分析阶段：分析客户的业务和数据处理需求，了解用户需要我们实现什么功能、达到什么效果以及有哪些约束等。

(2) 概要设计阶段：根据需求分析绘制数据库 E-R 图，以便开发人员和客户更有效地确认需求的正确性和完整性。

(3) 详细设计阶段：将 E-R 图转换为多张数据表，并应用数据库规范三大范式进行规范化设计，最后创建具体的物理数据库与表，以及表与表之间的关系。

需求分析的重点就是调查、收集并分析客户的业务需求，这与实际项目开发过程中的需求分析是一致的。常见的方式就是和客户交流、跟班实习、专人介绍以及参考成功案例和行业准则，帮助客户确定公司的组织形式、业务需求等信息，确定系统边界。我们在进行需求分析时，一般都参考以下几点基本步骤。

1. 收集信息

创建数据库时，必须充分理解数据库需要完成的任务和功能。例如，在一个学生信息管理系统中，需要了解管理哪些学生信息。部分信息如下：

(1) 学生信息的添加、学生信息的变更、学生信息的删除、学生信息的查询等。

(2) 课程信息的添加、课程的修改、课程的查询、课程的删除等。

(3) 学生成绩的新增、查询、修改等。

事实上，完整的信息收集是进行后续设计的基础，很多最终证明是失败的设计，都有一个共同的问题，就是在前期的信息收集上出现了遗漏。信息收集有很多种方式：座谈、问卷调查、代班等都是常用的手段。同时，信息收集也需要设计人员有良好的沟通能力和准确的理解判断力。

信息收集阶段的另一个重要的工作是帮助用户确定需求。事实上，绝大部分用户不知道他们究竟想要什么，因此用户可能会提出一些很匪夷所思的需求，这个时候就需要设计人员根据自己的经验和专业知识来帮助用户明确需求，去除一些不切实际或者超出开发能力范围的需求。

2. 标识对象

收集到需求信息后，接下来就需要标识出数据库要管理的实体对象，这些对象通常是名词，描述的是一种人、一类事，不能出现重复含义的对象(比如学生、考生，这两者其实是相同的对象，即重复含义)。例如，从上面的信息收集中，可以标识出如下对象：

(1) 学生。

(2) 课程。

(3) 成绩。

3. 标识属性

将数据库中的主要对象标识出后，下一步就是要确定这些对象的属性。属性又称为特征，通常用来描述我们标识的对象。例如：

(1) 学生的属性包括学生编号、学生姓名、学生性别、学生年龄以及学生生日。

(2) 课程的属性包括课程编号、课程名称。

(3) 成绩的属性包括成绩编号、成绩、学生编号、考试科目。

4. 标识关系

确立实体和属性之后，接下来就是标识关系。关系型数据库有一项非常强大的功能，就是可以将不同的实体，根据它们的业务关系将它们的数据组合在一起。例如，刚才我们确立了学生、课程以及成绩三个对象，它们之间存在如下关系：

(1) 成绩是属于学生的，这里存在一个主从关系；

(2) 成绩是属于一门课程的，这里也存在一个主从关系。

经过上面的操作，已经确立了要操作的实体，以及描述这些实体的属性和它们之间的关系，那么在数据库中又是如何表述这些实体与实体之间的关联关系的呢？

关系数据库是建立在关系模型基础上的数据库，一般借助于集合、代数等数学概念和方法来处理数据库中的数据。现实世界中的各种实体以及实体之间的各种联系均用关系模型来表示，映射基数则可以表示出实体与实体之间关联的个数。映射基数如下：

(1) 一对一：A 表中的一条数据最多能与 B 表中的一条数据关联，并且 B 表中的一条数据也只能与 A 表中的一条数据关联。例如：在公民表中，一条数据就代表着一个人，这个人只能有一个匹配的身份证号码，而一个身份证号码也只能对应一个人，这就是一个典型的一对一的关系。

(2) 一对多：A 表中的一条数据可以和 B 表中的多条数据关联，而 B 表中的一条数据只能与 A 表中的一条数据关联。例如：在公民表中，一条数据代表一个人，这个人可以有多张银行卡，但是每张银行卡只能属于一个人。

(3) 多对一：A 表中的一条数据只能和 B 中的一条数据关联，但 B 表中的一条数据可以和 A 表中的多条数据关联。例如：在论坛中，一个帖子可以有多个回帖，这是一个一对多的关系。反过来，回帖和主帖就是一个多对一的关系。

(4) 多对多：A 表中的一条数据可以和 B 表中的多条数据关联，B 表中的每条数据也可以和 A 表中的多条数据关联。例如：一个人可以在多个岗位工作，而一个岗位又需要多个人，这就是一个多对多的关系。

任务四　认识 E-R 图

实体关联图亦称 E-R 图(diagram)，或称实体联系图，主要用于描述系统的数据关系。软件开发人员通常使用实体关联图来建立概念性的数据模型。这个模型是面向问题的，并且是按照用户的观点对数据建立的模型，与软件系统中的实现方法无关。

实体关联图主要由实体、实体间的关联和属性三个基本成分组成。

(1) 属性：定义实体的性质，描述实体的特征，通常用椭圆或圆角矩形框表示。例如，"学生"是一个实体，而"姓名""性别"等是"学生"的属性。

(2) 实体：数据项(属性)的集合，通常用矩形框表示。实体可以是外部实体(如产生信息的任何事物)、事件(如报表)、行为(如打电话)、角色(如教师、学生)、单位(如财务科)、地点(如办公室)或结构(如文件)等。总之，由一组属性(数据项)定义的都可以作为实体。每一个实体可用几个属性描述，不同的实体有不同的属性，实体与属性间通常用直线连接。此外，实体之间是有关联的，例如，教师"教"课程，学生"学"课程，教和学的关系分别表示教师与课程、学生与课程之间的一种特定的连接。

(3) 关联：实体之间相互连接的方式称为关联。通常用菱形框表示关联，并用直线连接有关联的实体。关联确定了实体间逻辑上和数量上的联系。关联一般按属性命名，例如，学生与课程之间的关联称为"学"。

在上面的学习中，我们了解到了 E-R 图是由实体、属性和关联构成的，那么在设计 E-R 图时又该如何表示呢？在 E-R 图设计时，通常用矩形表示实体，用椭圆表示属性，而用菱形表示实体之间的关联，如图 6-1 所示。

图 6-1　E-R 图的基本符号及含义

了解了绘制 E-R 图的基本符号之后，就可以开始绘制 E-R 图了，如图 6-2 所示。

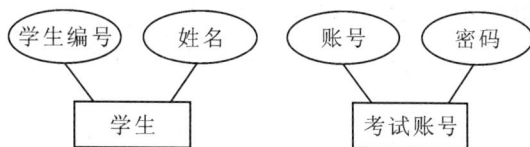

图 6-2　E-R 图

图 6-2 标识出了实体和属性,我们又该如何描述它们之间的关系呢?在 E-R 图设计中,关联关系主要有三种,即一对一、一对多、多对多。

(1) 一对一关联(1:1)。例如,某学校一个学生只有一个考试账号,一个账号只能被一个学生使用,学生和账号之间的关联是一对一的,如图 6-3 所示。

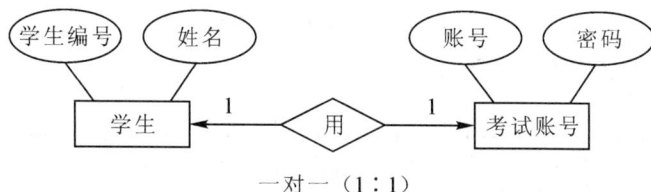

一对一(1:1)

图 6-3　一对一关系

(2) 一对多关联(1:N)。例如,老师与课程间的关联"教"是一对多的,即一个老师可以教多门课程,而每门课程由一个老师来教,如图 6-4 所示。

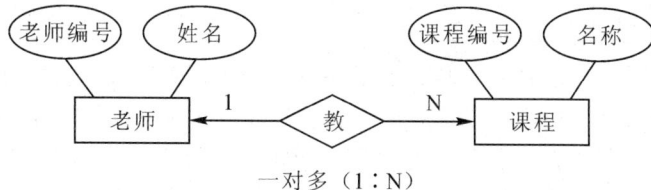

一对多(1:N)

图 6-4　一对多关系

(3) 多对多关联(M:N)。例如,学生与课程间的关联"学"是多对多的,即一个学生可以学多门课程,而每门课程也可以有多个学生来学,如图 6-5 所示。

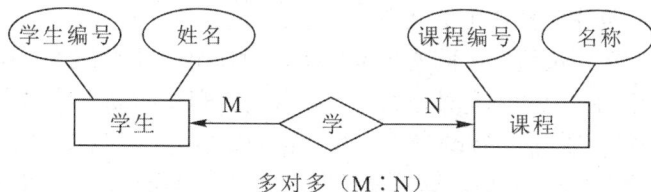

多对多(M:N)

图 6-5　多对多关系

在实体与关联之间的连线上用一个数字或字母表示其关联类型。关联也可有属性,例如,学生"学"某门课程所取得的"成绩",既依赖于学生,又依赖于特定的课程,所以,学生与课程之间的关联为"学"的属性。图 6-4 与图 6-5 就是用 E-R 图描述的学生管理系统中的部分数据关系。

E-R 图使用简单的图形符号来表达系统分析员对问题域的理解,不仅接近人的思维方式，而且容易理解，因此，可作为软件开发人员与用户的交流工具。此外，E-R 图可以与数据词典相结合，来对属性进行详细定义，并且可通过实体间的关联关系发现遗漏和冗余的数据项等。

任务五　了解数据库的规范化

经过一系列的步骤，现在终于将客户的需求转换为数据表，并确立了这些表之间的关系。那么是否现在就可以进行开发设计了呢？答案是否定的，因为同一个项目，很多人参与了需求分析，对数据库的设计，不同的人有不同的想法，不同的部门有不同的业务需求，如果现在开始设计数据库，会不可避免地产生大量相同的数据，在结构上也有可能产生冲突，给后续的开发造成不便，如表 6-1 所示。

表 6-1　原　始　表

工程号	工程名称	工程地址	员工编号	员工姓名	薪资待遇	职务
P001	港珠澳大桥	广东珠海	E0001	Jack	3000/月	工人
P001	港珠澳大桥	广东珠海	E0002	John	3000/月	工人
P001	港珠澳大桥	广东珠海	E0003	Apple	6000/月	高级技工
P002	南海航天	海南三亚	E0001	Jack	3000/月	工人

由表 6-1 可以看出，这张表一共有七个字段，分析每个字段，会发现都有重复的值出现(存在数据冗余问题)。虽然通过这张表可以了解各个工程的地址、参与人员、人员薪资待遇等信息，但是这张表在进行数据操作(比如删除、更新等操作)时存在发生异常情况的风险，因此，需要进行规范化处理。

1. 什么是范式

要设计规范化的数据库，就要根据数据库设计范式——数据库设计的规范原则，来进行设计。范式可以指导我们更好地设计数据库的表结构，减少冗余的数据，提高数据库的存储效率，并改善数据完整性和可扩展性。

设计关系数据库时，应遵从不同的规范要求，设计出合理的关系型数据库。这些不同的规范要求被称为不同的范式，各种范式呈递次规范，范式越高，数据库冗余越小。目前的关系数据库有五种范式：第一范式(1NF)、第二范式(2NF)、第三范式(3NF)、第四范式(4NF)和第五范式(5NF，又称完美范式)。满足最低要求的范式是第一范式(1NF)，在第一范式的基础上进一步满足更多规范要求的称为第二范式(2NF)，其余范式以此类推。一般来说，数据库只需满足第三范式(3NF)就行了。

2. 三大范式

1) 第一范式

所谓第一范式，是指在关系模型中，对列添加的一个规范要求——所有的列都应该是原子性的，即数据库表的每一列都是不可分割的原子数据项，而不能是集合、数组、记录等非原子数据项，也即当实体中的某个属性有多个值时，必须将这个属性拆分为不同的属性。第一范式要求表中的每个域值，只能是实体的一个属性或一个属性的一部分。简而言之，第一范式无重复的域。

例如：表 6-1 中的"工程地址"列还可以细分为省份、城市两列等。在国外，更多的程序把"姓名"列也分成两列，即"姓"和"名"。

虽然第一范式要求各列要保持原子性，不能再分，但是这种要求和我们的需求是相关联的。如表 6-1 中，我们对"工程地址"没有省份、城市这方面的查询和应用需求，则无需对其再进行拆分，"姓名"列也同样如此。

2) 第二范式

在第一范式的基础上，非 Key 属性必须完全依赖于主键。第二范式是在第一范式的基础上建立起来的，即满足第二范式必须先满足第一范式。第二范式要求数据库表中的每个实例或记录必须能被唯一地区分，即应选取一个能区分每个实体的属性或属性组，作为实体的唯一标识。

第二范式要求实体的属性完全依赖于主关键字。所谓完全依赖，是指属性不能仅依赖于主关键字的一部分，如果某个属性仅依赖于主关键字的一部分，那么这个属性和主关键字的这一部分应该拆分出来形成一个新的实体，新实体与原实体之间是一对多的关系。为了实现实体拆分，通常需要为表加上一个列，以存储各个实体的唯一标识。简而言之，第二范式就是在第一范式的基础上，属性完全依赖于主键。

例如：表 6-1 描述了工程信息、员工信息等，里面有大量重复的数据。按照第二范式，可以将表 6-1 拆分成表 6-2 和表 6-3。

(1) 工程信息表包括工程编号、工程名称、工程地址，如表 6-2 所示。

表 6-2　工程信息表(ProjectInfo)

工程编号	工程名称	工程地址
P001	港珠澳大桥	广东珠海
P002	南海航天	海南三亚

(2) 员工信息表包括员工编号、员工姓名、职务、薪资水平，如表 6-3 所示。

表 6-3　员工信息表(Employee)

员工编号	员工姓名	职务	薪资水平
E0001	Jack	工人	3000/月
E0002	John	工人	3000/月
E0003	Apple	高级技工	6000/月

这样，表 6-1 就变成了两张表，每张表只描述一件事，清晰明了。

3) 第三范式

第三范式在第二范式的基础上，更进一层。第三范式的目标是确保表中各列与主键列直接相关,而不是间接相关,即各列与主键列都是一种直接依赖关系,则满足第三范式。

第三范式要求各列与主键列直接相关,可以这样理解,假设张三是李四带的兵,王五是张三带的兵,这时王五是不是李四带的兵呢?从这个关系中可以看出,王五也是李四带的兵,因为王五依赖于张三,而张三又依赖于李四,所以王五也是依赖于李四的。这中间就存在一种间接依赖的关系,而非我们在第三范式中强调的直接依赖关系。

现在来看,在第二范式的讲解中,我们将表 6-1 拆分成了两张表。这两个表是否符合第三范式呢?员工信息表中包含"员工编号""员工姓名""职务""薪资水平",而我们知道,薪资水平是由职务决定的,这里"薪资水平"通过"职务"与员工相关,因此这两个表不符合第三范式。我们需要将员工信息表进一步拆分,如下:

(1) 员工信息表包括员工编号、员工名称、职务编号;

(2) 职务表包括:职务编号、职务名称、薪资水平。

对表 6-1 使用三大范式优化后得到的 4 张数据表分别如表 6-2、表 6-4、表 6-5 及表 6-6 所示。

表 6-4　员工信息表(Employee)

员工编号	员工姓名	职务编号
E0001	Jack	1
E0002	John	1
E0003	Apple	2

表 6-5　职务表(Duty)

职务编号	职务名称	薪资水平
1	工人	3000/月
2	高级技工	6000/月

表 6-6　工程参与人员记录表(Project_Employee_info)

编号	工程编号	员工编号
1	P001	E0001
2	P001	E0002
3	P002	E0003

通过对比可以发现,表多了,关系复杂了,查询数据变得麻烦了,编程中的难度也提高了,但是各个表中的内容更清晰了,重复的数据少了,更新和维护变得更容易了。那么如何平衡这种矛盾呢?

3. 范式与效率

在设计数据库时，设计人员、客户、开发人员通常对数据库的设计有一定的矛盾，客户更喜欢方便、清晰的结果；开发人员也希望数据库关系比较简单，这样可以降低开发难度；而设计人员则需要应用三大范式对数据库进行严格规范化，以减少数据冗余，提高数据库的可维护性和可扩展性。由此可以看出，为了满足三大范式，数据库设计人员将会与客户、开发人员产生分歧，所以在实际的数据库设计中，不能一味地追求规范化，既要考虑三大范式，以减少数据冗余和各种数据库的异常操作，又要充分考虑数据库的性能问题，允许适当的数据冗余。

> **小贴士：** 目前关系型数据库总共有五种范式。一般来说，数据库设计只需满足前三个范式(1NF～3NF)就行了。

任务六 学习用 T-SQL 语句创建和管理数据库和表的方法

通过前面的学习，我们已经学会了用图形界面的方式来创建数据库和表的方法，接下来将学习用 T-SQL 语句的方式来创建数据库和表的方法。

1. 用 T-SQL 语句创建数据库

T-SQL 创建数据库的语法如下：

```
create database database_name on
[primary ](
    <数据文件参数>

)
[log on](
    <数据文件参数>
)
```

其中，"[]"表示可选部分。表 6-7 中列出了用 T-SQL 创建数据库的相关语法参数。

表 6-7 T-SQL 创建数据库的语法参数说明

参数名	描　　述
create database	系统关键字，代表创建数据库
database_name	数据库名，由用户指定，要符合标识符规范
primary	系统关键字，代表主文件组
log on	指明开始事务日志文件的定义

除了语法参数外，还有数据文件参数，如表 6-8 所示。

表 6-8　数据文件参数说明

数据文件参数	描　述
name	数据文件的逻辑名
filename	数据文件的物理名(需指明具体路径及文件名称)
size	数据文件初始大小，单位默认为 MB
maxsize	数据文件可增长到的最大值，单位默认为 MB，不指定即无限大
filegrowth	数据文件每次的增长方式，可以是百分比，单位默认为 MB，0 为不增长

接下来开始用 T-SQL 语句创建数据库，操作如下：

(1) 登录 SQL Server Management Studio，在工具栏上单击"新建查询"按钮，出现如图 6-6 所示界面，就可以手动写入 T-SQL 语句了。

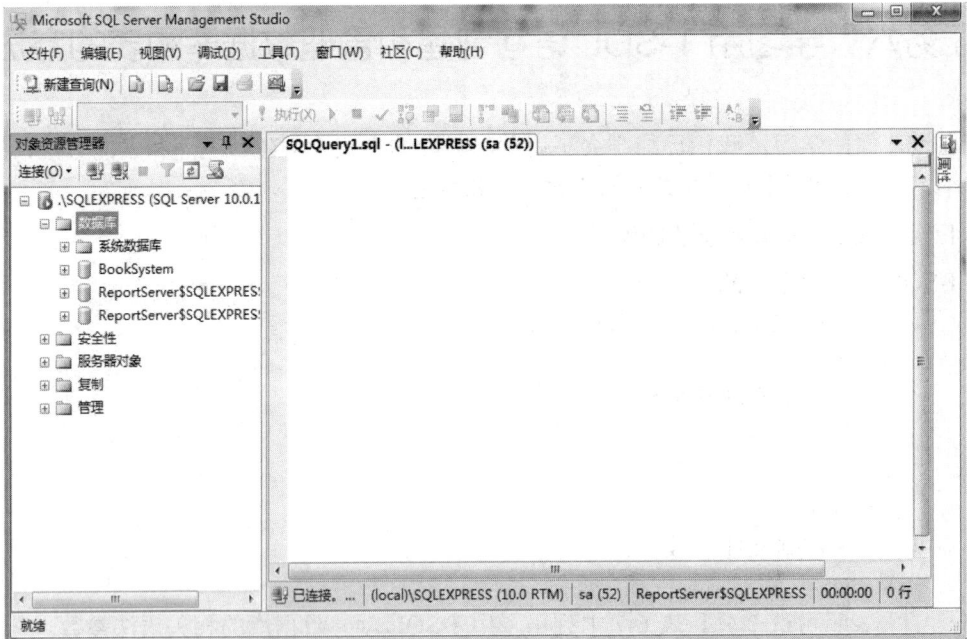

图 6-6　SQL Server Management Studio 中的查询界面

(2) 在查询界面中输入如下的 T-SQL 语句：

```
/* 开始创建一个名为"Demo"的数据库*/
CREATE DATABASE Demo
GO
```

(3) 选中所有的代码，单击 SQL Server Management Studio 工具栏上的"执行"按钮或者直接按快捷键"F5"即可执行。

命令执行完毕后，在图 6-7 所示的窗口中右键刷新数据库后，可以看到一个名为"Demo"的新数据库。

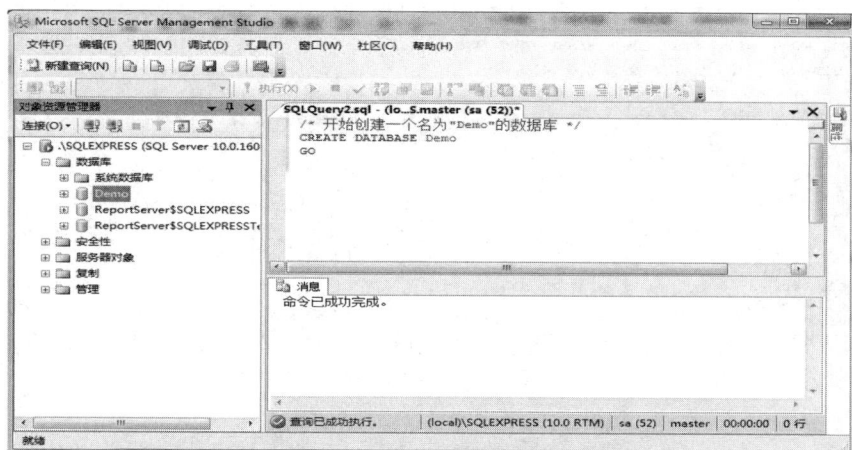

图 6-7 创建名为 Demo 的数据库

思考：我们创建的 Demo 数据库保存在电脑的什么位置了呢？

上面的代码是最简单地用 SQL 语句创建数据库的方式，这种方式所创建的数据库的所有信息采用的都是系统默认值，数据库文件的存放位置也在 SQL Server 2008 的安装路径下。如果在使用 T-SQL 语句的方式创建数据库的同时，还想指定数据文件和日志文件的相关参数，如文件大小、文件增长方式、文件保存的位置等，则写法如下：

(1) 在查询界面中输入如下的 T-SQL 语句：

```
CREATE DATABASE School          /* 开始创建一个名为"School"的数据库*/
ON (
NAME = School,                  --主数据文件的逻辑名称
FILENAME = 'D:\Data\ School.mdf',   --主数据文件的物理位置
SIZE = 10,                      --主数据文件的起始大小为 10 MB
MAXSIZE = 500,                  --主数据文件的最大值为 500 MB
FILEGROWTH = 10%                --主数据文件的增长方式为每次 10%

)
LOG ON (
NAME = School_log,              --日志文件的逻辑名称
FILENAME = 'D:\Data\School_log.ldf',   --日志文件的物理位置
SIZE = 10,                      --日志文件的起始大小为 10 MB
MAXSIZE = 100,                  --日志文件的最大值为 100 MB
FILEGROWTH = 2                  --日志文件的增长方式为每次 2 MB
)
GO
```

(2) 选中所有的代码，单击 SQL Server Management Studio 工具栏上的"执行"按钮或者直接按快捷键"F5"即可执行。

命令执行完毕后，在图 6-8 所示的窗口中右键刷新数据库后可以看到一个新的数据库，名字叫"School"。

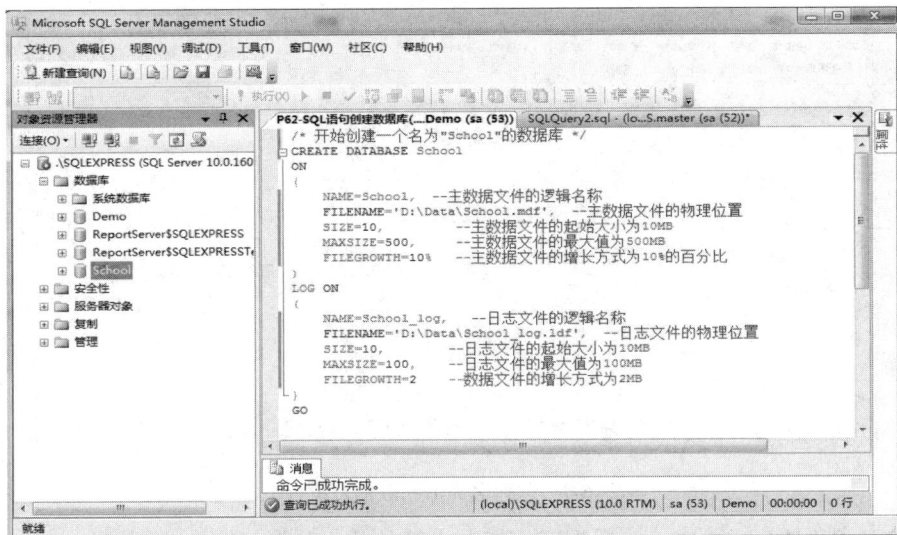

图 6-8　创建名为 School 的数据库

课堂作业：请用 T-SQL 在"D:\DB"目录下创建一个名为 BookSystem 的数据库。

2. 用 T-SQL 语句删除数据库

使用代码删除数据库的语法结构如下：

```
drop database dabatase_name
```

其中，database_name 表示要删除的数据库名称。例如我们要通过代码的方式删除 Demo 数据库，则可以这样写：

```
drop database Demo
```

注意：上面的语句执行后，数据库文件将会直接删除，数据会丢失，有可能会造成灾难性后果，请慎重执行删除操作。

3. 用 T-SQL 语句创建表

用 T-SQL 语句创建表的语法形式如下：

```
CREATE TABLE  表名(
    字段 1   数据类型    列的特性,
    字段 2   数据类型    列的特性,
    ……
    )
```

其中，"列的特性"包括该列是否为空(NULL)、是否是标识列(自动编号)、是否有默认值、是否为主键等。

接下来创建一个客户类型表，T-SQL 代码如下：

```
CREATE TABLE  客房类型(
    类型编号  varchar(4) PRIMARY KEY NOT NULL,
    类型名称  varchar(40) NULL,
    价格  money NULL,
    拼房价格  money NULL,
    可超预定数  decimal(3, 0) NULL,
```

```
    是否可拼房 bit NULL
)
GO
```

上面的代码中客户类型的表中的字段名是中文的，由此可见 SQL Server 2008 支持中文表名与字段，但我们建议创建表名与字段名时，都不使用中文名，因为在应用程序中访问中文名会比较麻烦。

下面创建学生信息表与学员成绩表，T-SQL 代码如下：

```
use Student                                                  --选择当前数据库
GO
CREATE TABLE StuInfo                                         --创建学生信息表
(
    StuNo varchar(12) primary key,                           --学号(主键)
    StuName varchar(12) not null ,                           --姓名
    StuAge int not null check(StuAge >= 0 and StuAge <= 100),  --年龄
    StuSex nchar(1) not null                                 --性别
       check(StuSex = '男' or StuSex = '女') default('男'),
    StuTel varchar(15) ,                                     --电话
    StuADDress varchar(50) default ('地址不详'),              --地址
    ClassName varchar(12) not null                           --班级
)
GO
CREATE TABLE Exam                                           --创建学生成绩表
(
    ExamNo int primary key identity(1, 1),                  --编号(主键)
    StuNo varchar(12) foreign key references StuInfo(StuNo),  --学号(外键)
    Written float check(Written >= 0 and Written <= 100),   --笔试成绩
    Lab float check(Lab >= 0 and Lab <= 100)                --机试成绩

)
GO
```

上面的代码创建了 2 个数据表，并设定了表中列的特征及表与表之间的关系。

课堂作业： 在 BookSystem 数据库中用 T-SQL 创建如下的表。

(1) BookType(图书类型表)，包含 2 个字段，即 Id(编号，主键)和 Name(类型名称)。

(2) Bookes(图书表)，包含的字段有 Id(编号，主键)、Name(书名)、Price(价钱)、Publisher(出版社)、TypeId(类型编号，外键)。

4. 用 T-SQL 语句管理数据表

1) 用 T-SQL 语言修改表

在实际开发过程中，有时不可避免地会有表结构不合理的地方，不能很好地实现需求，或者是需求发生改变，这个时候就需要对原有的数据表结构进行修改。T-SQL 修改数据表的语法如下：

```
    ALTER TABLE  表名
```

```
    ADD 列名 数据类型 列的特征
    | DROP COLUMN 列名|
    ALTER COLUMN 列名|
    ADD CONSTRAINT 约束名 约束表达式
    | DROP CONSTRAINT 约束名
```

例如，向表中添加、修改、删除一列的代码如下：

```
--向 StuInfo 表中添加新列 StuEmail，birthday, classname
ALTER TABLE StuInfo ADD StuEmail varchar(50) not null
ALTER TABLE StuInfo ADD birthday datetime
ALTER TABLE StuInfo ADD classname varchar(12)


--修改列的数据类型(varchar 转为 nvarchar)
ALTER TABLE StuInfo ALTER COLUMN StuName nvarchar(6) not null
--修改列的数据类型(从不允许为空改为允许为空)
ALTER TABLE StuInfo ALTER COLUMN Stuage int null


--删除列
ALTER TABLE StuInfo DROP COLUMN StuEmail
```

2) 用 T-SQL 语言创建约束

SQL Server 中的约束条件有以下类型：

(1) 主键约束(PRIMARY KEY CONSTRAINT)：主键列数据唯一，并且不为空，简称 PK。

(2) 唯一约束(UNIQUE CONSTRAINT)：该列不允许出现重复值，简称 UQ。

(3) 检查约束(CHECK CONSTRAINT)：限制列中允许的取值以及多个列之间的关系，简称 CK。

(4) 默认约束(DEFAULT CONSTRAINT)：设置某列的默认值，简称 DF。

(5) 外键约束(FOREIGN KEY CONSTRAINT)：用于在两个表之间建立关系，需要指定主从表，简称 FK。

T-SQL 添加约束的语法如下：

```
    ALTER TABLE 表名
    ADD CONSTRAINT 约束名 约束类型 具体的约束说明
```

下面的例子给学生信息表增加相应的约束，代码如下：

```
--为使下面增加约束能成功，我们把表删除，重新创建
drop table exam drop
table StuInfo GO
CREATE TABLE StuInfo --创建学生信息表
(
    StuNo varchar(12) not null,
    StuName varchar(12) not null ,
    StuAge int,
    StuSex nchar(1) not null check(StuSex='男' or StuSex='女'),
```

```
    StuTel varchar(30) ,
    StuADDress varchar(50) default ('地址不详'),
    birthday datetime,
    classname varchar(12)
)
GO

CREATE TABLE Exam --创建学生成绩表
(
    ExamNo int primary key identity(1, 1),
    StuNo varchar(12) ,
    Written float check(Written>=0 and Written<=100), Lab
    float check(Lab>=0 and Lab<=100)
)
GO
--添加主键约束（将 StuNo 设为主键）
ALTER TABLE StuInfo ADD CONSTRAINT PK_StuNo PRIMARY KEY (StuNo)
GO
--添加唯一约束(学生姓名设置为唯一)
ALTER TABLE StuInfo ADD CONSTRAINT UQ_StuName UNIQUE(StuName)
GO
--添加默认约束(性别默认为男)
ALTER TABLE StuInfo ADD CONSTRAINT DF_StuSex DEFAULT('男') FOR StuSex
GO
--添加检查约束(年龄必须为 18～40 之间)
ALTER TABLE StuInfo ADD CONSTRAINT CK_StuAge CHECK(StuAge>=18 and StuAge<=40)
GO
--添加外键约束
ALTER TABLE Exam
    ADD CONSTRAINT FK_StuNo FOREIGN KEY (StuNo) REFERENCES StuInfo(StuNo)
GO
```

3) 用 T-SQL 语言删除约束

如果创建的约束错误，也可以删除约束，删除约束的语法如下：

```
    ALTER TABLE  表名
    DROP CONSTRAINT  约束名
```

例如，删除上面创建的检查约束 CK_StuAge 的代码如下：

```
    ALTER TABLE StuInfo DROP CONSTRAINT CK_StuAge
```

4) 删除数据表

数据表可以通过 T-SQL 语句来建立，也可以通过 SQL 语句来删除，在多表关联时，如果要删除数据表，则要注意与主键表的关联关系。删除数据表的语法如下：

```
    DROP TABLE  表名
```

例如，删除 StuMarks 表的代码如下：

DROP TABLE StuMarks

这样就删除了数据表 StuMarks,不仅删除了表中所有的数据,而且删除了数据表结构。

任务七　学习使用 Microsoft Visio 2003 绘制 E-R 图(自学内容)

使用 Microsoft Visio 软件绘制 E-R 图简单快捷,下面简单介绍使用 Microsoft Visio 2003 制作 E-R 图的过程。

(1) 运行 Microsoft Visio 2003,按如图 6-9 所示的步骤打开菜单。

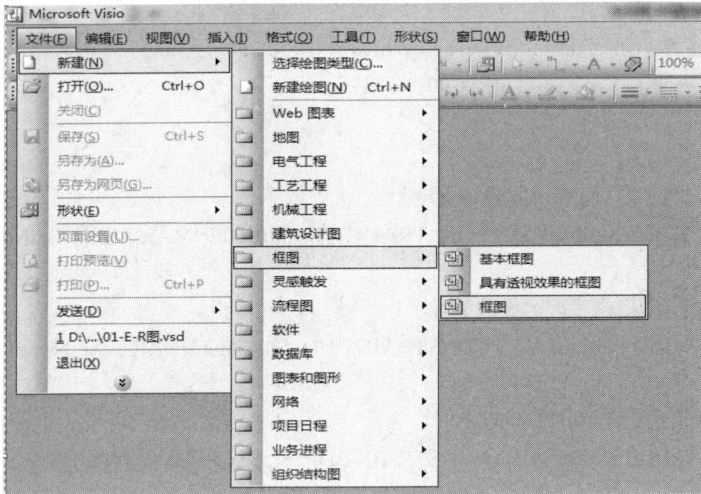

图 6-9　用 Microsoft Visio 2003 制作 E-R 图(1)

(2) 将左边的相关图形拖到右边的区域中,进行 E-R 图的设计,如图 6-10 所示。

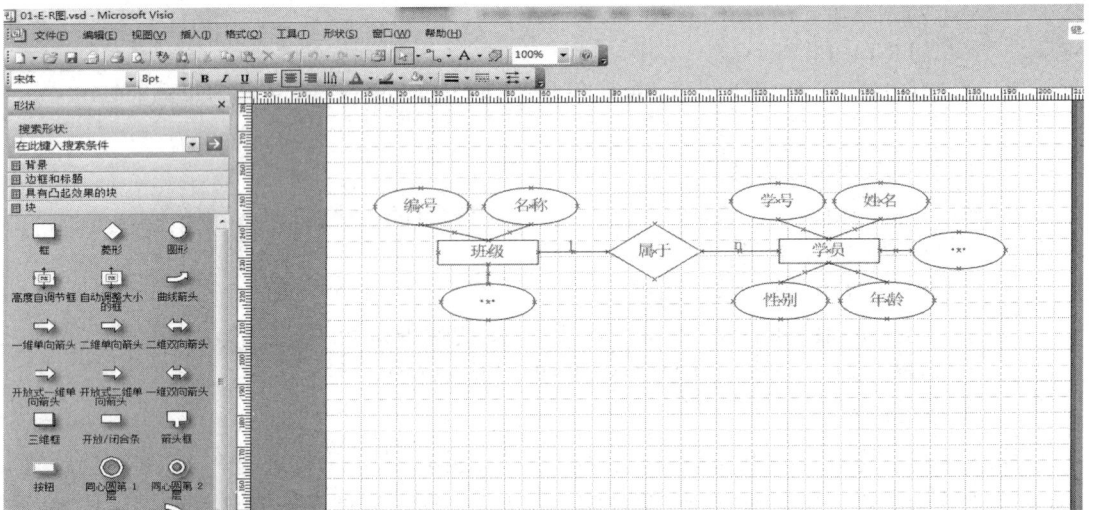

图 6-10　用 Microsoft Visio 2003 制作 E-R 图(2)

◇◇◇　**上　机　实　践**　◇◇◇

本次上机课总目标

1. 了解数据库设计规范化，理解三大范式。
2. 分析学员信息管理系统，绘制 E-R 图，创建数据库和表。

上机阶段一(30 分钟内完成)

上机目的：

运用三大范式设计学员信息管理系统数据库。

上机要求：

Lily 为你收集了学员信息的有关数据，但她把所有信息都放在了一张表中。此表包含的信息有班级名称、学号、姓名、年龄、出生日期、性别、电话、地址、笔试成绩、机试成绩。现在需要你运用数据库设计的三大范式将这些信息分类并标识。

推荐的实现步骤：

(1) 标识对象。

根据上面收集的信息，可以标识出如下对象：班级、学员、成绩。

(2) 标识属性。

班级：编号、名称；

学员：学号、姓名、年龄、出生日期、性别、电话、地址、编号；

成绩：编号、学号、笔试成绩、机试成绩。

上机阶段二(30 分钟内完成)

上机目的：

学会绘制 E-R 图。

上机要求：

根据上机阶段一中的分析，使用 Microsoft Visio 2003 绘制对应的 E-R 图。

推荐的实现步骤：

(1) 启动 Microsoft Visio 2003；

(2) 单击"文件"→"新建"→"框图"→"基本框图"命令来绘制 E-R 图；

(3) 在绘图窗口左侧的"基本形状"中选择"矩形""椭圆""菱形"工具，拖动到右侧页面的适当位置，就可以绘制需要的矩形、椭圆和菱形了。

上机阶段三(30 分钟内完成)

上机目的：

将实体关系 E-R 图转化为对应的表。

上机要求：

(1) 将 E-R 图实体转换为表。

(2) 将 E-R 图属性转换为各表对应的列。

(3) 在表之间体现实体之间的关系。

推荐的实现步骤：

(1) 用 Visio 工具将各实体关系图转化为表格；

(2) 标识各表的主键，用红色加粗字体把主键标识出来；

(3) 需要在表之间体现关系，即建立表的外键，用绿色加粗字体标识外键；

(4) 使用 T-SQL 语句创建一个名为 Student 的数据库；

(5) 在 Student 数据库中用 T-SQL 语句分别创建 Class(班级表)、StuInfo(学员信息表)、Exam(学员成绩表)。

◇◇◇ **作 业** ◇◇◇

一、选择题

1. 在项目的(　　)阶段要绘制 E-R 图。(选 1 项)

A. 需求分析阶段　　　　　　　　　　B. 概要设计阶段

C. 详细设计阶段　　　　　　　　　　D. 编写代码阶段

2. E-R 图的组成不包括元素(　　)。(选 1 项)

A. 实体　　　　　B. 属性　　　　　C. 记录　　　　　D. 关系

3. 在 T-SQL 中，建立数据库的命令是(　　)。(选 1 项)

A. CREATE TABLE　　　　　　　　B. CREATE INDEX

C. CREATE DATABASE　　　　　　D. CREATE VIEW

4. 以下关于规范化设计的描述正确的是(　　)。(选 2 项)

A. 规范化设计的主要目的是消除数据冗余

B. 规范化设计往往会增加数据库的性能

C. 设计数据库时，规范化程度越高越好

D. 在规范化数据库中，易于维护数据完整性

5. 在 E-R 图中，实体用下面(　　)图形来表示。(选 1 项)

A. 圆形　　　　　B. 菱形　　　　　C. 椭圆形

D. 正方形　　　　E. 矩形

6. (　　)是用 T-SQL 修改表时要用到的关键字。(选 1 项)

A. CREATE   B. SELECT

C. ALTER   D. UPDATE

7. 下面(　　)不是数据库规范化要达到的效果。(选 1 项)

A. 改善数据库的设计

B. 实现最小的数据冗余

C. 可以用一个表来存储所有数据，使设计及存储更加简化

D. 防止更新、插入及删除异常

8. 一个学生只能就读于一个班级，而一个班级可以同时容纳多个学生。请问学生与班级之间是(　　)关系。(选 1 项)

A. 一对一   B. 一对多

C. 多对一   D. 多对多

9. 在 T-SQL 中，建立表的命令是(　　)。(选 1 项)

A. CREATE TABLE   B. CREATE INDEX

C. CREATE DATABASE   D. CREATE VIEW

10. E-R 图中，关系用(　　)图形来表示。(选 1 项)

A. 圆形　　　　　B. 菱形　　　　　　C. 椭圆形

D. 正方形　　　　E. 矩形

二、简答题

1. 在数据库设计过程中范式起什么作用？

2. 简述 E-R 图的组成及其作用。

3. 范式越高越好吗？

4. 三大范式分别是什么？

5. 如何用 T-SQL 创建表？

6. 如何用 T-SQL 给表添加约束？

7. 简述数据库设计的必要性。

8. 在项目开发的哪个阶段需要设计 E-R 图？

9. E-R 图中的菱形表示什么？

10. 如何用 T-SQL 创建数据库？

项目七　　T-SQL 编程

　　T-SQL 不仅可以对数据表进行各种复杂多变的查询，而且相对于 ANSI SQL，它提供了丰富的编程结构。灵活使用这些编程的控制结构，用户就可以实现任意复杂的应用规则，从而可以编出任意复杂的查询控制语句。在 SQL Server 中，用户还可以使用 T-SQL 语句编写服务器端的程序，这些程序由批处理、注释、变量、流控制语句、错误和消息的处理等成分组成。

　　本项目主要对 T-SQL 语句编程方面的内容进行详细讲解，在讲解的过程中采用循序渐进的方式，首先对多条语句的执行过程进行讲解，接下来才对编程中具体涉及的变量、语句、函数以及事务进行详细讲解。

本项目主要内容：

(1) T-SQL 中多条语句的执行；

(2) T-SQL 中变量的定义和使用；

(3) T-SQL 中各种流控制语句的使用；

(4) T-SQL 中的各种常用函数。

任务一　预　　习

1. SQL Server 中的变量可分为哪几类？如何自定义局部变量？

2. T-SQL 中的循环如何定义？

3. T-SQL 中 Case…End 语句起什么作用？

4. T-SQL 中有哪些常用的日期函数？

5. CONVERT()函数有什么作用？

任务二　了解多条 T-SQL 语句的执行

　　当要完成的任务不能由单独的 T-SQL 语句来完成时，SQL Server 提供了批、脚本、存储过程以及触发器等几种方式来组织多条 T-SQL 语句。本节着重介绍批和脚本的内容，而关于存储过程和触发器的内容将在后面的项目中讨论。

1. 批

　　所谓批，是指从客户机传递到服务器上的一组完整的数据和 SQL 指令。

　　一个批是由一条或多条 T-SQL 语句组成的语句集，这些语句一起提交给服务器，并在服务器端作为一个整体来执行。SQL Server 将批中的语句作为一个整体编译为一个执行计划。因为批中的语句是作为一个整体提交给服务器的，所以可以节省系统开销。

在查询分析器中，使用"GO"命令标志一个批的结束。GO 不是通用的 T_SQL 语句，它的作用只是通知查询分析器有多少语句包含在当前批中，查询分析器将两个 GO 之间的语句组成一个字符串交给服务器去执行。

基于 ODBC 或 OLE DB 应用程序编程接口的应用程序在试图执行 GO 语句时，会产生一个错误。例如，下面的例子包括三个批：

```
CREATE TABLE doc_exd ( column_a INT)
GO
INSERT INTO doc_exd VALUES (-1)
GO
ALTER TABLE doc_exd WITH NOCHECK
ADD CONSTRAINT exd_check CHECK (column_a > 1)
```

SQL Server 统一优化、编译并执行一个批中的语句。如果在批中的语句出现编译错误(如语法错误)，那么将不能生成执行计划，该批中的任何一个语句都不会被执行。有些情况下，如果 SQL 指令中有一些像数据类型无法自动转换等错误时，编译器将无法识别这些错误。在这种情况下，批处理只有在执行过程中才会出错，一般来说，错误指令之前的所有指令都会执行成功，而错误指令之后的指令，将会视错误指令所引起的错误的严重程度来决定是否执行下去。

如果出现了运行时期的错误(比如违反约束或数字溢出)，则这时可能会导致两个结果：

(1) 多数运行时错误将停止执行批处理中的当前语句和它之后的语句。

(2) 少数运行时错误(如违反约束)仅停止执行当前语句，而继续执行批中其他语句。

无论是哪种运行时期错误，出错语句之前语句的执行结果不会受到影响。唯一的例外是批处理在事务中而且错误导致事务回滚。

批有如下一些限制：

(1) CREATE DEFAULT、CREATE PROCEDURE、CREATE RULE、CREATE TRIGGER 和 CREATE VIEW 语句不能与其他语句位于同一个批中。

(2) 不能在同一个批处理中修改一个表的结构，然后引用修改的新列。

(3) 如果批的第一条语句是 EXECUTE(执行)语句，则 EXECUTE 关键字可以省略；否则，不能省略。

2. 脚本

脚本是一系列顺序提交的批，由这些批组成的一系列 T-SQL 语句存储在一个文件中，该文件可以在查询分析器中执行。执行脚本就是依次执行其中的 T-SQL 语句。

脚本用于保存重新创建数据库对象或重复执行的语句，可以使用查询分析器或任何文本编辑器编写脚本。脚本保存的扩展名为 .sql 格式。

一个脚本可以包含一个或多个批，脚本中的 GO 命令标志一个批的结束，如果一个脚本中没有包括任何 GO 命令，那么它被视为是一整个批。

脚本一般可以用于两个方面：将服务器上创建一个数据库的步骤永久地记录在脚本文件中。将语句保存为脚本文件，从一台计算机传递到另一台，这样可以方便地使两台计算机执行同样的操作。

任务三　认识变量

变量用于临时存放数据，其中的数据随着程序的运行而变化，变量有名字和数据类型两个属性。变量名用于标识该变量，数据类型确定了该变量存放值的格式以及允许的运算。

变量名必须是一个合法的标识符。在 SQL Server 中标识符分为两类：

(1) 常规标识符。以 ASCII 字母、Unicode 字母、下划线(_)、@或#开头，后继可跟一个或若干个 ASCII 字符、Unicode 字符、下划线(_)、美元符号($)、@ 或#，但不能全为下划线(_)、@ 或#。常规标识符不能是 T-SQL 保留字，也不允许嵌入空格或其他特殊字符。

(2) 分隔标识符。包括在双引号(" ")或方括号([ ])内的常规标识符或不符合常规标识符规则的标识符。

标识符允许的最大长度为 128 个字符。符合常规标识符规则的标识符可以分隔，也可以不分隔。对不符合标识符规则的标识符，必须进行分隔。

在 SQL Server 中变量可分为两类：局部变量和全局变量。

1. 局部变量

局部变量是作用域局限在一定范围内的 T-SQL 对象。一般来说，局部变量在一个批处理(也可以是存储过程或触发器)中被声明或定义，然后这个批处理内的 T-SQL 语句就可以设置这个变量的值，或者是引用这个变量已经被赋予的值。当这个批处理结束后，这个局部变量的生命周期也随之消亡。

局部变量是用户定义的变量，其名字必须以@开始。局部变量用于保存单个数据值。局部变量用 DECLARE 语句声明，所有局部变量在声明后均初始化为 NULL，其语法格式如下：

DECLARE @variable_name datatype [, …, @varaible_name　datatype]

其中，@variable_name 为局部变量名，并以@开头；datatype 是该局部变量指定的数据类型。局部变量使用的数据类型可以是除 text、ntext 或 image 类型外所有的系统数据类型和用户定义的数据类型。一般来说，如果没有特殊的用途，建议在应用时尽量使用系统提供的数据类型。这样做可以减少维护应用程序的工作量。

例如，声明一个字符型变量@E-mail，应使用如下语句：

DECLARE @E-mail　varchar(50)

在一条 DECLARE 语句中可以声明多个局部变量，变量之间用逗号分隔。例如，下面语句声明三个局部变量：

DECLARE @lastname varchar(30), @firstname varchar(20), @tel varchar(30)

多个 DECLARE 语句也可以声明多个局部变量。例如，下面的语句声明三个局部变量：

DECLARE @lastname varchar(30)

DECLARE @firstname varchar(20)

DECLARE @tel varchar(30)

声明局部变量后，可用 SET 或 SELECT 语句为其赋值。

　　1）用 SET 语句为局部变量赋值

　　一个 SET 语句只能给一个变量赋值。其语法格式如下：

```
SET @variable_name=expression
```

其中，@variable_name 为局部变量名，expression 为任何有效的 SQL Server 表达式。例如，创建两个局部变量@written 和@lab 并赋值，然后在查询中使用它们，实现语句如下：

```
USE student
GO
DECLARE @written float, @lab float
SET @written = 80
SET @lab = 80
SELECT * FROM exam WHERE written >= @written and @lab = 80
```

也可以通过查询给变量赋值，例如：

```
DECLARE @rows int
SET @rows = (SELECT COUNT(*) FROM exam)
```

　　2）用 SELECT 语句为局部变量赋值

　　使用 SELECT 语句为局部变量赋值的语法格式如下：

```
SELECT @variable_name = expression [, …n]
```

其中，n 表示可以给多个变量赋值。

　　关于 SELECT 语句，需要说明以下几点：

　　(1) SELECT@variable_name 通常用于将单个值返回到变量中，如果 expression 为列名，则返回多个值，此时将返回的最后一个值赋给变量。

　　(2) 如果 SELECT 语句没有返回值，则变量保留当前值。

　　(3) 如果 expression 是不返回值的子查询，则将变量设为 NULL。

　　(4) 一个 SELECT 语句可以初始化多个局部变量。例如，先声明一个局部变量，然后赋值，再将查询到的结果赋值给变量。因为查询语句没有返回值，所以变量保留当前值，代码如下：

```
DECLARE @var1 nchar(20)
SELECT @var1 = '刘三'
SELECT @var1 = StuName FROM stuInfo WHERE stuno = '13540607014'
SELECT @var1
```

　　在 stuInfo 表中查找学号为 13540607014 的姓名，显示它只返回一个值，因此这个值就赋给@var1 这个变量了，当返回多个值时将最后一个值赋给变量，例子如下：

```
DECLARE @var1 nchar(20)
SELECT @var1 = '刘三'
SELECT @var1 = StuName FROM stuInfo WHERE

stuAge = 30 SELECT @var1
select * from stuInfo WHERE stuAge = 30
```

　　年龄为 30 的学员有三个，但@var1 这个变量只能保存一个值，因此，把最后一条记录的学员姓名赋给了@var1 这个变量。

还可以通过子查询对变量赋值。看下面的例子：

```
DECLARE @var1 varchar(20), @var2 varchar(20)
SELECT @var1 = (select StuName FROM stuInfo WHERE stuno = '13540607014')
SELECT @var2 = (select StuName FROM stuInfo WHERE stuno = '13550912007')
select @var1, @var2
```

2. 全局变量

全局变量是用来记录 SQL Server 服务器活动状态的一组数据，是 SQL Server 系统提供并赋值的变量，用户不能建立全局变量，也不能给全局变量赋值或直接更改全局变量的值。通常将全局变量的值赋给局部变量，以便保存和处理。全局变量的名字以@@开始。

SQL Server 提供的全局变量分为两类：第一类是与每次处理相关的全局变量，如@@rowcount 表示最近一个语句影响的行数；第二类是与系统内部信息有关的全局变量，如@@version 表示 SQL Server 的版本号。

SQL Server 一共提供了 30 多个全局变量。下面是一些常用全局变量的功能和使用方法。

(1) @@CONNECTIONS：记录自最后一次服务器启动以来，所有针对此服务器进行连接的连接数目，包括没有连接成功的尝试。使用@@CONNECTIONS 可以让系统管理员很容易地得到今天所有试图连接本服务器的连接数目。

例如：

```
SELECT　GETDATE() AS "时间", @@CONNECTIONS AS "连接数目"
```

系统返回结果为系统当前时间和服务器连接数目。

(2) @@CPU_BUSY：记录自最后一次服务器启动后，以 ms 为单位的 CPU 工作时间。

(3) @@CURSOR_ROWS：返回在本次服务器连接中，打开游标取出数据行的数目。

(4) @@DBTS：返回当前服务器中 timestamp 数据类型的当前值。

(5) @@ERROR：返回执行上一条 T-SQL 语句所返回的错误号。

在 SQL Server 服务器执行完一条语句后，如果该语句执行成功，则返回的@@ERROR 的值为 0，如果该语句在执行过程中发生错误，则返回错误消息，而返回的@@ERROR 的值为相应的错误编号，该编号将一直保持下去，直到下一条语句得到执行为止。

在编写事务时，应该经常主动检查@@ERROR 的值，特别是在对数据库进行了修改以后。如果返回的@@ERROR 值非 0，则表示发生了错误，应该采取相应的补救措施。又由于@@ERROR 的值将会随着每一个 SQL 语句的执行而发生变化，因此应该在每次 SQL 语句执行完后，马上进行@@ERROR 数值的检查。

例如下面的程序语句(后面会学习到事务，这里先了解一下)：

```
DECLARE @del_error int, @ins_error int

--开始事务
BEGIN TRANSACTION

--创建一个备份表
SELECT * INTO stuInfo_bak1 from stuInfo
--执行删除命令
```

```
DELETE stuInfo_bak1 WHERE stuAddress = '广东省深圳市'

--捕获执行完删除操作后的@@ERROR 变量的值
SELECT @del_error = @@ERROR

--执行插入操作
INSERT stuinfo_bak1 select * from stuinfo_bak WHERE stuAddress = '广东省深圳市'

--捕获执行完插入操作后的@@ERROR 变量的值
SELECT @ins_error = @@ERROR

--测试捕获到的@@ERROR 的值
IF @del_error = 0 AND @ins_error = 0
BEGIN
--成功执行确定事务的操作
PRINT 'The author information has been replaced'
COMMIT TRANSACTION
   END
ELSE
   BEGIN
      --有错误发生，检查究竟是哪个语句有问题
      --然后回滚整个事务
      IF @del_error<>0
         Print 'An error occurred during execution of the DELETE statement.' IF @ins_error<>0
         Print 'An error occurred during execution of the INSRET statement.'

      ROLLBACK TRANSACTION
   END
   GO
```

在这个例子的一个事务中包含了两个操作，程序在每次数据库操作后都检查了@@ERROR 全局变量的值。如果两个操作都正常结束，则确定这个事务，但是如果有一个操作出现问题，就回滚整个事务，使两个操作一个都不成功。这个例子有很强的代表性，因为类似的问题在数据库编程过程中会经常用到。

(6) @@FETCH_STATUS：返回上一次使用游标 FETCH 操作所返回的状态值。返回值为 0，表示操作成功；返回值为 –1，表示操作失败或已经超出了游标所能操作的数据行的范围；返回值为 –2，表示返回的值已经丢失。

(7) @@IDENTITY：返回最近一次插入的 identity 列的数值。

(8) @@IDLE：返回以 ms 为单位计算的 SQL Server 服务器自最近一次启动以来处于停顿状态的时间。

(9) @@IO_BUSY：返回以 ms 为单位计算的 SQL Server 服务器自最近一次启动以来花在输入和输出上的时间。

(10) @@LOCK_TIMEOUT：返回当前对数据锁定的超时设置。

(11) @@PACK_RECEIVED：返回从网络上接收到的数据分组的数目。

(12) @@PACK_SENT：返回自最近一次启动以来向网络上发送数据分组的数目。

(13) @@PROCID：返回当前存储过程的 ID 标识。

(14) @@REMSERVER：返回在登录记录中记载的远程 SQL Server 服务器的名字。

(15) @@ROWCOUNT：返回上一条 SQL 语句所影响到的数据行的数目。对所有不影响数据库数据的 SQL 语句，这个全局变量返回的结果为 0。在进行数据库编程时，要经常检测@@ROWCOUNT 的返回值，以便明确所执行的操作是否达到了目标。

(16) @@SPID：返回当前服务器进程的 ID 标识。

(17) @@TOTAL_ERRORS：返回自 SQL Server 服务器启动后，所遇到的读写错误的总数。

(18) @@TOTAL_READ：返回自 SQL Server 服务器启动以来，读磁盘的次数。

(19) @@TOTAL_WRITE：返回自 SQL Server 服务器启动以来，写磁盘的次数。

(20) @@TRANCOUNT：返回当前连接中，处于活动状态事务的数目。

(21) @@VERSION：返回当前 SQL Server 服务器的安装日期、版本及处理器的类型。

> **小贴士**：用户可以定义局部变量，其名字必须以@开始。用户不能定义全局变量，也不能给全局变量赋值，全局变量的名字以@@开始。

3. 注释

注释是程序中不被执行的正文，用来说明代码的含义。注释的作用有两个：

(1) 说明代码的含义，增强代码的可读性；

(2) 把程序中暂时不用的语句注释掉，使它们暂时不被执行，等需要这些语句时，再将它们恢复。

SQL Server 的注释有两种：

(1) /* … */：用于注释多行，中间为注释。

(2) --(两个减号)：用于注释单行。

该内容在前面以及后面的相关例子中都有使用，因此这里就不再举例了。

课堂作业：用 T-SQL 语句完成如下任务：

(1) 定义一个变量@price。

(2) 在 Bookes 图书表中查找书名为"C#高级编程"的图书的价钱，保存到变量@price 中。

任务四　了解流控制语句

流控制语句是 T-SQL 语言对 ANSI92 SQL 标准的扩充，它可以用来控制一个批、存储过程或触发器中 T-SQL 语句的执行顺序。

T-SQL 的流控制关键字包括：IF…ELSE、BEGIN…END、WHILE、RETURN、CONTINUE、WAITFOR、BREAK 等。

1. IF…ELSE 条件判断语句

在程序中如果要对给定的条件进行判定，当条件为真或假时，分别执行不同的 T-SQL 语句，可用 IF…ELSE 语句实现。

IF…ELSE 语句的语法格式如下：

```
IF logical_expression
    expression1
[ELSE
    expression2]
```

如果逻辑判断表达式返回的结果是真，那么程序会执行 expression1；如果逻辑判断表达式返回的结果是假，那么程序会执行 expression2。ELSE 和 expression2 并不是必须的，如果没有 ELSE 和 expression2，那么当逻辑判断表达式返回的结果是假时，就什么操作也不执行。

在 SQL Server 中可使用嵌套的 IF…ELSE 条件判断结构，而且对嵌套的层数没有限制。

IF…ELSE 语句可用在批处理、存储过程(经常使用这种结构测试是否存在某个参数)及特殊查询中。

例如，根据学号来判断 Student 数据库的考试成绩表中是否有记录的条件语句如下：

```
DECLARE @StuNo varchar(20)
set @StuNo = '13540607014'
IF(SELECT COUNT(*) FROM exam where
    stuno=@StuNo)=0 PRINT '学号为'+@stuNo+'的学员没有考试成绩的记录'
ELSE
```

IF 和 ELSE 只对后面的一条语句有效，如果 IF 或 ELSE 后面要执行的语句多于一条，那么这些语句需要用 BEGIN…END 括起来组成一个语句块。

下面的例子用于判断是否有考试成绩，如果有考试成绩，则把考试成绩查询出来，如果没有考试成绩，则显示没有考试成绩的记录。

```
DECLARE @StuNo varchar(20)
set @StuNo = '13540607014'
IF(SELECT COUNT(*) FROM exam where stuno=@StuNo)=0
BEGIN
    PRINT '学号为'+@stuNo+'的学员没有考试成绩的记录'
END ELSE
BEGIN
    PRINT '学号为'+@stuNo+'的学员参加了考试，有记录' select * from exam where stuno=@StuNo
END
```

2. BEGIN…END 语句块

使用 BEGIN…END 关键字可以将一组 T-SQL 语句封装成一个完整的 SQL 语句块。关键字 BEGIN 定义 T-SQL 语句块的起始位置，关键字 END 标识同一块 T-SQL 语句的结尾。

SQL Server 允许使用嵌套的 BEGIN…END 语句块。其语法格式如下：

```
BEGIN
    // T-SQL 语句
END
```

下面是一个使用 BEGIN…END 语句块的例子：

```
DECLARE @StuNo varchar(20)
set @StuNo = '13540607014'
IF(SELECT   COUNT(*)   FROM   exam   where
    stuno = @StuNo) = 0
        BEGIN    PRINT '学号为' + @stuNo + '的学员没有考试成绩的记录'
        select * from stuInfo where stuno = @StuNo
    END
ELSE
    BEGIN
        PRINT '学号为' + @stuNo + '的学员参加了考试，有记录'
        select * from exam where stuno = @StuNo
    END
```

上面的例子首先判断是否存在考试成绩的记录，如果存在，就显示这个学员的考试成绩信息，这是一个封装起来的语句块，如果不存在，就执行另一个语句块，显示他的个人信息。

3. WHILE 循环语句

WHILE 语句的功能是在满足条件的情况下，重复执行同样的语句。其语法格式如下：

```
WHILE  表达式
    BEGIN
        // T-SQL 语句
        [BREAK]
        [CONTINUE
        ]
    END
```

当逻辑判断表达式为真时，服务器将重复执行 SQL 语句组。BREAK 的作用是在某些情况发生时，立即无条件地跳出循环，并开始执行紧接在 END 后面的语句。CONTINUE 的作用是在某些情况发生时，跳出本次循环，开始执行下一次循环。

下面就是一个使用 WHILE 语句的例子。

```
--为了保存原来的数据，把考试成绩表做一个备份
select * into exam_bak from exam
declare @written float set @written = 0;
while exists (select written from exam where written < 60)
begin
    update exam set written = written + 2 where written < 60 select
    @written = MIN(written) from exam
    if @written < 60
```

```
        begin
            continue
        end
    else
        begin
            break
        end
end
```

本例在查询到笔试成绩不及格的情况时，反复执行 BEGIN…END 语句块中的内容：首先将所有不及格的笔试成绩提高 2 分，并在最低分不低于 60 分的情况下，跳出循环。

小贴士：T-SQL 中只有 WHILE 循环语句，没有 FOR 循环和 DO…WHILE 循环。

4. CASE

CASE 结构提供比 IF…ELSE 结构更多的选择和判断的机会。使用 CASE 语句可以很方便地实现多重选择，从而可以避免编写多重 IF…ELSE 嵌套循环。

CASE 结构有两种形式：即简单表达式和选择表达式。

(1) 简单表达式。其语法格式如下：

```
CASE input_expression
    WHEN when_expression THEN result_expression
    [WHEN …n THEN …n]
    [ELSE else_result_expression]
END
```

其中，input_expression 是条件判断的表达式；when_expression 用于与 input_expression 比较，当与 input_expression 的值相等时，执行后面的 result_expression 语句，当没有一个 when_expression 与 input_expression 的值相等时，执行 else_result_expression 语句。

下面是一个简单表达式的例子：

```
select stuNo '学号', stuname '姓名', stuAge '年龄', stuSex '性别',
    case stuSex
        when '男' then '先生'
        when '女' then '女士'
        else ''
    end '称呼'
from stuInfo
```

(2) 选择表达式。其语法格式如下：

```
CASE
    WHEN boolean_expression THEN result_expression
    [WHEN …n THEN … n]
    [ELSE else_result_expression]
END
```

如果 boolean_expression 的值为 True，则执行 result_expression 语句；如果没有一个

boolean_expression 的值为 True，则执行 else_result_expression 语句。

下面是一个选择表达式的例子：

```
select examno '考试编号', stuNo '学号', written '笔试成绩', lab '机试成绩',
    case
        when written + lab < 120 then '不合格'
        when written + lab < 140 then '及格'
        when written + lab < 160 then '良好'
        when written + lab < 200 then '优秀'
        else '不合格'
    end '等级'
from exam
```

5．RETURN

RETURN 语句可以在过程、批和语句块中的任何位置使用，作用是无条件地从过程、批或语句块中退出，RETURN 之后的其他语句不会被执行。

使用 RETURN 语句的语法格式如下：

```
RETURN integer_expression
```

其中，integer_expression 是一个整型表达式。例如：

```
declare @amount int
select @amount = COUNT(*) from exam where stuno='13540607114' if
@amount>0
    begin
        select * from stuInfo where stuno='13540607114'
    return
    end
else
    begin
        '记录不存在'
    end
```

一般情况下，只有在存储过程中才会用到返回的整型结果，调用存储过程的语句可以根据 RETURN 返回的值，判断下一步应该执行的操作。除非专门说明，在 SQL Server 中，系统存储过程返回值为 0 时，表示调用成功，否则就是有问题发生。

6．WAITFOR

WAITFOR 语句可以将它之后的语句设置在一个指定的间隔之后执行，或在未来的某一个时间执行。其语法格式如下：

```
WAITFOR {DELAY 'time' | TIME 'time'}
```

其中，DELAY 'time' 用于指定 SQL Server 必须等待的时间，最长可达 24 h，time 可以用 datetime 数据格式指定，用单引号括起来，但在值中不允许有日期部分，也可以用局部变量指定参数；TIME 'time' 指定 SQL Server 等待到某一时刻，time 值的指定同上。

例如，等待 2 s 后查询 Customers 表。

```
WAITFOR DELAY '00:00:02'
```

```
SELECT * FROM Exam
```

又如，等待到当天 15:04:45 才执行查询。

```
WAITFOR TIME '15:04:45'
SELECT * FROM Exam
```

执行 WAITFOR 语句后，在到达指定的时间之前，将无法使用与 SQL Server 的连接。若要查看活动的进程和正在等待的进程，可使用 sp_who。

7. PRINT 和 RAISERROR

1) PRINT 语句

PRINT 语句的作用是在屏幕上显示用户信息。其语法格式如下：

```
PRINT 'string' | @local_variable | @@global_variable
```

其中，string 可以是一字符串；@local_variable 和@@global_variable 分别代表一个局部变量和一个全局变量，它们必须是 char 或 varchar 类型，或可以隐式转化成 char 或 varchar 类型。

例如：

```
PRINT 'This message was printed on ' + RTRIM(CONVERT(varchar(30), GETDATE()))
```

2) RAISERROR 语句

RAISERROR 是一个比 PRINT 功能更强大的返回信息的语句，它的作用是将错误消息显示在屏幕上，同时也可以记录在日志中。

RAISERROR 可以返回以下两种类型的信息：

(1) 保存在 sysmessages 系统表中的用户自定义的错误消息(在 RAISERROR 语句中用错误号表示)。自定义的错误消息由 sp_addmessage 系统存储过程添加到 sysmessages 系统表中。

(2) RAISERROR 语句中以字符串形式给出的错误消息。前面之所以说 RAISERROR 比 PRINT 强大，是因为 RAISERROR 能提供一些在 PRINT 中没有的功能，具体包括：

① RAISERROR 能给返回的信息指定错误号、错误严重等级和状态。

② RAISERROR 可以要求该错误被记录在 SQL Server 错误日志和 Windows NT 应用程序日志中。

③ RAISERROR 中的信息字符串可以像 C 语言中的 printf 语句一样，包含替换符的变量和参数。

RAISERROR 语句的语法格式如下：

```
RAISERROR ( { msg_id | msg_str } { , severity , state } [ , argument [ , … n ] ] )
    [ WITH option [ , … n ] ]
```

其中：

(1) msg_id 是 sysmessages 系统表中用户自定义的错误消息的错误号。错误号需通过系统存储过程 sp_addmessage 事先设置在 sysmessages 系统表中。任何用户自定义的错误号都应大于 50000。

(2) msg_str 是直接给出的错误消息。msg_str 可以是像 C 语言中的 printf 语句一样的格式化字符串。这种在 RAISERROR 语句中直接给出错误消息的错误号为 50000。该错误号被保存在@@ERROR 全局变量中。

(3) severity 是错误的严重级别。用户可以使用 0～18 之间的严重级别。19～25 之间的严重级别只能由 sysadmin 固定服务器角色成员使用。若要使用 19～25 之间的严重级别，则必须选择 WITH LOG 选项。注意：20～25 之间的严重级别被认为是致命的。如果遇到致命的严重级别，客户端连接将在收到消息后终止，并将错误记入错误日志和应用程序日志中。

(4) state 是发生错误时的状态信息，可以是 1～127 之间的任意整数。

(5) option 是错误的自定义选项。option 可以是 LOG、NOWAIT 以及 SETERROR 中的任何一个值，其中各个值及其相关描述如表 7-1 所示。

表 7-1 option 的各种取值及其相关描述

值	描 述
LOG	将错误记入服务器错误日志和应用程序日志。记入服务器错误日志的错误目前被限定为最多 440 字节
NOWAIT	将消息立即发送给客户端
SETERROR	将@@ERROR 的值设置为 msg_id 或 50000，与严重级别无关

例如，在屏幕上显示一条信息，信息中给出了当前使用的数据库的标识号和名称。信息是在语句中直接给出的，使用了格式化字符串，代码如下：

```
DECLARE @dbid int
SET @dbid = DB_ID()
DECLARE @dbname nvarchar(128)
SET @dbname = DB_NAME()
--抛出一个自定义的警告信息
RAISERROR('The current database ID is:%d, the database name is : %s.', 16, 1, @dbid, @dbname)
```

将上例中的错误消息保存到 sysmessages 系统表中，然后在 RAISERROR 语句中用错误号调用，代码如下：

```
--向 sysmessages 表中加入一条错误号为 50001、错误级别为 16 的警告信息记录
Sp_addmessage 50001, 16, 'The current database ID is:%d, the database name is : %s. ', 'us_english'
Go
DECLARE @dbid int
SET @dbid = DB_ID()
DECLARE @dbname nvarchar(128) SET @dbname = DB_NAME()
--抛出一个错误号
RAISERROR(5001, 16, 1, @dbid, @dbname)
```

任务五 认识函数

为了使用户对数据库进行查询和修改时更加方便，SQL Server 在 T-SQL 中提供了许多内部函数以供用户调用。使用 T-SQL 函数的方法很简单，在 T-SQL 语句中引用这些函数，并提供调用函数所需的参数即可。服务器会根据参数执行系统函数，然后返回正确的结果。

T-SQL 提供的函数可以分为数学函数、字符串函数、日期函数、统计函数、系统函数

及其他函数。此外，用户还可以自定义函数。

1. 数学函数

SQL Server 提供的数学函数能够在数学型表达式上进行数学运算，然后将结果或结果集返回给用户。能在 SQL Server 的数学函数中使用的数据类型包括：decimal、integer、float、real、money、smallmoney、smallint 和 tinyint。在默认情况下，数学函数把传递给它的数字当作十进制整数对待。

在 SQL Server 中，数学运算的顺序与普通数学运算一致，即：

(1) 执行括号里的运算；

(2) 执行乘方与开方运算；

(3) 按先乘除后加减的规则进行运算；

(4) 执行逻辑运算。

下面介绍一些常用的 SQL Server 数学函数。

(1) ABS(数值型表达式)：求绝对值函数。返回数值型表达式的绝对值，返回值的数据类型与输入参数的数据类型一致。例如：

　　　　SELECT ABS（-45.4）

(2) ACOS(float 型表达式)：反余弦函数。返回以弧度为单位的角度值，参数为 real 或 float 数据类型。

(3) ASIN(float 型表达式)：反正弦函数。返回以弧度为单位的角度值，参数为 real 或 float 数据类型。

(4) ATAN(float 型表达式)：反正切函数。返回以弧度为单位的角度值，参数为 real 或 float 数据类型。

(5) ASCII(字符型表达式)：求 ASCII 码函数。返回字符型数据的 ASCII 码值，返回的数值类型为整型。例如：

　　　　SELECT ASCII（"H"）

(6) AVG([ALL|DISTINCT]表达式)：求平均值函数(求一组数据的平均值)。如果这组数据中包含有 NULL 的数据，该数据将会被忽略。ALL 关键字表示所有的数值都会计算在内，DISTINCT 关键字表示相同实质的数据只会计算一次，默认取值为 ALL。例如：

　　　　SELECT AVG(written) FROM exam

(7) COUNT({[ALL|DISTINCT]|*}表达式)：计数函数(求一组数据的个数)。ALL 和 DISTINCT 关键字的意义同上。COUNT(*)统计的是这一组数据中的所有数据的个数，包括重复数值和 NULL。例如：

　　　　SELECT COUNT(DISTINCT stuAddress), COUNT(ALL stuAddress) FROM stuInfo

(8) DEGREES(numeric 型表达式)：角度转换函数。将以 numeric 型表达式给出的弧度值转换成角度值，返回值为数据类型与 numeric 型表达式的数据类型匹配，返回值类型取决于 numric 型表达式的输入类型。如果结果与返回值类型不匹配，将发生算术溢出错误。

(9) CEILING(数值型表达式)：返回最小的大于或等于给定数值型表达式的整数值。返回值的数据类型与参数的数据类型相同。

(10) FLOOR(数值型表达式)：返回最大的小于或等于给定数值表达式的整数值。返回值的数据类型与参数的数据类型相同。

(11) LOG(float 型表达式)：求自然对数函数。返回给定参数值的自然对数结果。

(12) LOG10(float 型表达式)：求常用对数函数。返回给定参数值的常用对数结果。

(13) POWER(数值型表达式 1，数值型表达式 2)：乘方运算函数。进行乘方运算，POWER(2，3)表示 2 的 3 次方。乘方运算函数返回值的数据类型与第一个参数的数据类型相同。SQL Server 支持负数的乘方运算。由于返回值与第一个参数的数据类型相同，因此当第一个参数为整数时，返回值被转换成整数(0.125 转换成整数是 0)，当第一个参数有一位小数时，返回值也相应保留一位小数。

(14) EXP(float 型表达式)：求自然指数函数。求指定 float 表达式的自然指数值。

(15) PI()：求圆周率函数。不使用参数，返回圆周率 π 的常量值。

(16) SQRT(float 型表达式)：求平方根函数。求指定 float 型表达式的平方根，返回 float 型的结果。

(17) SQUARE(float 型表达式)：求平方值函数。返回指定 float 型表达式的平方值，返回 float 型的结果。

(18) SIGN(数值型表达式)：判断正负值函数。判断数值型表达式的正负属性。在 SQL Server 中用+1 表示正数，用 −1 表示负数。

(19) RAND(整型表达式)：产生随机数函数。返回一个位于 0～1 之间的随机数。整型表达式在这里起着产生随机数的起始值的作用。例如下面的语句：

```
DECLARE @COUNTER SMALLINT
SET
@COUNTER = 1
WHILE
@COUNTER<5
    begin
        SELECT RAND(@COUNTER)
        SET @COUNTER = @COUNTER+1
    end
GO
```

此例产生 4 个随机数，分别使用 1、2、3、4 来作为各随机数的起始值。

(20) ROUND(数值型表达式，整数)：四舍五入函数。将数值型表达式四舍五入成整数指定精度的形式。在这里，整数可以是正数或负数，正数表示要进行运算的位置在小数点后，反之要运算的位置在小数点前。

2. 字符串函数

T-SQL 为方便用户进行字符型数据的操作，提供了功能全面的字符串函数。下面是一些常见的字符串函数及其功能介绍：

(1) LEN(字符型表达式)：返回给定字符串数据的长度。

(2) DATALENGTH(表达式)：返回表达式的值所占用的字节数。在处理可变长度数据类型时使用 DATALENGTH 非常有用。例如，LEN 函数和 DATALENGTH 函数的比较，语句如下：

```
SELECT LEN('123'), DATALENGTH('123'), DATALENGTH(12345)
```

返回结果是：3　3　4。

(3) LEFT(字符型表达式，整型表达式)：返回字符型表达式最左边给定整数个字符。例如：

    SELECT LEFT('Good morning', 4)

返回结果是：Good。

(4) RIGHT(字符型表达式，整型表达式)：返回字符型表达式最右边给定整数个字符。例如：

    SELECT RIGHT('Good morning', 7)

返回结果是：morning。

(5) SUBSTRING(字符串，表示开始位置的表达式，表示长度的表达式)：返回字符串在起止位置之间的子串。例如：

    SELECT SUBSTRING("abcdef", 2, 3)

返回结果是：bcd。

(6) UPPER(字符型表达式)：将字符型表达式全部转化为大写形式。

(7) LOWER(字符型表达式)：将字符型表达式全部转化为小写形式。

(8) SPACE(整型表达式)：返回由给定整数个空格组成的字符串。

(9) REPLICATE(字符型表达式，整型表达式)：将给定的字符型表达式的值复制给定的整数遍数。例如：

    SELECT REPLICATE('Good morning', 3)

返回结果是：Good morningGood morningGood morning

(10) STUFF(字符型表达式 1，开始位置，长度，字符型表达式 2)：将"字符型表达式1"从"开始位置"截短给定"长度"的子串，然后将"字符型表达式 2"从"开始位置"补充进去。如果"开始位置"为负或长度值为负，或者"开始位置"大于"字符型表达式1"的长度，则返回 NULL；如果"长度"大于"字符型表达式 1"中"开始位置"以右的长度，则"字符型表达式 1"只保留首字符。例如：

    SELECT STUFF('Good morning', 4, 1, 'GOD')

返回结果是：GooGOD morning。

(11) REVERSE(字符型表达式)：返回一个与给定字符型表达式恰好顺序颠倒的字符型表达式。例如：

    SELECT REVERSE('abcdefg')

返回结果是：gfedcba。

(12) LTRIM(字符型表达式)：返回删除给定字符串左端空白后的字符串值。

(13) RTRIM(字符型表达式)：返回删除给定字符串右端空白后的字符串值。

(14) CHARINDEX(字符型表达式 1，字符型表达式 2[，查找位置])：从指定的位置开始，在字符型表达式 2 中查找字符型表达式 1，如果找到，则返回字符型表达式 1 在字符型表达式 2 中的开始位置，默认的查找位置是 1。

(15) PATINDEX('%pattern'，字符型表达式)：在字符型表达式中查找给定格式的字符串，如果找到，则返回给定格式字符串在字符型表达式中的开始位置；否则，返回 0。

下面的例子是 PATINDEX 与 CHARINDEX 字符串函数用法的比较。

```
USE Pubs
GO
SELECT au_lname, au_id FROM authors
WHERE PATINDEX('%-2_-%', au_id)< >0 GO


SELECT au_lname, au_id FROM authors
WHERE CHARINDEX('-2', au_id)< >0
GO
```

(16) STR(<float 型表达式>[，length[，<decimal>]])：将 float 型表达式转换为给定形式的字符串。在参数中长度包含了小数点在内。

length 指定返回的字符串的长度，decimal 指定返回的小数位数。缺省的 length 值为 10，decimal 缺省值为 0。当 length 或者 decimal 为负值时，返回 NULL；当 length 小于小数点左边(包括符号位)的位数时，返回 length 个*；先服从 length，再取 decimal；当返回的字符串位数小于 length 时，左边补足空格。例如：

```
SELECT STR(123.45, 9, 5),
       STR(123.45, 3, 5),
       STR(123.45, 2, 5),
       STR(123.45)
```

返回结果分别是：　123.45000、123、**、　　　　123。

(17) CHAR(整型表达式)：将给定的整型表达式的值按照 ASCII 码转换成字符型。

3. 日期函数

SQL Server 中提供了一些日期函数，其中比较常用的函数如下：

(1) GETDATE()：返回当前的系统时间。例如：

```
SELECT GETDATE()
```

(2) DATEPART(datepart, date)：以整数形式返回给定 date 型数据的指定部分。datepart 的取值及其含义如表 7-2 所示。

表 7-2　date part 的取值及其含义

取　值	含　义
yy, yyyy	年
qq, q	季节
mm, m	月
dy, y	一年中第几天
dd, d	日
wk, ww	周
hh	小时
mi, n	分
ss, s	秒
ms	毫秒

例如：

SELECT DATEPART(YY, GETDATE()) AS '年份',

DATEPART(q, GETDATE()) AS '季节',

DATEPART(m, GETDATE()) AS '月份',

DATEPART(d, GETDATE()) AS '天',

DATEPART(hh, GETDATE()) AS '时间'

注意：DATEPART(dd，date) 等同于 DAY(date)，DATEPART(mm，date) 等同于 MONTH(date)，DATEPART(yy，date) 等同于 YEAR(date)。

(3) DATENAME(datepart, date)：以字符串形式返回给定 date 型数据的指定部分。

(4) DATEADD(datepart, number, date)：在给定日期型数据的指定部分基础上，加上一个整型数值(number)。例如：

SELECT

DATEADD(day, -1, GETDATE()) AS '昨天',

DATEADD(day, -2, GETDATE()) AS '前天',

DATEADD(day, 1, GETDATE()) AS '明天'

(5) DATEDIFF(datepart, start date, enddate)：返回开始日期和结束日期在给定部分的差值。

(6) DAY(date)：返回给定 date 型数据中的天数值。

(7) MONTH(date)：返回给定 date 型数据中的月份值。

(8) YEAR(date)：返回给定 date 型数据中的年份值。

4. 数据类型转换函数

数据类型转换函数的格式如下：

CONVERT(<data_type>[length]，<expression>[，style])

其功能是将 expression 按 style 格式转换为 data_type 数据类型。其中，data_type 为 SQL Server 系统定义的数据类型，用户自定义的数据类型不能在此使用；length 用于指定数据的长度，缺省值为 30。

注意：

(1) 把 CHAR 或 VARCHAR 类型转换为诸如 INT 或 SAMLLINT 这样的 INTEGER 类型时，结果必须是带正号或负号的数值。

(2) TEXT 类型到 CHAR 或 VARCHAR 类型的转换最多转换 8000 个字符，即 CHAR 或 VARCHAR 数据类型是最大长度。

(3) 将 IMAGE 类型存储的数据转换为 BINARY 或 VARBINARY 类型时，最多为 8000 个字符。

(4) 把整数值转换为 MONEY 或 SMALLMONEY 类型时，按定义的国家货币单位来处理，如人民币、美元、英镑等。

(5) BIT 类型的转换是把非零值转换为 1，并仍以 BIT 类型存储。

(6) 试图转换到不同长度的数据类型，会截短转换值并在转换值后显示"+"，以标识发生了这种截短。

CONVERT()函数中的 style 选项能以不同的格式显示日期和时间。style 是将 DATATIME 和 SMALLDATETIME 数据转换为字符串时所选用的，SQL Server 系统提供了转换样式编号，不同的样式编号有不同的输出格式。

在表 7-3 中，左侧的两列表示将 datetime 或 smalldatetime 数据转换为字符数据的 style 值。将 style 值加 100，可获得包括世纪数位的四位年份(yyyy)。

表 7-3　日期转换为字符串的格式

不带世纪数位(yy)	带世纪数位(yyyy)	标　　准	输入/输出( )
—	0 或 100	默认设置	m on d d y y y y h h :m iAM（或 PM）
1	101	美国	m m / d d / y y y y
2	102	ANSI	y y .m m .d d
3	103	英国/法国	d d / m m / y y
4	104	德国	d d .m m .y y
5	105	意大利	dd -mm -yy
6	106	—	d d　m on y y
7	107	—	m on d d , y y
8	108	—	h h :m m :ss
—	9 或 109	默认设置+毫秒	m on d d y y y y h h :m i:ss:m m m A M（或 PM）
10	110	美国	mm -dd -yy
11	111	日本	y y / m m / d d
12	112	ISO	y y m m d d
—	13 或 113	欧洲默认设置 + 毫秒	d d m on y y y y h h :m m :ss:m m m (24h)
14	114	—	h h :m i:ss:m m m (24h)
—	20 或 120	ODBC 规范	yyyy -mm -d d h h :m i:ss(24h)
—	21 或 121	ODBC 规范(带毫秒)	yyyy -mm -d d h h :m i:ss.m m m (24h)
—	126	ISO8601	yyyy -mm -d d Th h :m m :ss.m m m (无空格)
—	127	带时区 Z 的 ISO8601	yyyy -mm -d d Th h :m m :ss.m m m Z (无空格)
—	130	回历	d d m on y y y y h h :m i:ss:m m m AM
—	131	回历	d d / m m / y y h h :m i:ss:m m m AM

下面对表 7-3 中的内容进行说明：

(1) 这些样式值将返回不确定的结果。包括所有 yy(不带世纪数位)样式和一部分 yyyy(带世纪数位)样式。

(2) 默认值(style 0 或 100、9 或 109、13 或 113、20 或 120 以及 21 或 121)始终返回世纪数位(yyyy)。

(3) 转换为 datetime 时输入，转换为字符数据时输出。

(4) 为用于 XML 而设计。对于从 datetime 或 smalldatetime 到字符数据的转换，其输出格式如表 7-2 所示。对于从 float、money 或 smallmoney 到字符数据的转换，其输出相当于 style 值为 2。对于从 real 到字符数据的转换，其输出相当于 style 值为 1。

(5) 回历是有多种变体的日历系统。默认情况下，SQL Server 基于截止年份 2049 年来解释两位数的年份。换言之，就是将两位数的年份 49 解释为 2049，将两位数的年份 50 解释为 1950。许多客户端应用程序(如基于自动化对象的应用程序)都使用截止年份 2030 年。SQL Server 提供了"两位数年份截止"配置选项，可通过此选项更改 SQL Server 使用的截止年份，从而对日期进行一致处理。建议您指定四位数年份。

(6) CONVERT 仅支持从字符数据转换为 datetime 或 smalldatetime。时区指示符 Z 为可选项。仅表示日期时间成分的字符数据将转换为 datetime 数据类型。未指定的时间成分设置为 00:00:00.000，未指定的日期成分设置为 1900-01-01。

从 smalldatetime 转换为字符数据时，包含秒或毫秒的样式将在这些位置上显示零。使用相应的 char 或 varchar 数据类型长度从 datetime 或 smalldatetime 值转换时，可截短不需要的日期部分。表 7-4 所示为可用来将 float 或 real 转换为字符数据的 style 值。

表 7-4 数值型转换为字符型的格式

值	输　　出
0 (默认值)	最多包含 6 位，根据需要使用科学记数法
1	始终为 8 位值，始终使用科学记数法
2	始终为 16 位值，始终使用科学记数法

表 7-5 所示为可用来将 money 或 smallmoney 转换为字符数据的 style 值。

表 7-5 货币类型转换为字符数据

值	输　　出
0 (默认值)	小数点左侧每三位数字之间不以逗号分隔，小数点右侧取两位数，例如 4235.98
1	小数点左侧每三位数字之间以逗号分隔，小数点右侧取两位数，例如 3,510.92
2	小数点左侧每三位数字之间不以逗号分隔，小数点右侧取四位数，例如 4235.9819

将 numeric 或 decimal 数据转换为字符数据时，若要删除结果集尾随的零，那么请使用 128 作为 style 的值。

表 7-6 所示为可用来将字符串转换为 XML 数据的 style 值。

表 7-6　字符串转换为 XML 的格式

值	输　　出
0 (默认值)	使用默认的分析行为，即放弃无用的空格，且不允许使用内部 DTD(文档类型定义)子集 注意：转换为 XML 数据类型时，SQL Server 2008 的无用空格处理方式不同于 XML 1.0。有关详细信息，请参阅生成 XML 实例
1	保留无用空格。此样式设置将默认的 xml:space 处理方式设置为与指定了 xml:space = "preserve" 的行为相同
2	启用有限的内部 DTD 子集处理。 如果启用，则服务器可使用内部 DTD 子集提供的以下信息来执行非验证分析操作： ① 应用属性的默认值。 ② 解析并扩展内部实体引用。 ③ 检查 DTD 内容模型，以实现语法的正确性。 分析器将忽略外部 DTD 子集。此外，不评估 XML 声明来查看 standalone 属性是设置为 yes 还是 no，而是将 XML 实例当成一个独立文档进行分析
3	保留无用空格，并启用有限的内部 DTD 子集处理

例如：

```
select convert(varchar(10), getDate(), 120)
```

上面的例子将输出"yyyy-mm-dd"格式的系统日期。

课堂作业： 用 T-SQL 语句查找出版时间为 2017 年的所有图书信息(书名、价钱、出版社、出版日期)。

任务六　了解系统函数、其他常用函数及查询属性的设置(自学内容)

1. 系统函数

SQL Server 还为 DBA 和数据库的高级用户提供了一系列系统函数。通过调用这些系统函数可以获得有关服务器、用户、数据库状态等系统信息。这些信息对一般用户用处不大，但在管理和维护数据库服务器方面却很有价值。

大多数系统函数都带有可以选择的参数,但在默认情况下参数取值通常都是当前用户、当前数据库、当前服务器。下面是一些常用的系统函数及其功能介绍。

1) 关于系统安全的系统函数

SQL Server 首先提供了一些关于系统安全方面的函数。常用的系统安全函数如下：

(1) IS_MENBER('group' | 'role')：判断当前用户是否为指定的 Windows NT 组或指定 SQL Server 角色的成员。如果是，则返回 1；如果不是，则返回 0。

(2) SUSER_SID('login')：返回指定账户注册信息的安全标识 ID。

(3) SUSER_SNAME([server_user_sid])：根据指定的服务器用户安全标识 ID，返回相应的用户注册登录使用的账户信息。

(4) IS_SRVROLEMEMBER('role', ['login'])：判断指定的登录账户是否为指定服务器角色的成员，如果不设置登录账户信息，则默认指定对当前的账户进行判断。服务器角色的取值范围包括：Sysadmin、Dbcreator、Diskadmin、Processadmin、Serveradmin、Setupadmin、Securityadmin。

(5) USER_ID('user')：返回指定用户在数据库里的标识 ID。

(6) USER：返回用户在数据库中的名字。

(7) CURRENT_USER：返回当前用户信息。

(8) SYSTEM_USER：返回当前用户的登录账户信息。

(9) HOST_ID()：返回运行 SQL Server 的计算机的标识 ID。

(10) HOST_NAME()：返回运行 SQL Server 的计算机的名字。

2) 关于数据库、数据库对象的系统函数

SQL Server 中常用的关于数据库以及数据库对象方面的函数如下：

(1) DB_ID(['database_name'])：返回指定数据库的标识 ID。

(2) DB_NAME(database_id)：根据数据库的 ID 返回相应数据库的名字。

(3) DATABASEPROPERTY(database，property)：返回指定数据库在指定属性上的取值。

(4) OBJECT_ID('object')：返回指定数据库对象的标识 ID。

(5) OBJECT_NAME(object_id)：根据数据库对象的 ID 返回相应数据库对象的名字。

(6) OBJECTPROPERTY(id，property)：返回指定数据库对象在指定属性上的取值。

(7) COL_LENGTH('table', 'column')：返回指定表的指定列的长度。

(8) COL_NAME(table_id，column_id)：返回指定表的指定列的名字。

(9) INDEX_COL('table'，index_id，key_id)：返回指定表格上指定索引的名字。

(10) TYPEPROPERTY(type，property)：返回指定数据类型在指定属性上的取值。

下例返回 SQL Server 所有自带数据库的 ID 和名字：

```
USE master
SELECT name, DB_ID(name) AS db_id
FROM sysdatebases ORDER BY dbid
```

2. 其他常用函数

在 SQL Server 中，除了提供任务五中介绍的四类函数外，还提供了另一些函数，这些函数很难被分类，但却经常被 SQL Server 用户使用。

下面是这些常用函数及其功能的介绍。

(1) ISDATE(表达式)：判断指定的表达式是否为一个合法的日期。当判断结果为真时，返回值为 1，否则返回值为 0。

(2) IS NULL(表达式 1，表达式 2)：判断表达式 1 的值是否为 NULL。如果是，则返回表达式 2 的值；如果不是，则返回表达式 1 的值。使用 IS NULL 函数时表达式 1 和表达式 2 的类型必须相同。

(3) NULLIF(表达式 1，表达式 2)：当表达式 1 与表达式 2 相等时，返回 NULL，否则返回表达式 1 的值。

(4) ISNUMERIC(表达式)：当表达式的值为合法的 INT、FLOAT、MONEY 等表示的数值的数据类型时，返回结果为 1，否则返回结果为 0。

(5) COALESCE(表达式 1，表达式 2，表达式 3，…)：判断在给定的一系列表达式中是否有不是 NULL 的值。如果有，则返回第一个不是 NULL 的表达式的值；如果所有的表达式的值都是 NULL，则返回 NULL；如果所有的表达式的值都不是 NULL，则返回 1。

3. 设置查询属性

在 SQL Server 中，用户可以从多方面配置执行查询操作的环境属性，从而取得更令人满意的效果。在 SQL Server 中可以设置的属性非常多，这里只选择一些常用的属性进行介绍，更多的属性，请参考 SQL Server 提供的联机帮助。

设置查询属性一般通过 SET 命令来实现。

1) SET NOCOUNT{ON | OFF}

如果设置 NOCOUNT 属性为 ON，那么服务器在执行完一次 SQL 指令后，将不会返回查询所涉及的数据行数目。如果设置 NOCOUNT 属性为 OFF，那么将会返回查询涉及的数据行的数目。默认情况下，NOCOUNT 属性为 OFF。

在通常情况下，用户希望知道本次操作影响的数据行的数目，所以在将 NOCOUNT 属性修改为 ON 以后，必须再次将它修改为 OFF。例如：

```
use student
GO
--设置 NOCOUNT 属性为 ON
SET NOCOUNT ON
GO
SELECT * FROM stuInfo
GO
--重新设置 NOCOUNT 属性为 OFF
SET NOCOUNT OFF
GO
```

2) SET NOEXEC{ON | OFF}

如果设置 NOEXEC 属性为 ON，则 SQL Server 将会编译每个批处理中的每个查询语句，但不会执行这些查询。如果设置 NOEXEC 属性为 OFF，则 SQL Server 将会在完成编译后，执行这些语句。

设置 NOEXEC 属性在编写规模较大的查询程序时非常有用，因为一般来说规模较大的程序最好分段调试，但是批处理的语句又希望能在依次执行中完成。于是设置 NOEXEC 属性为 ON 正好可以既进行调试，又避免没有完成的批处理改变数据。

所有的 SQL Server 用户都有权设置 NOEXEC 属性。

3）SET PARSEONLY {ON | OFF}

设置 PARSEONLY 属性为 ON 以后，可以在运行 SQL Server 时，对查询语句只进行语法分析，而不进行编译和执行。设置 PARSEONLY 属性为 OFF 以后，将对查询语句既进行语法分析，又进行编译和执行。

4）SET ROWCOUNT {整型变量|整型常量}

当设置 ROWCOUNT 为一个给定的整数时，SQL Server 在执行查询语句时只要返回了给定整数行数据后，就会自动停止对查询语句的执行。所有的 SQL Server 用户都有权设置 ROWCOUNT 属性。

5）SET LOCK_TIMEOUT 整型表达式

该表达式以 ms 为单位，设置当前查询等待被服务器封锁的数据被释放所需要的时间。

6）SET SHOWPLAN_ALL {ON | OFF}

设置 SHOWPLAN_ALL 属性为 ON 以后，SQL Server 在处理查询时将不会执行这个查询，而是返回所有的查询语句，以及这些语句将如何被执行、执行时消耗的系统资源等信息。设置 SHOWPLAN_ALL 属性为 OFF，将会使查询恢复正常。SHOWPLAN_ALL 只能出现在单独的批处理中，不能将它应用于存储过程。

7）SET SHOWPLAN_TEXT {ON | OFF}

设置 SHOWPLAN_TEXT 属性为 ON 以后，SQL Server 在处理查询时，将不会执行这个查询，而是返回所有的查询语句，以及这些语句将如何被执行的文本信息。设置 SHOWPLAN_TEXT 属性为 OFF，将会使查询恢复正常。SHOWPLAN_TEXT 只能出现在单独的批处理中，不能将它应用于存储过程。

任务七　课外知识拓展

除了前面介绍的 SQL Server 的内置函数外，SQL Server 还允许用户根据需要自己定义函数。根据用户定义函数返回值的类型，可将用户定义的函数分为三个类别：

(1) 返回值为可更新表的函数。若用户定义的函数包含单个 SELECT 语句且语句可更新，则该函数返回的表也可更新，这样的函数称为内嵌表值函数。

(2) 返回值为不可更新表的函数。若用户定义的函数包含多个 SELECT 语句，则该函数返回的表不可更新，这样的函数称为多语句表值函数。

(3) 返回标量值的函数。用户定义函数返回值为标量值时，这样的函数称为标量函数。

用户定义函数可以接收零个或多个输入参数，函数的返回值可以是一个数值，也可以是一个表。用户定义的函数不支持输出参数。

利用 ALTER FUNCTION 可对用户定义的函数进行修改,用 DROP FUNCTION 可以删除用户定义的函数。

1. 标量函数的定义与调用

1) 标量函数的定义

标量函数定义的语法格式如下:

```
CREATE FUNCTION [ owner_name.] function_name
([{@parameter_name [AS] scalar_parameter_data_type [=default] }[ , …n]])
RETURNS scalar_return_data_type [ WITH    ENCRYPTION ] [ AS ]
BEGIN
   Function_body
   RETURN scalar_expression
END
```

其中,各选项的含义分别如下:

(1) owner_name:数据库所有者名。

(2) function_name:用户定义的函数名。函数名必须符合标识符规则,对其所有者来说,该用户名在数据库中必须是唯一的。

(3) @parameter_name:用户定义函数的形参名。CREATE FUNCTION 语句中可以声明一个或多个参数,用@符号作为第一个字符来指定形参名,每个函数的参数都局部于该函数。

(4) scalar_parameter_data_type:参数的数据类型,可为系统支持的基本标量类型,不能为 timestamp 类型、用户定义数据类型、非标量类型(如 cursor 和 table)。

(5) default:指定默认值。

(6) WITH 子句:指出了创建函数的选项,如果指出了 ENCRYPTION 参数,则创建的函数是被加密的,函数定义的文本将以不可读的形式存储在 syscomments 表中,任何人都不能查看该函数的定义,包括函数的创建者和系统管理员。

(7) BEGIN…END:BEGIN 和 END 之间定义了函数体,该函数体中必须包含一条 RETURN 语句,用于返回一个值。函数返回 scalar_expression 表达式的值。

(8) scalar_return_data_type:用户定义函数的返回值类型,可以是 SQL Server 支持的基本标量类型,但 text、ntext、image 和 timestamp 除外。

例如,创建一个函数,该函数用于统计指定学员的机试与笔试的平均成绩,实现代码如下:

```
CREATE FUNCTION getScore(@stuno varchar(20))
RETURNS float AS
BEGIN
   DECLARE @Score float
   set @Score = -1;
   SELECT @Score = (ISNULL(written, 0) + ISNULL(lab, 0))/2
   FROM exam WHERE stuno=@stuno
```

```
RETURN @Score
END
```

2) 标量函数的调用

当调用用户定义的函数时，必须提供至少由两部分组成的名称(所有者.函数名)。调用用户定义函数的方法有两种：

(1) 在 SELECT 语句中调用。在 SELECT 语句中调用标量函数的形式为 owner_name.function_name(@parameter_name1，2…)，参数可为已赋值的局部变量或表达式。例如，调用用户定义的函数 getScore 的语句如下：

```
select dbo.getScore('13540607014')
select stuno, stuname, dbo.getScore(stuNo) score from stuinfo
```

(2) 利用 EXEC 语句执行。用 T-SQL 的 EXEC 语句调用用户函数时，实参的标识次序与函数定义中的参数标识次序可以不同。其具体调用形式如下：

owner_name.function_name @parameter_name1，…@parameter_name_n

或

owner_name.function_name @fparameter_name1=@aparameter_name1，…
@fparameter_name_n= @aparameter_name_n

例如，使用 EXEC 语句实现上例的语句如下：

```
USE student
DECLARE @score float
DECLARE @StuNo varchar(20)
SET @StuNo='13540607014'
EXEC @score=dbo.getScore @StuNo
SELECT @score
```

前者实参顺序应与函数定义的形参顺序一致，后者实参顺序可以与函数定义的形参顺序不一致。如果函数的参数有默认值，则在调用该函数时必须指定 default 关键字才能获得默认值，这不同于存储过程中有默认值的参数。在存储过程中省略参数意味着使用默认值。

2. 内嵌表值函数的定义与调用

内嵌表值函数可用于实现参数化视图查询。例如有一个查询，其语句如下：

```
USE student
GO
--查询笔试成绩及格的同学
select s.stuNo, s.StuName, s.birthday, e.written, e.lab
from stuInfo s left outer join exam e
on s.stuNo=e.stuNo
where e.written>=60
```

若希望设计更通用的程序，让用户能指定感兴趣的查询内容，可将 WHERE e.written>=60 替换为 WHERE e.written>=@para，@para 用于传递参数，但视图查询不支持在 WHERE 语句中指定搜索条件参数。为解决这一问题，可使用内嵌表值函数。

1) 内嵌表值函数的定义

定义内嵌表值函数的语法格式如下：

```
CREATE    FUNCTION      [ owner_name.] function_name
([{ @parameter_name [AS] scalar_parameter_data_type [=default] }[ , …n]])
RETURNS TABLE [ WITH ENCRYPTION ] [ AS ]
RETURN   [(select_stmt)]
```

其中，各选项的含义如下：

(1) owner_name：数据库所有者名。

(2) function_name：用户定义的函数名。函数名必须符合标识符规则，对其所有者来说，该用户名在数据库中必须是唯一的。

(3) @parameter_name：用户定义函数的形参名。CREATE FUNCTION 语句中可以声明一个或多个参数，用@符号作为第一个字符来指定形参名，每个函数的参数局部于该函数。

(4) scalar_parameter_data_type：参数的数据类型，可为系统支持的基本标量类型，不能为 timestamp 类型、用户定义数据类型、非标量类型(如 cursor 和 table)。

(5) default：指定默认值。

(6) RETURNS TABLE：此句仅包含关键字 TABLE，表示此函数返回一个表。

(7) WITH 子句：指出了创建函数的选项，如果指出了 ENCRYPTION 参数，则创建的函数是被加密的，函数定义的文本将以不可读的形式存储在 syscomments 表中，任何人都不能查看该函数的定义，包括函数的创建者和系统管理员。

(8) RETURN[(select_stmt)]：内嵌表值函数的函数体仅有一个 RETURN 语句，并通过参数 select_stmt 指定的 SELECT 语句返回内嵌表值。

例如，在 Student 数据库中创建一个查询(一般是一个视图)，如果在此查询的基础上定义一个内嵌表值函数，则实现语句如下：

```
--创建视图查询的缺点：不能带参数(如下面注释处)
create view VExam as
select s.stuNo, s.StuName, s.birthday, e.written, e.lab
from stuInfo s left outer join exam e
on s.stuNo = e.stuNo
--where written >= 60
--改用内嵌表函数可以解决传入参数问题，返回带参数的查询
CREATE FUNCTION getExams(@written float)
RETURNS TABLE AS
RETURN
    (select s.stuNo, s.StuName, s.birthday, e.written, e.lab
    from stuInfo s left outer join exam e
    on s.stuNo = e.stuNo where
    written >= @written
    )
```

2) 内嵌表值函数的调用

内嵌表值函数只能通过 SELECT 语句调用。内嵌表值函数调用时，可以仅使用函数名。例如，调用 getExams()函数，查询笔试成绩为 60 分的学生的语句如下：

```
select * from dbo.getExams(60)
```

3. 多语句表值函数的定义与调用

多语句表值函数比较复杂，也比较少用，有兴趣的读者可以了解一下。内嵌表值函数和多语句表值函数都返回表，二者的不同之处在于：内嵌表值函数没有函数体，返回的是单个 SELECT 语句的结果集；而多语句表值函数在 BEGIN…END 块中定义的函数主体包含 T-SQL 语句，这些语句可生成行并将行插入至表中，最后返回表。

1) 多语句表值函数的定义

定义多语句表值函数的语法格式如下：

```
CREATE FUNCTION [ owner_name.] function_name
([{ @parameter_name [AS] scalar_parameter_data_type [ = default] } [ ，…n]])
RETURNS  @return_variable  TABLE  <  table_type_definition  >  [WITH
ENCRYPTION ] [AS]
    BEGIN
        Function_body
        RETURN
    END
```

其中，各选项的含义如下：

(1) owner_name：数据库所有者名。

(2) function_name：用户定义的函数名。

(3) @parameter_name：用户定义函数的形参名。CREATE FUNCTION 语句中可以声明一个或多个参数，用@符号作为第一个字符来指定形参名，每个函数的参数局部于该函数。

(4) scalar_parameter_data_type：参数的数据类型，可为系统支持的基本标量类型，不能为 timestamp 类型、用户定义数据类型、非标量类型(如 cursor 和 table)。

(5) default：指定默认值。

(6) RETURNS 子句：含义是该用户自定义函数的返回值是一个表。

(7) @return_variable：表变量，用于存放该函数返回的表。在该函数的函数体中，需要为这个表填充数据。

(8) table_type_definition：返回的表定义。

(9) WITH 子句：指出了创建函数的选项，如果指出了 ENCRYPTION 参数，则创建的函数是被加密的，函数定义的文本将以不可读的形式存储在 syscomments 表中，任何人都不能查看该函数的定义，包括函数的创建者和系统管理员。

(10) BEGIN…END：BEGIN 和 END 之间定义了函数体，该函数体中必须包括一条不带参数的 RETURN 语句，用于返回一个表。其中的 Function_body 为一个 T-SQL 语句序列，只用于标量函数和多语句表值函数。

在标量函数中，Function_body 是一系列合起来求得标量值的 T-SQL 语句，在多语句表值函数中，Function_body 是一系列在表变量@return_variable 中插入记录行的 T-SQL 语句。

2）多语句表值函数的调用

多语句表值函数也只能用 SELECT 调用，下面的例子可以说明多语句表值函数的调用。

例如，根据性别返回所有学生的学号、姓名、籍贯、数学成绩，如果是女生，则给她们的数学成绩加 10 分，语句如下：

```
create function Fun_StudentScore(@gender bit)
returns @stuScore table
(
    stuNo char(9),
    stuName nvarchar(8),
    city nvarchar(8),
    math int
)
as
begin
    insert into @stuScore select stuNo, stuName, city, math from student join score on student.id=socre.stuId where student.gender=@gender
        if(@gender=0)
        begin
            update @stuScore set math=math+10
        end
        return
end
--SQL Server 函数必须使用 returns 声明值类型
--所有的函数必须有返回值，函数体语句的最后一句必须是 return
--函数不能够修改基表中的数据，也就是不能使用 insert、update、delete 语句
--调用
select * from dbo.Fun_StudentScore(1)
```

4. 修改与删除用户定义的函数

使用 T-SQL 语句 ALTER FUNCTION 可以从当前数据库中修改一个已经自定义好的函数。例如，修改用户自定义函数 getExams 的语句如下：

```
alter FUNCTION getExams(@written float)
RETURNS TABLE AS
RETURN
    (select s.stuNo, s.StuName, s.birthday, e.written, e.lab
    from stuInfo s left outer join exam e
```

```
        on s.stuNo=e.stuNo where
        written>=@written
    )
```

使用 T-SQL 语句 DROP FUNCTION 可以从当前数据库中删除一个或多个用户自定义函数。例如，删除用户自定义函数 getExams 的语句如下：

```
    DROP FUNCTION getExams
```

使用图形界面也可以删除用户自定义的函数，其方法很简单，只需要在数据库的"用户定义的函数"目录的右窗口中，用鼠标右键单击要删除的用户自定义函数，然后在弹出的快捷菜单中选择"删除"命令即可。

◇◇◇　**上　机　实　践**　◇◇◇

本次上机课总目标

(1) 学会在 T-SQL 中定义和使用局部变量。

(2) 掌握 T-SQL 流程控制语句的用法。

(3) 掌握常用函数的用法。

上机阶段一(30 分钟内完成)

上机目的：

(1) 学会在 T-SQL 中定义和使用局部变量；

(2) 复习子查询。

上机要求：

请先自制一个 GoodsSystem 商品信息管理数据库，数据库中有 2 个表，结构如下：

商品类型表(GoodsType)：类型编号(主键)、类型名称；

商品信息表(Goods)：商品编号(主键)、名称、价钱、生产日期、类型编号(外键)、库存数量。

请使用 T-SQL 完成如下功能：

(1) 使用子查询，从 GoodsType 商品类型表和 Goods 商品信息表中查询价钱大于[电视]价钱的所有商品信息(类型、名称、价钱、生产日期)。

(2) 使用局部变量，从 GoodsType 商品类型表和 Goods 商品信息表中查询价钱大于[电视]价钱的所有商品信息(类型、名称、价钱、生产日期)。

(3) 使用子查询，从 GoodsType 商品类型表和 Goods 商品信息表中查询跟[手机]属于同一类型的所有商品信息(类型、名称、价钱、生产日期)。

(4) 使用局部变量，从 GoodsType 商品类型表和 Goods 商品信息表中查询跟[手机]属于同一类型的所有商品信息(类型、名称、价钱、生产日期)。

推荐的实现步骤:

(1) 启动 SQL Server 服务。

(2) 登录 SQL 服务器,打开 SQL Server Management Studio 管理窗口。

(3) 查询价钱大于[电视]价钱的所有商品信息(类型、名称、价钱、生产日期)。

① 使用子查询,将查询到的[电视]价钱作为外围查询的条件。

② 使用局部变量,将查询到的[电视]价钱保存到一个变量中,然后将变量作为查询条件使用。

查询结果如图 7-1 所示。

图 7-1　价钱大于[电视]价钱的所有商品的信息

(4) 查询与"手机"属于同一类型的所有商品信息(类型、名称、价钱、生产日期)。

① 使用子查询,将查询到的[手机]类型作为外围查询的条件。

② 使用局部变量,将查询到的"手机"类型保存到一个变量中,然后将变量作为查询条件使用。

查询结果如图 7-2 所示。

图 7-2　与"手机"属于同一类型的所有商品的信息

(5) 将编写好的 T-SQL 语句保存在电脑中,文件取名为"ch07 上机任务一.sql"。

上机阶段二(30 分钟内完成)

上机目的:

(1) 掌握 if…else 语句;

(2) 掌握 while 语句;

(3) 掌握 case…end 语句。

上机要求:

(1) 查询 Goods 商品信息表中是否有[自行车]这种商品,如果有,则显示"有此商品";否则,显示"没有符合条件的商品"。

(2) 根据商品价钱,显示对应的价钱等级。价钱等级分为三级:小于 100 元为 A 级(价钱便宜),100~500 元为 B 级(价钱适中),大于 500 元为 C 级(价钱很贵)。

(3) 给所有商品价钱打折(每次打 9 折),直到有商品的价钱小于等于 2 元。输出打折前和打折后的商品信息(名称、价钱、生产日期)。

推荐的实现步骤:

(1) 启动 SQL Server 服务。

(2) 登录 SQL 服务器，打开 SQL Server Management Studio 管理窗口。

(3) 用 if exists 判断 Goods 商品信息表中是否有[自行车]这种商品，输出对应信息。查询结果如图 7-3 所示。

消息
没有符合条件的商品

图 7-3　判断是否有[自行车]这种商品

(4) 使用 case…end 语句从 Goods 商品信息表中根据商品价钱显示出对应的价钱等级。查询结果如图 7-4 所示。

	名称	价钱	价钱等级
1	冰箱	3344.00	C级 (价钱很贵)
2	电视	1777.00	C级 (价钱很贵)
3	微波炉	333.00	B级 (价钱适中)
4	手机	4500.00	C级 (价钱很贵)
5	显示器	1777.00	C级 (价钱很贵)
6	主机	1500.00	C级 (价钱很贵)
7	老干妈	9.00	A级 (价钱便宜)
8	爽口榨菜	3.60	A级 (价钱便宜)

图 7-4　商品价钱等级

(5) 使用 while 循环语句反复给所有商品价钱打折(每次打 9 折)，直到有商品的价钱小于等于 2 元。输出打折前和打折后的商品信息(名称、价钱、生产日期)。

打折前和打折后的商品信息分别如图 7-5、图 7-6 所示。

	Name	Price	productionDate
1	冰箱	3344.00	2017-06-03 00:00:00.000
2	电视	1777.00	2016-10-04 00:00:00.000
3	微波炉	333.00	2017-02-26 00:00:00.000
4	手机	4500.00	2017-05-07 00:00:00.000
5	显示器	1777.00	2016-12-04 00:00:00.000
6	主机	1500.00	2017-03-09 00:00:00.000
7	老干妈	9.00	2017-07-06 00:00:00.000
8	爽口榨菜	3.60	2017-06-08 00:00:00.000

图 7-5　打折前的商品信息

	Name	Price	productionDate
1	冰箱	1777.14	2017-06-03 00:00:00.000
2	电视	944.37	2016-10-04 00:00:00.000
3	微波炉	176.97	2017-02-26 00:00:00.000
4	手机	2391.49	2017-05-07 00:00:00.000
5	显示器	944.37	2016-12-04 00:00:00.000
6	主机	797.17	2017-03-09 00:00:00.000
7	老干妈	4.78	2017-07-06 00:00:00.000
8	爽口榨菜	1.92	2017-06-08 00:00:00.000

图 7-6　打折后的商品信息

(6) 将编写好的 T-SQL 语句保存为"ch07 上机任务二.sql"。

上机阶段三(30 分钟内完成)

上机目的：

掌握 SQL Server 2008 中的常用函数。

上机要求：

(1) 从 Goods 商品信息表中计算出商品的平均价钱，如果平均价钱大于 1000，则输出"价钱偏贵"；否则，输出"信息价钱适中"。

(2) 从 Goods 商品信息表中查询所有 2017 年生产的商品。

(3) 计算 1～100 之间所有偶数的和，并输出和。

推荐的实现步骤：

(1) 启动 SQL Server 服务。

(2) 登录 SQL 服务器，打开 SQL Server Management Studio 管理窗口。

(3) 使用聚合函数计算商品的平均价钱，用条件语句判断平均价钱，用 Print 语句输出相关信息。查询结果如图 7-7 所示。

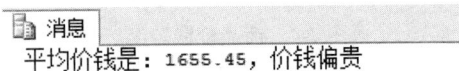

```
消息
平均价钱是：1655.45，价钱偏贵
```

图 7-7　平均价钱

(4) 使用日期函数获取 Goods 商品信息表中所有 2017 年生产的商品。查询结果如图 7-8 所示。

	名称	价钱	生产日期
1	冰箱	3344.00	2017-06-03 00:00:00.000
2	微波炉	333.00	2017-02-26 00:00:00.000
3	手机	4500.00	2017-05-07 00:00:00.000
4	主机	1500.00	2017-03-09 00:00:00.000
5	老干妈	9.00	2017-07-06 00:00:00.000
6	爽口榨菜	3.60	2017-06-08 00:00:00.000

图 7-8　2017 年生产的商品

(5) 用条件语句判断是否为偶数，用循环统计 1～100 之间所有偶数的和，用变量保存和，用 print 语句输出和。统计结果如图 7-9 所示。

```
消息
1-100之间所有偶数的和是：2550
```

图 7-9　1～100 之间所有偶数的和

(6) 将编写好的 T-SQL 语句保存为"ch07 上机任务三.sql"。

◇◇◇ 作　业 ◇◇◇

一、选择题

1. 下列有关局部变量和全局变量，说法正确的是(　　　)。(选 2 项)

A. 局部变量以@开头，全局变量以@@开头

B. 局部变量以@@开头，全局变量以@开头

C. 局部变量由用户定义，全局变量由系统定义

D. 局部变量由系统定义，全局变量由用户定义

2. 在 SQL Server 2008 中，下列局部变量命名正确的是(　　　)。(选 1 项)

A. @@@XX　　　　　　　　　　　　B. accp

C. @x　　　　　　　　　　　　　　D. 34abc

3. SQL Server 中的注释包括(　　　)。(选 2 项)

A. --　　　　　　B. /*　　*/　　　　　　C. //　　　　　　　　D. /**　　　　*/

4. 下面(　　　)是数字函数。(选 2 项)

A. COUNT()　　　　　　　　　　　B. SUBSTRING()

C. AVG()　　　　　　　　　　　　D. DATEPART()

5. 下面(　　　)是字符串函数。(选 2 项)

A. COUNT()　　　　　　　　　　　B. SUBSTRING()

C. LEN()　　　　　　　　　　　　D. GETDATE()

6. 下面(　　　)是日期函数。(选 2 项)

A. SUM()　　　　　　　　　　　　B. LOWER()

C. YEAR()　　　　　　　　　　　　D. GETDATE()

7. 下列(　　　)是 T-SQL 中的循环语句。(选 1 项)

A. for　　　　　　B. foreach　　　　　　C. while　　　　　　D. do…while

8. 下列正确使用聚合函数的是(　　　)。(选 1 项)

A. SUM(*)　　　　　　　　　　　　B. MAX(*)

C. COUNT(*)　　　　　　　　　　　D. AVG(*)

9. 下列(　　　)函数可获得系统日。(选 1 项)

A. DAY()　　　　　　　　　　　　B. GETDATE()

C. MONTH()　　　　　　　　　　　D. YEAR()

10. 在 T-SQL 语言中，不是逻辑运算符号的是(　　　)。(选 1 项)

A. AND　　　　　　B. NOT　　　　　　C. OR　　　　　　D. XOR

二、简答题

1. SQL Server 中的变量可分为哪几类？

2. T-SQL 中的循环如何定义？

3. CONVERT()函数有什么作用？

4. 请写出至少三个常用的字符串函数。

5. T-SQL 中的全局变量以什么开头?

6. 如何用 T-SQL 自定义局部变量?

7. T-SQL 中的 case 语句有什么作用?

8. 请写出至少三个常用的日期函数。

9. SQL Server 2008 有几种代码注释?

10. T-SQL 中的局部变量以什么开头?

三、操作题

1. 用 T-SQL 编程判断 Goods 商品表中是否有商品的生产日期在 "2016-05-01" 之前,如果有, 则显示 "商品已过期!"; 否则, 显示 "没有过期的商品!"。

2. 分别用局部变量和子查询实现如下数据的查找: 从 GoodsType 商品类型表和 Goods 商品表中查询生产日期大于名称为 "主机" 生产日期的所有商品的信息(商品类型、商品名称、价钱, 生产日期)。

项目八 索引、视图和事务

在 SQL Server 中，索引和视图主要起辅助查询和组织数据的作用，通过使用它们，可以极大地提高查询数据的效率。此二者的区别是：视图将查询语句压缩，使大部分查询语句放在服务端，而客户端只输入要查询的信息，不用写出大量的查询代码，这也是一个封装的过程。索引类似目录，使得查询更快速、更高效，适用于访问大型数据库。

本项目主要内容：

(1) 索引的作用、分类、创建和运用；

(2) 视图的作用、创建和运用；

(3) 事务的作用、创建和运用。

任务一 预 习

1. 索引有什么作用？
2. 索引分为几种类型？
3. 什么是视图？
4. 视图有什么作用？
5. 事务有什么作用？事务有什么特征？
6. 如何创建事务？

任务二 了解索引基础知识

索引是数据库规划和系统维护的一个关键部分，是可以为 SQL Server(以及其他的数据库系统)提供查找数据的方法，也是可以定位数据物理位置的快捷方式。通过添加正确的索引，可以极大地减少查询执行的时间。

1. 认识索引

索引通常是以字母顺序排列的一些特定数据的清单。索引是与表或视图关联的磁盘上的结构，可以加快从表或视图中检索行的速度。索引包含由表或视图中的一列或多列生成的键。这些键存储在一个结构中，使 SQL Server 可以快速有效地查找与键值关联的行。

SQL Server 有不同的数据排序规则，具体如下：

(1) 二进制顺序：按字母顺序排序(例如，在 ASCII 中，空格是用数字 32 代表的，大写字母"D"是用数字 68 代表的，而小写字母"d"则是用数字 100 代表的)。这种排序规则在 Where 从句的比较中会产生很大问题。

(2) 字典顺序：这种排序与字典中的排序类似，可以使用一系列选项来设置是否区分大小写、是否区分重音以及是否区分字符集。

需要指出的是，在索引中发生的事情取决于数据排序规则信息。从 SQL Server 2000 开始，可以在数据库和列上改变排序规则，但早期版本的排序规则都是在服务器上设置的。

2. 索引结构

索引是一个单独的、物理的数据库结构，它是某个表中一列或若干列值的集合，同时它也是相应的指向表中物理标识这些值的数据页的逻辑指针的清单。索引是依赖于表建立的，在数据库中，它提供了编排表中数据的内部方法。

1) B-树

在 SQL Server 中，索引是按平衡树(B-树)结构进行组织的。索引 B-树中的每一页称为一个索引节点。B-树的顶端节点称为根节点。索引中的底层节点称为叶节点。根节点与叶节点之间的任意索引级别统称为中间级。

B-树的作用在于：在查找特定的信息时，提供一致性并降低成本。B-树具有自身简单平衡的特点，这意味着每次都有一半的数据在树枝的一边，而剩下的一半在另一边。

B-树首先从根节点开始。如果只有少量数据，则根节点就可以直接指向数据的实际位置。

在大多数情况下，数据都较多，所以可以让根节点指向中间节点，或者叫非叶层节点。非叶层节点是根节点与数据物理存储节点之间的节点。非叶层节点能指向其他的非叶层节点，或者指向叶层节点(平衡树的最底层)。

叶层节点是包含实际物理数据的信息参考点。叶更像浏览树的整体，在叶层得到数据的最终结果。

我们从根节点开始，然后移到等于或小于要查找的最高值的节点，并查找下一层，重复该处理过程——查找等于或小于要查找的最高值的节点，循环往复，一层一层地沿着树结构往下进行，直到叶层为止——从那里得到数据的物理位置，然后可以快速浏览该数据。

当数据被添加到树上时，节点最后都会满，而且需要拆分，因此，在 SQL Server 中，节点等同于页，这叫作页拆分(Page Split)。

发生页拆分时，数据自动来回移动，以保证树平衡。一半数据保留在旧页上，其余数据则被移到新页中，所以大约有一半对一半的拆分，这样就可以保持树平衡，如图 8-1 所示。

2) 访问数据原理

从广义上讲，SQL Server 检索数据库的方法只有两种：使用表扫描与使用索引。SQL Server 使用何种方法来执行特定查询取决于可用的索引、所需的列、使用的链接以及表的大小。

(1) 使用表扫描：表扫描是非常直接的处理。执行扫描时，SQL Server 从表的物理起点开始查找表中的每一行记录，如果找到了满足查询条件的行，就将这些行放到结果集中。

(2) 使用索引：当 SQL Server 决定使用索引时，处理过程实际上与表扫描方式相似，但更快捷。

查询优化处理中，优化器首先查看所有可用的索引并选择一个最好的索引。一旦选择了这个索引，SQL Server 就操纵树结构指向与标准匹配的数据指针，并再次提取需要的记录。优化前后的差别在于数据是排序的，所以索引查询工程知道何时到达了查询范围的末尾，然后可以结束查询，或者根据需要移到数据的下一范围。

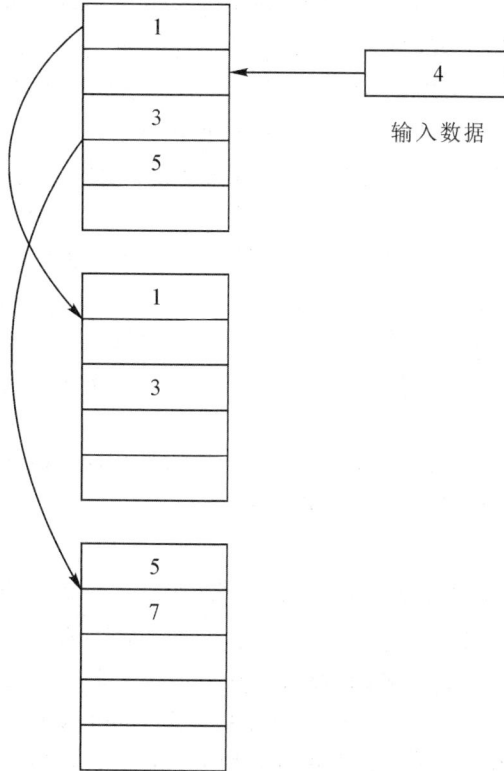

图 8-1　页拆分保持树平衡

3. 索引类型

从外部的物理存储结构来看，在 SQL Server 中只有两种类型的索引(聚集索引和非聚集索引)，下面介绍这两种索引。

1) 聚集索引

聚集索引定义了数据在表中存储的物理顺序。如果在聚集索引中定义了不止一个列，则数据将按照在这些列上所指定的顺序来存储，先按第一列指定的顺序，再按第二列指定的顺序，依次类推。一个表只能定义一个聚集索引，它不可能采用两种不同的物理顺序来存储数据。

下面用类比法来说明聚集索引。假设查看一个电话簿，一般会看到数据先以姓氏的字母顺序排列，再以名的第一个字母顺序排列，之后以名的第二个字母顺序排列，依次类推。因此，当搜索索引并找到键的时候，实际上就已经从要提取的信息中找到了相应的数据，如电话号码。换句话说，这时并不需要根据相应的键翻到相应的页来找数据，数据本身就已经在这里了。这就是针对姓、名和中间名的聚集索引。

在数据被插入时，SQL Server 会将输入的数据连同索引键值一同插入到合适位置对应的行中，然后移动数据，以便保持顺序。可以将数据想象成书架中的书，在图书馆购进一本新书时，管理员会尝试按字母顺序找到一个位置，并将这本书插入到该位置。这时书架上所有的书都会被移动。如果此时这个书架上没有足够的空间供图书移动，那么该书架最后位置上的书就会被移动到下一个书架上，依次类推，直到书架上有足够的位置供新书加入。尽管这种移动看上去非常简单，但这的确就是 SQL Server 所做的事情。

如果需要在索引结构的中间插入记录，就会发生标准页拆分，原有页的最后一半记录被移到新页上，并在新页或原有页的合适位置插入新记录。如果新记录逻辑上处于索引结构的末尾，就创建新页，只有新记录才会被添加到新页中。

不要将聚集索引放置到一个会进行大量更新的列上，因为这意味着 SQL Server 不得不经常改变数据的物理位置，这样会导致过多的处理开销。由于聚集索引中包含了表数据本身，与通过非聚集索引提取数据相比，使用聚集索引提取数据时，SQL Server 需要进行的 I/O 操作更少。因此，如果在表中只有一个索引，那么它应该是聚集索引。

聚集索引对于特定表是唯一的，一张表只能有一个聚集索引。聚集索引基于数据行的键值，在表内排序和存储这些数据行。每个表只能有一个聚集索引，因为数据行本身只能按一个顺序存储。

聚集索引的特殊之处在于，叶层聚集索引就是实际数据。也就是说，数据根据索引排序标准重新排序，然后以相同的物理顺序存储。

2) 非聚集索引

与聚集索引不同，非聚集索引并不存储表数据本身，相反，它只存储指向表数据的指针，该指针是索引键的一部分，因此，在一个表中可以同时存在多个非聚集索引。

因为非聚集索引以与基表分开的结构保存(实际上，是以带有聚集索引的表的形式保存，只不过被隐藏起来无法看见)，所以可以在与基表不同的文件组中创建非聚集索引。如果文件组被保存在不同的磁盘上，则在查询和提取数据时，可以得到性能上的提升，这是因为 SQL Server 可以进行并行的 I/O 操作，从索引和基表中同时提取数据。

在从拥有非聚集索引的表中提取信息时，SQL Server 会在索引中找到相关的行。如果要查询的信息不是索引中所记录信息的一部分，则 SQL Server 会再使用索引指针中的信息，以提取数据中的相关行，这至少需要两个 I/O 操作，也可能更多，这依赖于对索引的优化。在创建非聚集索引时，用来创建索引的信息与表分开，放置在不同的位置，因而可以在需要时将其存储在不同的物理磁盘上。

> **小贴士**：一个数据表只能有一个聚集索引，允许有多个非聚集索引。

任务三　创 建 索 引

索引是一种物理结构，它能够提供一种以一列或多列的值为基础迅速查找表中行的能力。通过索引，可以极大地提高数据库的检索速度，改善数据库性能。

在 SQL Server 2008 中，创建索引的方法主要有两种：一是在 SQL Server Management Studio 中使用现有命令和功能，通过方便的图形化工具来创建；二是通过书写 T-SQL 语句来创建。

创建索引的规则如下：

(1) 尽量避免在一个表上创建大量的索引，因为这样会影响插入、删除、修改数据的性能，进而降低系统的维护速度。

(2) 对于经常需要搜索的列，可以创建索引，包括主键列和频繁使用的外键列。

(3) 在经常需要根据范围进行查询的列上或经常需要排序的列上创建索引时，由于索引已经排序，因此其指定的范围是连续的，这样就可以利用索引的排序来节省查询时间。

1. 使用图形工具创建索引

在了解了创建索引的规则后，开始创建索引，下面介绍如何使用图形工具来创建索引。下面为数据库 BookDateBase 中的 Books 表创建一个不唯一性的非聚集索引 BookBigClass。

(1) 在 SQL Server Management Studio 中，连接到包含默认的数据库的服务器实例。

(2) 在"对象资源管理器"中，展开服务器→"数据库"→"学生管理系统"→"表"→"StuInfo"节点，右键单击"索引"节点，在弹出的菜单中选择"新建索引"命令。

(3) 在"新建索引"窗口的"常规"页面，可以配置"索引名称"，下拉选择"索引类型"，选择是否是"唯一"索引等，如图 8-2 所示。

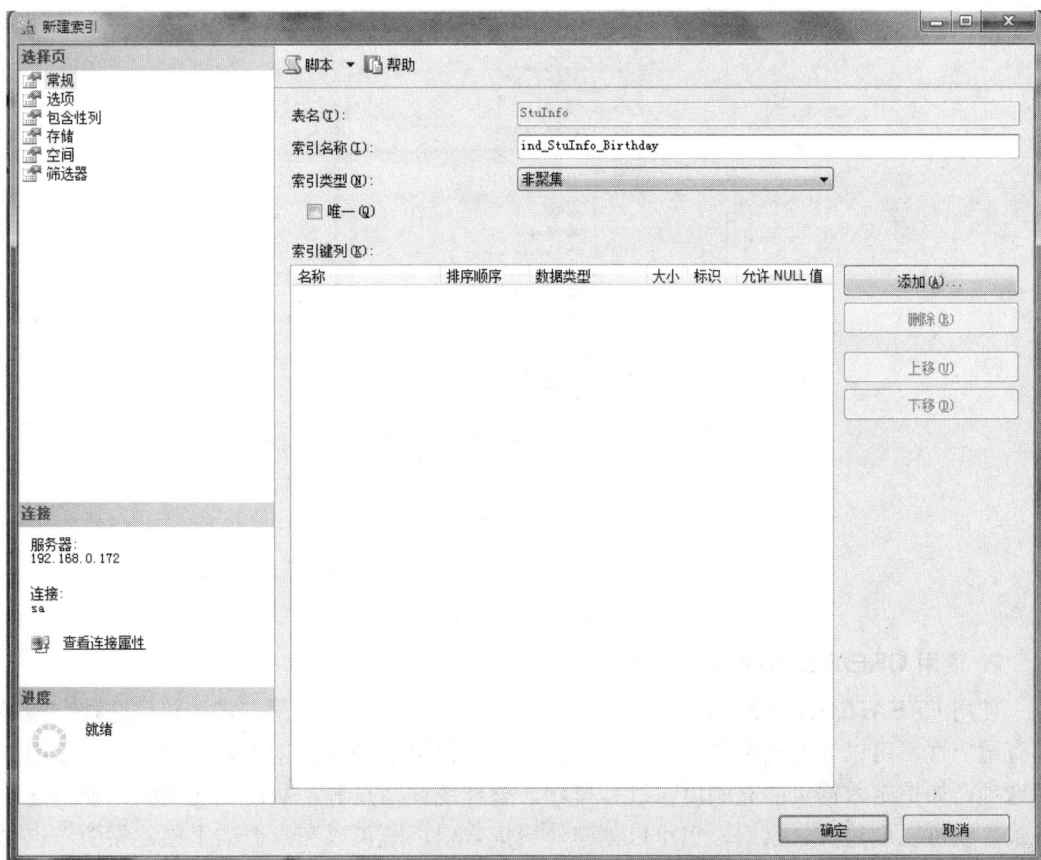

图 8-2　新建索引

(4) 单击"添加"按钮，打开"从'dbo.StuInfo'中选择列"窗口，在该窗口中的"表列"列表中勾选"birthday"复选框，如图 8-3 所示。

图 8-3　选择索引列

(5) 单击"确定"按钮，返回"新建索引"窗口，然后单击"新建索引"窗口中的"确定"按钮，对象资源管理器的"索引"节点下便生成了一个名为"ind_StuInfo_Birthday"的索引，如图 8-4 所示，说明该索引创建成功。

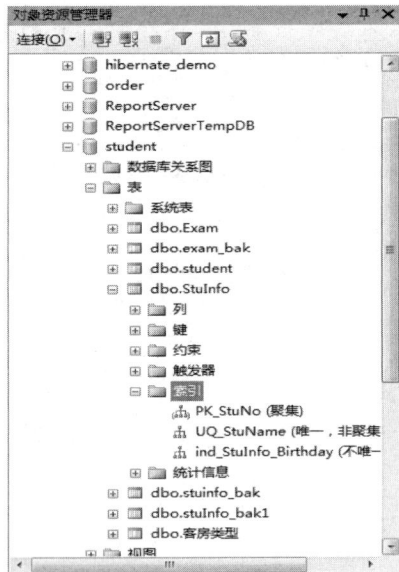

图 8-4　创建好的索引

2. 使用 CREATE INDEX 创建索引

使用 CREATE INDEX 语句来创建索引，是最基本的索引创建方式，并且这种方式最具有适应性，可以创建出符合自己需要的索引。在使用这种方式创建索引时，可以使用许多选项，如指定数据页的充满度，进行排序，整理统计信息等，从而优化索引。使用这种方式，既可以创建聚集索引，也可以创建非聚集索引，既可以在一个列上创建索引，也可以在两个或两个以上的列上创建索引。

在 SQL Server 2008 系统中，使用 CREATE INDEX 语句可以在关系表上创建索引，其基本的语法形式如下：

CREATE [UNIQUE] [CLUSTERED] [NONCLUSTERED] INDEX index_name

ON table_or_view_name (colum [ASC | DESC] [, …n]) [INCLUDE (column_name[, …n])]

  [WITH

  (PAD_INDEX = {ON | OFF}

   FILLFACTOR = fillfactor

   SORT_IN_TEMPDB = {ON | OFF}

   IGNORE_DUP_KEY = {ON | OFF}

   STATISTICS_NORECOMPUTE = {ON | OFF}

   DROP_EXISTING = {ON | OFF}

   ONLINE = {ON | OFF}

   ALLOW_ROW_LOCKS = {ON | OFF}

   ALLOW_PAGE_LOCKS = {ON | OFF}

   MAXDOP = max_degree_of_parallelism)[, …n]]

  ON {partition_schema_name(column_name) | filegroup_name | default}

下面逐一解释上述语法清单中的各个项目：

(1) UNIQUE：该选项表示创建唯一性的索引，在索引列中不能有相同的两个列值存在。

(2) CLUSTERED：该选项表示创建聚集索引。

(3) NONCLUSTERED：该选项表示创建非聚集索引。这是 CREATE INDEX 语句的默认值。

(4) 第一个 ON 关键字：它表示索引所属的表或视图，这里用于指定表或视图的名称和相应的列名称。列名称后面可以使用 ASC 或 DESC 关键字，来指定是升序还是降序排列，默认值是 ASC。

(5) INCLUDE：该选项用于指定将要包含到非聚集索引的页级中的非键列。

(6) PAD_INDEX：该选项用于指定索引的中间页级，也就是说为非页级索引指定填充度，这时的填充度由 FILLFACTOR 选项指定。

(7) FILLFACTOR：该选项用于指定页级索引页的填充度。

(8) SORT_IN_TEMPDB：该选项为 ON 时，用于指定创建索引时产生的中间结果，在 tempdb 数据库中进行排序；该选项为 OFF 时，在当前数据库中排序。

(9) IGNORE_DUP_KEY：该选项用于指定唯一性索引键冗余数据的系统行为。该选项为 ON 时，系统发出警告信息，违反唯一性的数据插入失败；该选项为 OFF 时，取消整个 INSERT 语句，并且发出错误信息。

(10) STATISTICS_NORECOMPUTE：该选项用于指定是否重新计算过期的索引统计信息。该选项为 ON 时，不自动计算过期的索引统计信息；该选项为 OFF 时，启动自动计算功能。

(11) DROP_EXISTING：该选项用于决定是否可以删除指定的索引，并且重建该索引。该选项为 ON 时，可以删除并且重建已有的索引；该选项为 OFF 时，不能删除重建。

(12) ONLINE：该选项用于指定索引操作期间基础表和关联索引是否可用于查询。该选项为 ON 时，不持有表锁，允许用于查询；该选项为 OFF 时，持有表锁，索引操作期间不能执行查询。

(13) ALLOW_ROW_LOCKS：该选项用于指定是否使用行锁，为 ON，表示使用行锁。

(14) ALLOW_PAGE_LOCKS：该选项用于指定是否使用页锁，为 ON，表示使用页锁。

(15) MAXDOP：该选项用于指定索引操作期间覆盖最大并行度的配置选项，主要目的是限制执行并行计划过程中使用的处理器数量。

下面通过一个具体的实例来说明如何使用 CREATE INDEX 创建索引。如果想要通过图形化工具创建名称为"index_商品名称"的唯一的非聚集索引，则可以通过如下代码进行创建：

```
USE BookDateBase
GO
CREATE UNIQUE NONCLUSTERED INDEX index_商品名称
ON Books(BigClass)
GO
```

任务四　修改和删除索引

和创建索引一样，管理索引的方法也有两种，即使用方便的图形工具和使用 T-SQL 语句。在本节中，将主要介绍如何使用 T-SQL 语句管理索引。

使用 ALTER INDEX 修改索引。ALTER INDEX 语句的基本语法形式如下：

(1) 重新生成索引：

　　ALTER INDEX index_name ON table_or_view_name REBUILD

(2) 重新组织索引：

　　ALTER INDEX index_name ON table_or_view_name RGORGANIZE

(3) 禁用索引：

　　ALTER INDEX index_name ON table_or_view_name DISABLE

上述语句中 index_name 表示所要修改的索引名称，table_or_view_name 表示当前索引基于的视图名。

下面看一个具体实例，使用 ALTER INDEX 语句将 StuInfo 表中的 ind_StuInfo_Birthday 索引修改为禁止访问，可以使用如下语句：

　　ALTER INDEX ind_StuInfo_Birthday ON StuInfo DISABLE

使用 DROP INDEX 删除索引，删除索引的语法与删除表的语法非常类似，如下：

　　DROP INDEX　　<table_or_view_name>.<index_name>

也可以使用如下语法格式：

　　DROP INDEX <index_name> ON　　<table_or_view_name>

下面使用 DROP INDEX 将 StuInfo 表中的 ind_StuInfo_Birthday 索引删除，可以使用如下两种语句：

　　DROP INDEX StuInfo.ind_StuInfo_Birthday

　　DROP INDEX ind_StuInfo_Birthday ON StuInfo

在删除索引时，要注意下面的一些情况：

(1) 当执行 DROP INDEX 语句时，SQL Server 释放被该索引占用的磁盘空间。

(2) 不能使用 DROP INDEX 语句删除由主键约束或唯一性约束创建的索引。要想删除这些索引，必须先删除这些约束。

(3) 当删除表时，该表全部的索引也将被删除。

(4) 当删除一个聚集索引时，该表的全部非聚集索引重新自动创建。

(5) 不能在系统表上使用 DROP INDEX 语句。

任务五　了解索引的优点与缺点

1. 索引的优点

(1) 加快访问速度；

(2) 加强行的唯一性。

2. 索引的缺点

(1) 带索引的表在数据库中需要更多的存储空间；

(2) 更新数据的命令需要更长的处理时间，因为它们需要对索引进行更新。

课堂作业：

(1) 请问 StuInfo 学员表中的 StuSex 性别字段适合建立索引吗？

(2) 请为 StuInfo 学员表中的 ClassId 字段建立一个普通索引。

任务六　认 识 视 图

可通过定义 SELECT 语句以检索将在视图中显示的数据来创建视图。SELECT 语句引用的数据表称为视图的基表。视图可以被看成虚拟表或存储查询。可通过视图访问的数据不作为独特的对象存储在数据库内。

1. 视图概述

视图是一种数据库对象，是从一个或多个基表(或视图)导出的虚表。视图的结构和数据是对数据表进行查询的结果。

视图被定义后便存储在数据库中，通过视图看到的数据只是存放在基表中的数据。当对通过视图看到的数据进行修改时，相应的基表的数据也会发生变化；同时，若基表的数据发生变化，这种变化也会自动地反映到视图中。

视图可以是一个数据表的一部分，也可以是多个基表的联合；视图也可以由一个或多个其他视图产生。

视图上的操作和基表类似，但是 DBMS 对视图的更新操作(insert、delete、update)往往存在一定的限制。DBMS 对视图进行的权限管理和对基表的权限管理也有所不同。

视图可以提高数据的逻辑独立性，也可以增加一定的安全性。DBMS 在处理视图时和基表存在很多不同之处，DBMS 处理视图时所涉及的内容说明如下：

(1) 定义：基于基表或视图；

(2) 数据：一般不单独存放；

(3) 查询：允许，和基表类似；

(4) 插入：有限制；

(5) 删除：有限制；

(6) 更新：有限制；

(7) 权限：有所不同。

视图的用途包括：

(1) 筛选表中的行。

(2) 防止未经许可的用户访问敏感数据。

(3) 降低数据库的复杂程度。

(4) 将多个物理数据库抽象为一个逻辑数据库。

2. 创建视图

视图提供了在一个或多个表中查看数据的替代方法。通过创建视图，可以对各种用户想要查看的信息进行限制。创建视图有两种方式：使用 T-SQL 语句创建视图和使用图形化工具创建视图。

1) 使用 T-SQL 语句创建视图

在 SQL Server 2008 中，使用 CREATE VIEW 语句创建视图，语法格式如下：

```
CREATE VIEW [ schema_name . ] view_name [ (column [ , … n ] ) ]
[ WITH <view_attribute> [ , …n ] ] AS
select statement
[ WITH CHECK OPTION ]
```

其中：

```
<view_attribute> ::= {[ENCRYPTION] [SCHEMABINDING] [VIEW_METADATA]}
```

相关参数的含义如表 8-1 所示。

表 8-1　视图相关参数的含义

参数名	含　义
schema_name	视图所属架构名
view_name	视图名
column	视图中所使用的列名，一般只有列是从算术表达式、函数或常量派生出来的或者列的指定名称不同于来源列的名称时，才需要使用
WITH CHECK OPTION	强制针对视图执行的所有数据修改语句都必须符合在 select_statement 中设置的条件
ENCRYPTION	加密视图
SCHEMABINDING	将视图绑定到基础表的架构
VIEW_METADATA	指定引用视图的查询请求浏览模式的元数据时，SQL Server 实例将向 DB-Library、ODBC 和 OLE DB API 返回有关视图的元数据信息，而不返回基表的元数据信息

下面使用 CREATE VIEW 语句创建一个基于 StuInfo 表的视图 VStuInfo。该视图要求包含学号、姓名、性别、年龄、住址，并要求只显示年龄小于等于 30 的学员信息。另外，还要对该视图进行加密，不允许查看该视图的定义语句。创建并访问这个视图可以使用如下语句：

```
--创建视图
CREATE VIEW VStuInfo
with encryption  --对视图加密
as
select StuNo, StuName, StuSex, StuAge, StuAddress from
StuInfo
where StuAge<=30
go
--访问视图
select * from VStuInfo
```

执行上面语句后，可以看到结果如图 8-5 所示。

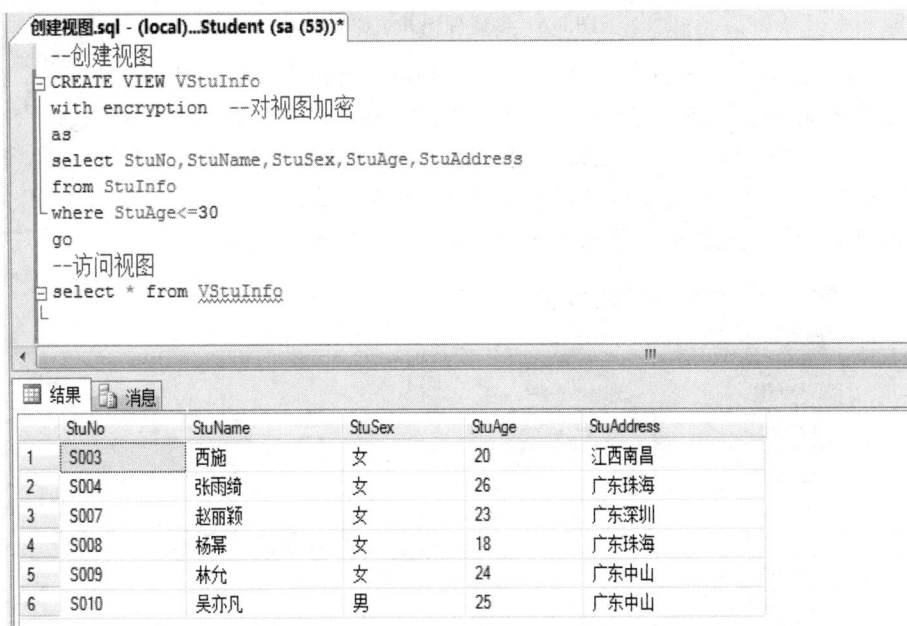

图 8-5　创建和使用视图

2) 使用图形工具创建视图

为数据库 Student 创建一个视图，要求连接 StuInfo 表和 Exam 表。操作步骤如下：

(1) 在 SQL Server Management Studio 中，展开数据库 Student，右键单击"视图"节点，在弹出的快捷菜单中选择"新建视图"。

(2) 打开"添加表"窗口，在此窗口中可以看到，视图的基表可以是表，也可以是视图、函数和同义词。在表中选择 StuInfo 表和 Exam 表，如图 8-6 所示。

(3) 在图 8-6 中单击"添加"按钮，如果还需要添加其他表，则可以继续选择添加表；如果不再需要添加，则可以单击"关闭"按钮，关闭"添加表"窗口。

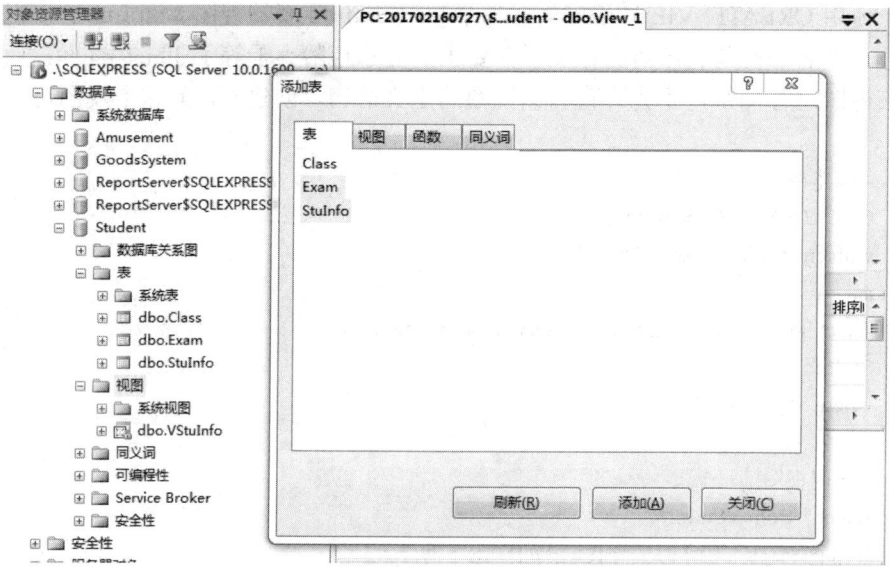

图 8-6　创建视图并添加表

(4) 在视图窗口的关系图窗格中，显示了 StuInfo 表和 Exam 表的全部列信息，在此可以选择视图查询的列，比如选择 StuInfo 表中的列 "StuNo" "StuName" "StuAge" "StuSex" 和 Exam 表中的列 "Written" "Lab"，对应地，在条件窗格中就列出了选择的列。在显示 SQL 窗格中显示了两表的连接语句，表示了这个视图包含的数据内容。单击执行 SQL 按钮 ，将在显示结果窗格中显示查询出的结果集，如图 8-7 所示。

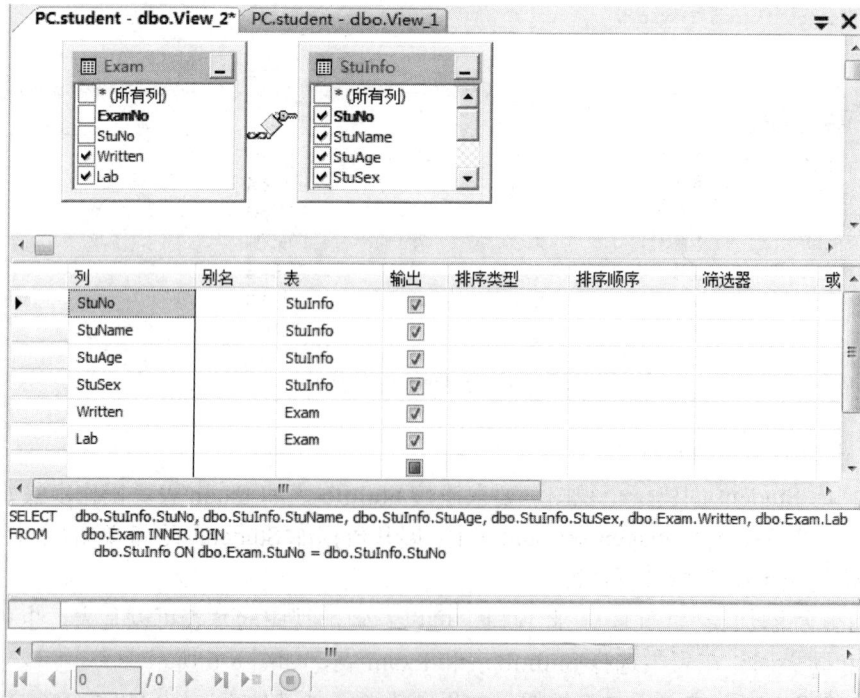

图 8-7　设置定义视图的查询条件

在主窗口中单击"保存"按钮,在弹出的"选择名称"窗口中输入视图名称"VstuExam",单击"确定"按钮,可以看到"视图"节点下增加了一个视图"VstuExam"。

任务七　管理视图

在创建了视图以后,就需要对视图进行管理,比如,修改视图的定义、删除不再需要的视图、查看视图的定义文本以及查看视图与其他数据库对象之间的依赖关系等。

1. 修改和删除视图

修改和删除视图与创建视图一样,也有两种方式:第一种方式是使用图形工具,第二种方式是通过 T-SQL 语句。

1) 使用图形工具修改和删除视图

例如,使用图形工具修改和删除视图数据库 student 中的一个视图 VStuExam,操作步骤如下:

(1) 在 SQL Server Management Studio 中,展开数据库 student,再展开"视图"节点。

(2) 右键单击 VStuExam 视图,从快捷菜单中选择相应的命令,这里可以选择"设计"和"删除"命令,如图 8-8 所示。

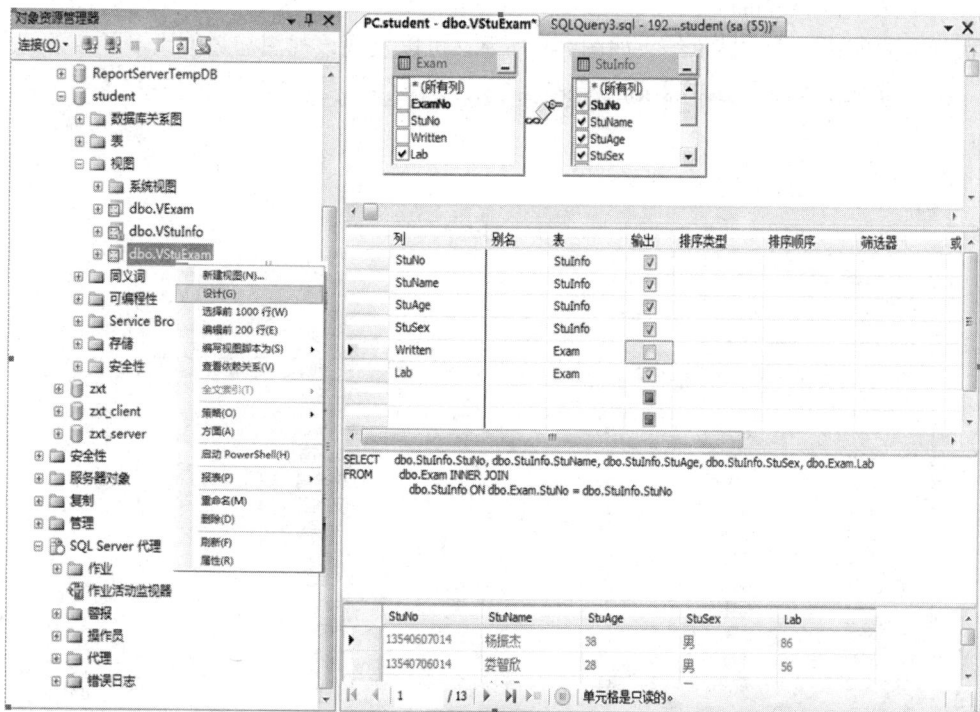

图 8-8　修改和删除视图

(3) 如果选择"删除"命令,则在打开的窗口单击"确定"按钮,即可完成删除操作。如果选择"设计"命令,则会打开一个与创建视图一样的窗口,如图 8-6 所示,用户可以在该窗口里面修改视图的定义。比如,可以重新添加表或删除一个表,还可以重新选择表中的列。修改完毕之后，单击“保存”按钮即可。

2) 使用 T-SQL 语句修改和删除视图

(1) 使用 ALTER VIEW 语句修改视图。ALTER VIEW 语句的语法与 CREATE VIEW 的语法类似，其语法格式如下：

```
ALTER VIEW [schema_name.] view_name [ (column [ , … n ] ) ] [ WITH
  <view_attribute> [ , … n ] ]
AS
  select_statement
  [WITH CHECK OPTION ]
```

例如，需要修改所建视图 VStuInfo，使其查询年龄小于等于 40 的学员信息，可以使用如下语句：

```
ALTER VIEW VStuInfo
with encryption as
select StuNo, StuName, StuSex, StuAge, StuAddress from
StuInfo
where StuAge<=40
go
select * from VstuInfo
```

执行上面的语句后，显示结果如图 8-9 所示，可以发现该视图与之前比多了 4 条记录。

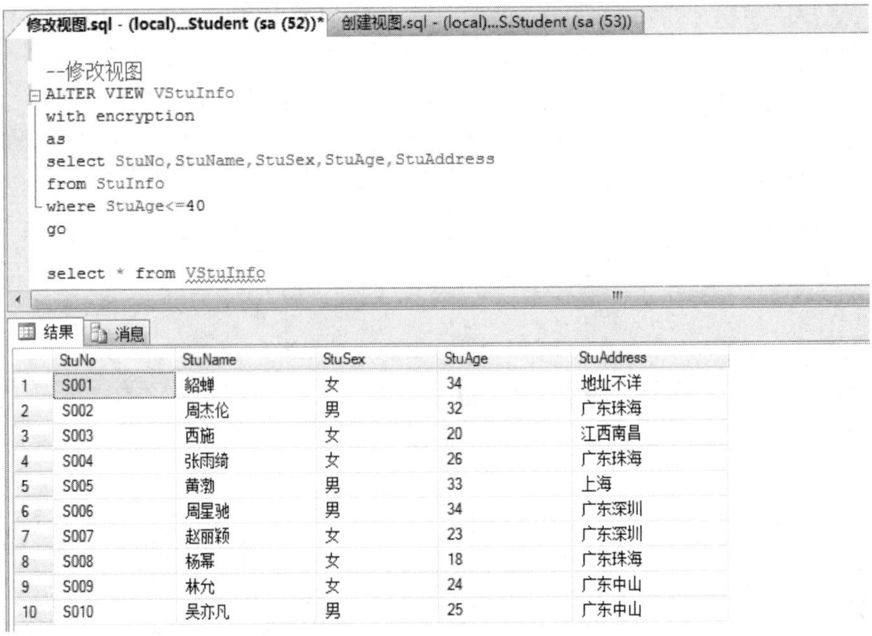

	StuNo	StuName	StuSex	StuAge	StuAddress
1	S001	貂蝉	女	34	地址不详
2	S002	周杰伦	男	32	广东珠海
3	S003	西施	女	20	江西南昌
4	S004	张雨绮	女	26	广东珠海
5	S005	黄渤	男	33	上海
6	S006	周星驰	男	34	广东深圳
7	S007	赵丽颖	女	23	广东深圳
8	S008	杨幂	女	18	广东珠海
9	S009	林允	女	24	广东中山
10	S010	吴亦凡	男	25	广东中山

图 8-9　修改后的 VStuInfo 视图显示结果

(2) 使用 DROP VIEW 语句删除视图。如果视图不再需要了，通过执行 DROP VIEW 语句，可以把视图的定义从数据库中删除。删除一个视图，就是删除其定义和赋予它的全部权限。删除一个表并不能自动删除引用该表的视图，因此，视图必须明确地删除。在 DROP VIEW 语句中，可以同时删除多个不再需要的视图。

DROP VIEW 语句的基本语法格式如下：

　　　DROP VIEW view_name

下面使用 DROP VIEW 语句删除视图 VStuInfo：

　　　DROP VIEW VStuInfo

删除一个视图后，虽然它所基于的表和数据不会受到任何影响，但是依赖于该视图的其他对象或查询将会在执行时出现错误。

删除视图后重建视图与修改视图对权限的影响不一样。删除一个视图，然后重建该视图，那么必须重新指定视图的权限。但是，当使用 ALTER VIEW 语句修改视图时，视图原来的权限不会发生变化。

2. 查看视图信息

SQL Server 允许用户获得视图的一些有关信息，如视图的名称、视图的所有者、创建时间、视图的定义文本等。视图的信息存放在以下几个 SQL Server 系统表中：

(1) Sysobjects：存放视图名称等基本信息。

(2) Syscolumns：存放视图中定义的列。

(3) Sysdepends：存放视图的依赖关系。

(4) Syscomments：存放定义视图的文本。

1）查看视图的基本信息

在企业管理器中可以查询视图的基本信息。可以使用系统存储过程 SP_HELP 来显示视图的名称、数据库拥有者及创建时间等信息。例如，查看视图 VStuInfo 的基本信息，可以使用如下语句：

　　　SP_HELP VStuInfo

执行上述语句后，显示结果如图 8-10 所示。

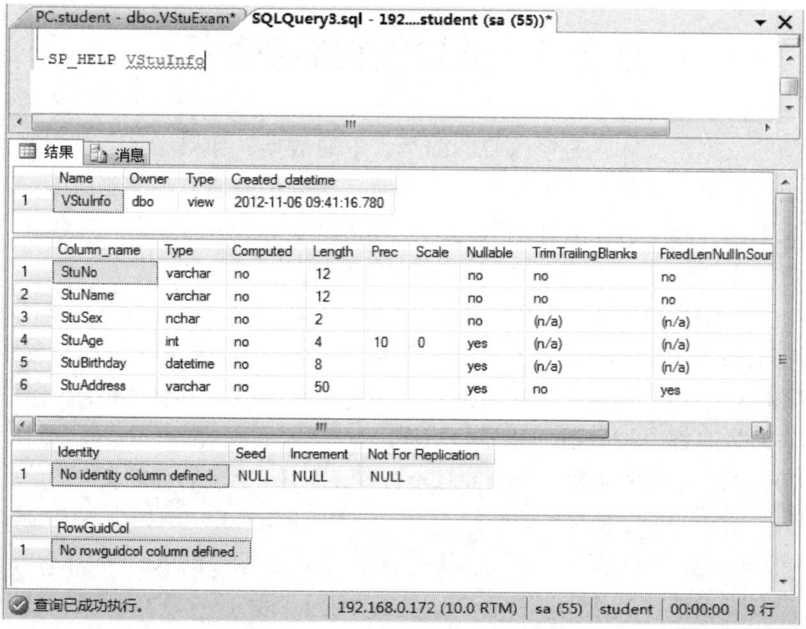

图 8-10　视图 VStuInfo 的基本信息

2) 查看视图的文本信息

如果视图在创建或修改时没有被加密，那么可以使用系统存储过程 SP_HELPTEXT 来显示视图定义的语句；如果视图被加密，那么连视图的拥有者和系统管理员都无法看到它的定义。例如，查看视图 VStuExam 的文本信息，可以使用如下语句：

　　　SP_HELPTEXT VStuExam

执行上面语句后，显示 VStuExam 视图的文本信息，如图 8-11 所示。

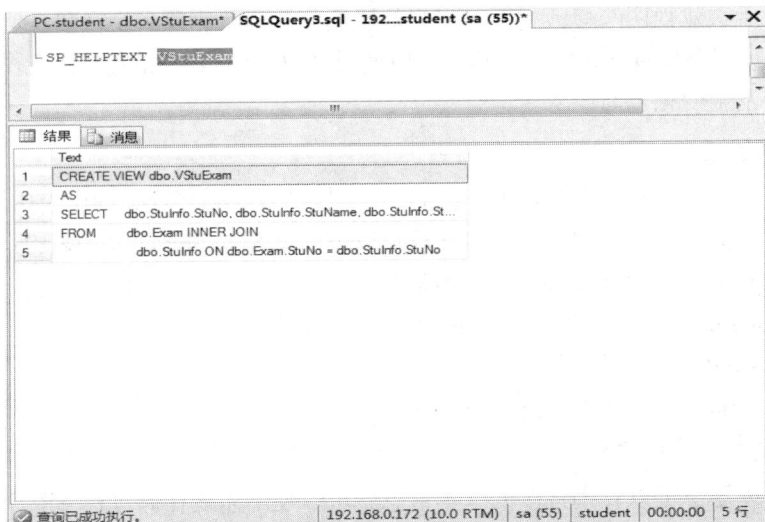

图 8-11　　VStuExam 视图的文本信息

如果查看的视图已被加密，则会返回该视图被加密的信息。例如，查看被加密的视图 VStuInfo，会返回信息"对象'VStuInfo'的文本已加密"。

任务八　通过视图更新数据

修改视图的数据，实际上是修改视图的基表中的数据。如果满足一些限制条件，可以通过视图自由地插入、删除和更新数据。一般地，如果希望通过视图修改数据，视图必须定义在一个表上，并且不包括合计函数，或在 SELECT 语句中不包括 GROUP BY 子句。在修改视图时，需要注意通过视图修改数据的以下准则：

(1) 如果在视图定义中使用了 WITH CHECK OPTION 子句，则所有在视图上执行的数据修改语句都必须符合定义视图的 SELECT 语句中所设置的条件。如果使用了 WITH CHECK OPTION 子句，则修改行时需注意不让它们在修改完成后从视图中消失。任何可能导致行消失的修改都会被取消，并显示错误。

(2) INSERT 语句必须为不允许空值并且没有 DEFAULT 定义的基础表中的所有列指定值。

(3) 在基础表的列中修改的数据必须符合对这些列的约束，例如为 Null 属性、约束及 DEFAULT 定义等。如果要删除一行，则相关表中的所有基础 FOREIGN KEY 约束必须仍然得到满足，删除操作才能成功。

(4) 不能使用由键集驱动的游标更新分布式分区视图(远程视图)。此项限制可通过在基表上而不是在视图本身上声明游标得到解决。

(5) bcp、BULK INSERT 或 insert…select* from OPENROWSET(BULK…)语句不支持将数据大量导入分区视图。但是，可以使用 INSERT 语句在分区视图中插入多行。有关详细信息，请参阅从视图大量导出数据或将数据大量导入视图。

(6) 不能对视图中的 text、ntext 或 image 列使用 READTEXT 语句和 WRITETEXT 语句。

1. 使用 insert 插入数据

使用视图插入数据与在基表中插入数据一样，都可以通过 INSERT 语句来实现。插入数据的操作是针对视图中的列的插入操作，而不是针对基表中的所有列的插入操作。由于使用视图插入数据不同于在基表中插入数据，因此使用视图插入数据要满足一定的限制条件：

(1) 使用 INSERT 语句进行插入操作的视图必须能够在基表中插入数据，否则插入操作会失败。

(2) 如果视图上没有包括基表中所有属性为 NOT NULL 的列，那么插入操作会由于属性为 NOT NULL 的列的 NULL 而失败。

(3) 如果视图中包含使用统计函数得到的结果，或者多个列值的组合，则插入操作不成功。

(4) 不能在使用了 DISTINGCT、GROUP BY 或 HAVING 语句的视图中插入数据。

(5) 如果创建视图的 CREATE VIEW 语句中使用了 WITH CHECK OPTION，那么所有对视图进行修改的语句必须符合 WITH CHECK OPTION 中的限定条件。

(6) 对于由多个基表连接而成的视图来说，一个插入操作只能作用于一个基表上。

2. 使用 update 修改数据

在视图中更新数据与在基表中更新数据一样，但是当视图基于多个基表中的数据时，与插入操作一样，每次更新操作只能更新一个基表中的数据。在视图中同样使用 update 语句进行更新操作，而且更新操作也受到与插入操作一样的限制条件。

例如，在前面介绍的视图 VStuInfo 中，将 VStuInfo 视图中刚刚增加的记录姓名修改为"johnson.liu"，则更新语句如下：

    update VStuInfo set stuName = 'johnson.liu' where stuNo = '0001'

如果通过视图修改多于一个基表中的数据，则对不同的基表要分别使用 update 语句来实现，这是因为每次只能对一个基表中的数据进行更新。

3. 使用 delete 删除数据

通过视图删除数据与通过基表删除数据的方式一样，在视图中删除的数据同时在基表中也被删除。当一个视图连接了两个以上的基表时，不允许对数据进行删除操作。

例如，删除视图 VStuInfo 中姓名为 johnson.liu 的记录，可以使用如下语句：

    delete from VStuInfo where stuName='johnson.liu'

> **小贴士**：虽然通过视图可以实现对基表数据的添加、修改、删除操作，但不建议这样做。通常使用视图是为了简化查询和限制对某些数据的访问。

课堂作业：请创建一个视图 VStuInfoExam，通过此视图可查看学号、姓名、笔试成绩、机试成绩。

任务九　管理事务

在业务处理中，通常一个业务不是一次操作完成的，也就是说，一个业务操作中会涉及多个表的多次操作，它们被认为是一个整体，不可或缺。假设这样一个场景，Join 和 Jack 是好朋友，Join 准备从 Jack 那里借来 5000 元钱，这也就意味着 Jack 的银行账户要减少 5000 元，而 Join 则需要增加 5000 元。在这样一个转账业务中，就包含了两次更新操作，它们是相互独立的，还是像前面说到的是一个整体呢？执行下面的语句：

```
Create table bank                --创建表
(
    Bid int identity(1, 1) primary key,
    Bname varchar(30) unique not null,    --姓名
    Blance money check(Blance >= 1)    --余额
)
Go
Insert into bank values('Join', 2000)    --插入测试数据
Insert into bank values('Jack', 5000)    --现在 Join 从 Jack 那里借来 5000 元
Update bank set Blance = Blance+5000 where Bname = 'join'
Update bank set Blance = Blance-5000 where Bname = 'Jack'
Go
Select * from bank    --查询交易后信息
```

执行后，发现第一条更新操作成功，第二条更新操作失败，因为触发了余额不能为零的检查约束。看到查询的结果后，发现一个问题，Join 卡里面的钱多了 5000 元，说明转账成功，但是 Jack 卡里面的钱并未减少，这样的转账业务处理可行吗？交易真的成功了吗？我们又该如何处理呢？下面介绍处理方法。

1. 什么是事务

从数据库用户的角度看，数据库中一些操作的集合通常被认为是一个独立单元。比如，从顾客的角度看，从支票账户到储蓄账户的资金转账是一次单独操作，而在数据库系统中这是由几个操作组成的。显然，这些操作要么全部发生，要么由于出错而不发生，因为我们无法接受资金从支票账户转出而未转入储蓄账户的情况，银行也无法接受资金已经支出却无法扣费的情况。

事务(transaction)是构成单一逻辑工作单元的操作集合。不论有无故障，数据库系统必须保证事务的正确执行——执行整个事务，或者属于该事务的操作一个也不执行。此外，数据库系统必须以一种能避免引入不一致性的方法来管理事务的并发执行。

事务是访问并可能更新各种数据项的一个程序执行单元，可以是一个包含对数据库进行各种操作的完整的用户程序(长事务)，也可以是只包含一个更新操作(插入、删除、修改)的短事务。例如，在关系数据库中，一个事务可以是一条 SQL 语句、一组 SQL 语句或整个程序。事务和程序是两个概念。一般来说，一个程序包含多个事务。

2. 事务的 ACID 属性

为了保证数据库中的数据总是正确的，确保 DBMS 能够在并发访问和系统发生故障时对数据进行维护，我们要求事务具有下列四个性质，称为事务的 ACID 性质。

1) 原子性(Atomicity)

一个事务对数据库的所有操作是一个不可分割的工作单元。这些操作要么全部执行，要么什么也不做。保证原子性是数据库系统本身的职责，由 DBMS 的事务管理子系统来实现。

2) 一致性(Consistency)

一个事务独立执行的结果应保持数据库的一致性，即数据不会因为事务的执行而遭受破坏。确保单个事务的一致性是编写事务的应用程序员的职责。在系统运行时，由 DBMS 的完整性子系统执行测试任务。

3) 隔离性(Isolation)

在多个事务并发执行时，系统应保证与这些事务先后单独执行时的结果一样，此时称事务达到了隔离性的要求，也就是在多个并发事务执行时，保证执行结果是正确的，如同单用户环境一样。隔离性是由 DBMS 的并发控制子系统实现的。

4) 持久性(Durability)

一个事务一旦完成全部操作后，它对数据库的所有更新就应永久地反映在数据库中，即使以后系统发生故障，也应保留这个事务执行的痕迹。事务的持久性由 DBMS 的恢复管理子系统实现。

事务是恢复和并发控制的基本单位，下面的讨论均以事务为对象。

保证事务的 ACID 属性是事务管理的重要任务，事务的 ACID 属性可能遭到破坏的因素有：

(1) 多个事务并发运行时，不同事务的操作交叉执行；

(2) 事务在运行过程中被强行终止。

在第一种情况下，数据库管理系统必须保证多个事务的交叉运行不影响这些事务的原子性。在第二种情况下，数据库管理系统必须保证被强行终止的事务对数据库和其他事务没有任何影响。这也分别是数据库管理系统中并发控制机制和恢复机制的责任。

3. 事务的状态

事务必须处于以下状态之一：

(1) 活动状态(active)：初始状态，事务能够执行时处于这个状态。

(2) 部分提交状态(partially committed)：最后一条语句被执行之后。

(3) 失败状态(failed)：发现正常的执行不能继续之后。

(4) 中止状态(aborted)：事务回滚并且数据库已被恢复到事务开始执行前的状态之后。

(5) 提交状态(committed)：成功完成之后。

只有在事务已进入提交状态后，才能说事务已提交。类似地，仅当事务已进入中止状态，才能说事务已中止。提交的或中止的事务被称为已经结束的事务。

事务从活动状态开始。当事务完成它的最后一条语句后，就进入了部分提交状态。此刻，事务已经完成执行，但由于实际输出可能仍临时驻留在主存储器中，而在其成功完成前可能出现硬件故障，因此事务仍有可能不得不中止。接着数据库系统往磁盘上写入足够的信息，确保即使出现故障时，事务所做的更新也能在系统重启后重新创建。当最后一条这样的信息被写完后，事务就进入了提交状态。

4. 事务的分类

在 SQL Server 中，事务可分为显式事务、隐性事务、自动提交事务。

1) 显式事务

显式事务用语句 Begin Transaction 和 Commit(或者 Rollback)显式地定义其开始和结束。显式事务模式持续的时间只限于该事务的持续期。当事务结束时，将返回到启动显式事务前所处的事务模式，即隐性模式或者自动提交模式。

2) 隐性事务

当连接以隐性事务模式操作时，SQL Server 将在当前事务结束后自动启动新事务，无需描述事务的开始，但每个事务仍以 Commit 或 Rollback 语句显式完成。隐性事务模式生成连续的事务链。

3) 自动提交事务

自动提交模式是 SQL Server 的默认事务管理模式，指每条单独的语句都是一个事务。每个 T-SQL 语句在完成时，都被提交或回滚。如果一个语句成功地完成，则提交该语句；如果遇到错误，则回滚该语句。只要自动提交事务没有被显式事务或隐性事务替代，SQL Server 连接就以该默认模式进行操作。当提交或回滚显式事务，或者关闭隐性事务模式时，SQL Server 将返回到自动提交模式。

5. 事务的语法

显式事务是事务三种类型中首先需要掌握的，其应用最多最广。下面讲解显式事务的基本语法及应用。显式事务的基本语法如下：

```
BEGIN TRANSACTION        --开启事务
COMMIT TRANSACTION       --提交事务
ROLLBACK TRANSACTION     --回滚事务
```

BEGIN TRANSACTION 代表一点，在该点上，由连接引用的数据在逻辑和物理上都是一致的。如果遇上错误，则在 BEGIN TRANSACTION 之后的所有数据改动都能进行回滚，以将数据返回到已知的一致状态。每个事务继续执行，直到它无误地完成并且用 COMMIT TRANSACTION 对数据库作永久的改动，或者遇上错误并且用 ROLLBACK TRANSACTION 语句擦除所有改动。显式事务应用的代码如下：

```
--开启事务
BEGIN TRANSACTION
declare @error int --定义变量，记录错误
set @error=0     --默认无错
Update bank set Blance=Blance+5000 where Bname='join'
set @error=@error+@@ERROR
Update bank set Blance=Blance-5000 where Bname='jack' set @error=@error+@@ERROR
if(@error<>0)        --如果错误号不为零，说明有操作出错
  begin
    raiserror('转账过程出错', 10, 1)
```

```
            rollback --回滚全部操作
        end
    else
        begin
            print '恭喜你，转账成功！'
            COMMIT          --提交所有操作
        end
```

  执行上述代码，系统给出了"转账过程出错"的提示。通过查询发现，数据前后保持不变，成功执行的一条语句也回滚了操作，没有发生改变，数据总量也保持不变，这样通过事务就实现了多次操作的一致性、整体性，符合业务需要和实际情况。

  ◇◇◇　**上 机 实 践**　◇◇◇

本次上机课总目标

  1. 理解索引的作用，掌握索引的创建和使用。
  2. 理解视图的作用，掌握视图的创建和使用。
  3. 理解事务的作用，掌握事务的创建和使用。

上机阶段一(20 分钟内完成)

  上机目的：
  (1) 理解索引的作用。
  (2) 掌握用图形工具和 SQL 语句创建索引的方法。

  上机要求：
  使用项目七上机任务中创建的 GoodsSystem 商品信息管理数据库完成下列任务：
  (1) 使用图形工具为 Goods 商品表中的[名称]字段创建唯一索引。
  (2) 使用 T-SQL 语句将刚才在[名称]字段上建立的唯一索引删除。
  (3) 使用 T-SQL 语句为 Goods 商品表中的[名称]字段创建唯一索引。

  推荐的实现步骤：
  (1) 启动 SQL Server 服务。
  (2) 登录 SQL 服务器，打开 SQL Server Management Studio 管理窗口。
  (3) 打开 GoodsSystem 商品信息管理数据库中的 Goods 商品表，使用图形工具为 Goods 商品表中的[名称]字段创建唯一索引。
  (4) 使用 T-SQL 语句将刚才在[名称]字段上建立的唯一索引删除。
  (5) 使用 T-SQL 语句为 Goods 商品表中的[名称]字段创建唯一索引。
  (6) 将编写好的 T-SQL 语句保存到"ch08 上机任务一.sql"文件中。

上机阶段二(40 分钟内完成)

上机目的:

(1) 理解视图的作用。

(2) 掌握用 T-SQL 语句创建视图的方法。

上机要求:

使用项目七上机任务中创建的 GoodsSystem 商品信息管理数据库完成下列任务:

(1) 创建视图,查询生产日期为 2017 年的商品的类型、名称、价钱。

(2) 创建视图,查询商品类型为"电子"的商品的名称、价钱、库存数量。

(3) 创建视图,查询所有商品类型对应的所有商品信息。

(4) 创建视图,查询价钱大于平均价钱的商品信息(商品类型、商品名称、价钱、生产日期、库存数量)。

推荐的实现步骤:

(1) 用 T-SQL 语句创建一个名为 VGoodsOne 的视图,查询生产日期为 2017 年的商品的类型、名称、价钱、生产日期。使用视图获取数据,如图 8-12 所示。

	类型	名称	价钱	生产日期
1	家电	冰箱	1777.14	2017-06-03 00:00:00.000
2	家电	微波炉	176.97	2017-02-26 00:00:00.000
3	电子	手机	2391.49	2017-05-07 00:00:00.000
4	电子	主机	797.17	2017-03-09 00:00:00.000
5	食品	老干妈	4.78	2017-07-06 00:00:00.000
6	食品	爽口榨菜	1.92	2017-06-08 00:00:00.000

图 8-12　视图获取数据 1

(2) 用 T-SQL 语句创建一个名为 VGoodsTwo 的视图,查询商品类型为"电子"的商品的类型、名称、价钱、库存数量。使用视图获取数据,数据按价钱降序排列,如图 8-13 所示。

	类型	名称	价钱	库存数量
1	电子	手机	2391.49	100
2	电子	显示器	944.37	100
3	电子	主机	797.17	100

图 8-13　视图获取数据 2

(3) 用 T-SQL 语句创建一个名为 VGoodsThree 的视图,查询所有商品类型对应的所有商品信息。使用视图获取数据,如图 8-14 所示。

	类型	名称	价钱	生产日期	库存数量
1	家电	冰箱	1777.14	2017-06-03 00:00:00.000	100
2	家电	电视	944.37	2016-10-04 00:00:00.000	100
3	家电	微波炉	176.97	2017-02-26 00:00:00.000	100
4	电子	手机	2391.49	2017-05-07 00:00:00.000	100
5	电子	显示器	944.37	2016-12-04 00:00:00.000	100
6	电子	主机	797.17	2017-03-09 00:00:00.000	100
7	食品	老干妈	4.78	2017-07-06 00:00:00.000	100
8	食品	爽口榨菜	1.92	2017-06-08 00:00:00.000	100
9	生活用品	NULL	NULL	NULL	NULL

图 8-14　视图获取数据 3

(4) 用 T-SQL 语句创建一个名为 VGoodsFour 的视图, 查询价钱大于平均价钱的商品信息 (类型、名称、价钱、生产日期、库存数量)。使用视图获取数据, 如图 8-15 所示。

	类型	名称	价钱	生产日期	库存数量
1	家电	冰箱	1777.14	2017-06-03 00:00:00.000	100
2	家电	电视	944.37	2016-10-04 00:00:00.000	100
3	电子	手机	2391.49	2017-05-07 00:00:00.000	100
4	电子	显示器	944.37	2016-12-04 00:00:00.000	100

图 8-15　视图获取数据 4

(5) 将编写好的 T-SQL 语句保存为 "ch08 上机任务二.sql"。

上机阶段三(30 分钟内完成)

上机目的:

(1) 理解事务的作用。

(2) 掌握事务的创建和使用方法。

上机要求:

使用项目七上机任务中创建的 GoodsSystem 商品信息管理数据库完成下列任务:

(1) 给商品信息表 Goods 的[库存数量]字段建立一个检查约束, 以保证库存数量必须大于等于 0。

(2) 添加一个商品销售表 Sales, 包含的字段有销售编号(主键)、商品编号(外键)、销售数量、销售日期。

(3) 使用 T-SQL 语句向商品销售表 Sales 添加一条销售数据: 销售了 10 台冰箱, 销售时间为 2017-05-20。商品信息表 Goods 中冰箱的库存数量减 10。根据是否错误确定提交还是撤销操作。

推荐的实现步骤:

(1) 给商品信息表 Goods 的[库存数量]字段建立一个检查约束, 以保证库存数量必须大于等于 0。

(2) 用 T-SQL 语句创建商品销售表 Sales。结合实际分析, 为每个字段(字段要求用英文)设置合适的数据类型, 并建立相应的约束。

(3) 使用事务实现如下操作。

使用 T-SQL 语句向商品销售表 Sales 添加一条销售数据: 销售了 10 台冰箱, 销售时间为 2017-05-20。将商品信息表 Goods 中冰箱的[库存数量]减 10, 如果成功则提交事务, 否则撤销事务。

冰箱销售前, 商品信息表和商品销售表的数据如图 8-16 所示。

冰箱销售成功后, 商品信息表和商品销售表的数据如图 8-17 所示。

	Id	TypeId	Name	Price	ProductionDate	Amount
1	1	1	冰箱	1777.14	2017-06-03 00:00:00.000	100
2	2	1	电视	944.37	2016-10-04 00:00:00.000	100
3	3	1	微波炉	176.97	2017-02-26 00:00:00.000	100
4	4	2	手机	2391.49	2017-05-07 00:00:00.000	100
5	5	2	显示器	944.37	2016-12-04 00:00:00.000	100
6	6	2	主机	797.17	2017-03-09 00:00:00.000	100
7	7	3	老干妈	4.78	2017-07-06 00:00:00.000	100
8	8	3	爽口榨菜	1.92	2017-06-08 00:00:00.000	100

	Id	GoodsId	Amount	SaleDate

图 8-16　商品销售前的数据

	Id	TypeId	Name	Price	ProductionDate	Amount
1	1	1	冰箱	1777.14	2017-06-03 00:00:00.000	90
2	2	1	电视	944.37	2016-10-04 00:00:00.000	100
3	3	1	微波炉	176.97	2017-02-26 00:00:00.000	100
4	4	2	手机	2391.49	2017-05-07 00:00:00.000	100
5	5	2	显示器	944.37	2016-12-04 00:00:00.000	100
6	6	2	主机	797.17	2017-03-09 00:00:00.000	100
7	7	3	老干妈	4.78	2017-07-06 00:00:00.000	100
8	8	3	爽口榨菜	1.92	2017-06-08 00:00:00.000	100

	Id	GoodsId	Amount	SaleDate
1	1	1	10	2017-05-20 00:00:00.000

图 8-17　商品销售成功后的数据

如果冰箱销售数量是 300，超过了库存数量，则是一次失败的销售，提示如图 8-18 所示。

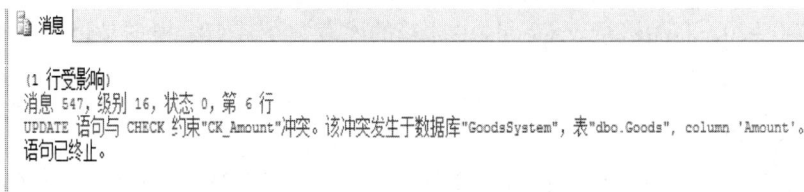

```
消息
(1 行受影响)
消息 547, 级别 16, 状态 0, 第 6 行
UPDATE 语句与 CHECK 约束"CK_Amount"冲突。该冲突发生于数据库"GoodsSystem"，表"dbo.Goods", column 'Amount'。
语句已终止。
```

图 8-18　商品销售失败后的提示

(4) 将编写好的 T-SQL 语句保存为"ch08 上机任务三.sql"。

◇◇◇　作　业　◇◇◇

一、选择题

1. 下列有关索引说法正确的是(　　)。(选 2 项)

A. 索引可以节省磁盘空间

B. 索引可以提高查询速度

C. 索引在执行插入、修改、删除数据时会更快

D. 表中的每个字段都应该建立索引

E. 在拥有 300 行记录的数据表中没必要建立索引

2. 在 StuInfo 表的 StuName 字段建立的索引属于(   )。(选 1 项)

A. 唯一索引，非聚集索引　　　　　　　B. 非唯一索引，非聚集索引

C. 聚集索引，非唯一索引　　　　　　　D. 唯一索引，聚集索引

3. 建立索引的目的是(   )。(选 1 项)

A. 简化查询操作　　　　　　　　　　　B. 加快数据库的打开速度

C. 提高数据安全性　　　　　　　　　　D. 提高数据检索的速度

4. SQL Server 中的视图可以基于(   )创建。(选 1 项)

A. 索引　　　　　　　　　　　　　　　B. 视图

C. 基本表或视图　　　　　　　　　　　D. 数据库

5. 在 SQL Server 中，可以创建视图的命令是(   )。(选 1 项)

A. CREATE DATABASE　　　　　　　　B. CREATE INDEX

C. CREATE VIEW　　　　　　　　　　D. CREATE TABLE

6. 关于视图，下列说法错误的是(   )。(选 1 项)

A. 视图是一种虚拟表　　　　　　　　　B. 视图可以存储数据

C. 视图也可由视图派生出来　　　　　　D. 视图里保存的是 SELECT 查询语句

7. 关于使用视图，下列说法正确的是(   )。(选 1 项)

A. 视图中的数据不可以删除　　　　　　B. 视图中的数据不可以修改

C. 在视图中不可以插入数据　　　　　　D. 不建议在视图中更新数据

8. 以下不是事务特征的是(   )。(选 1 项)

A. 原子性　　　　　B. 一致性　　　　　C. 隔离性

D. 随意性　　　　　E. 持久性

9. 用于提交事务的命令是(   )。(选 1 项)

A. BEGIN TRANSACTION　　　　　　　B. COMMIT TRANSACTION

C. ROLLBACK TRANSACTION　　　　　D. END TRANSACTION

10. 下列有关事务说法不正确的是(   )。(选 1 项)

A. 事务可分为显式事务、隐性事务、自动提交事务

B. 事务里的 SQL 语句要么都执行，要么都不执行

C. 事务里的 SQL 语句可以只执行一部分

D. 一个事务可以是一条 SQL 语句或一组 SQL 语句

二、简答题

1. 简述索引的缺点。

2. 一个表可以有几个聚集索引，几个非聚集索引？

3. 简述视图的用途。

4. 事务有几种？

5. ROLLBACK TRANSACTION 起什么作用?

6. 简述索引的优点。

7. 索引分为几种类型?

8. 简述视图与表的关系。

9. 事务有什么特征?

10. COMMIT TRANSACTION 起什么作用?

三、操作题

1. 为 StuInfo 表的[学员姓名]字段创建一个非聚集索引。

2. 创建一个视图,查询参加考试学员的学号、姓名、性别、笔试成绩、机试成绩。

3. 创建两个事务,实现张三借给李四 1000 元和 500 元。

项目九 存储过程

在大型数据库系统中，存储过程具有很重要的作用。它是 SQL 语句和流程控制语句的集合。存储过程在运算时生成执行方式，所以，以后其再运行时，执行速度会很快。SQL Server 不仅提供了用户自定义存储过程的功能，而且提供了许多可作为工具使用的系统存储过程。

在 SQL Server 2008 中，存储过程和触发器是两个重要的数据库对象。使用存储过程，可以将 T-SQL 语句和控制流语句预编译到集合并保存到服务器端，它使得管理数据库、显示关于数据库及其用户信息的工作更为容易。

本项目主要内容：

(1) 存储过程的作用和优点；

(2) 用户存储过程的创建和应用；

(3) 用户存储过程的参数传递；

(4) 常用的系统存储过程。

任务一 预 习

1. 什么是存储过程？存储过程有哪些优点？

2. 如何创建用户存储过程？

3. 用户存储过程输出参数的关键字是什么？

4. 常用的系统存储过程有哪些？

任务二 认识存储过程

T-SQL 语句是应用程序与 SQL Server 数据库之间的主要编程接口，程序员进行数据库编程时，大量的时间将花费在 T-SQL 语句和应用程序代码上。在很多情况下，许多代码被重复使用多次，每次都输入相同的代码，不但烦琐，而且客户机上的大量命令语句逐条向 SQL Server 发送，将降低系统的运行效率。因此，SQL Server 提供了一种方法，它将一些固定的操作集中起来由 SQL Server 数据库服务器来完成，应用程序只需调用它的名称，就可实现某个特定的任务，这种方法就是存储过程。下面将详细介绍存储过程的概念、特点、创建、执行等内容。

1. 存储过程概述

SQL Server 中，为了实现特定任务，T-SQL 语言将一些需要多次调用的、固定的操作编写成子程序,并集中以一个存储单元的形式存储在服务器上,由 SQL Server 数据库服务器通过子程序名来调用它们,这些子程序就是存储过程。

存储过程是一种数据库对象,存储在数据库内,可由应用程序通过一个调用执行,而且允许用户声明变量、有条件地执行,具有很强的编程功能。存储过程可以使用 EXECUTE 语句来运行。

在 SQL Server 中使用存储过程,而不使用存储在客户端计算机本地的 T-SQL 程序有以下几个方面的好处:

(1) 加快系统运行速度。存储过程只在创建时进行编译,以后每次执行都无需再重新编译,而一般的 SQL 语句每执行一次就要重新编译一次,所以使用存储过程可提高数据库的执行速度。

(2) 封装复杂操作。当对数据库进行复杂操作时(如对多个表进行更新、删除时),可用存储过程将此复杂操作封装起来,与数据库提供的事务处理结合在一起使用。

(3) 实现代码重用。可以实现模块化程序设计,存储过程一旦创建,即可在程序中任意调用多次,这可以改进应用程序的可维护性,并允许应用程序统一访问数据库。

(4) 增强安全性。可设定特定用户,使其具有对指定存储过程的执行权限,而不具有对存储过程中引用的对象的执行权限。可以强制应用程序的安全性,参数化存储过程有助于保护应用程序不被 SQL 注入式的攻击。

(5) 减少网络流量。因为存储过程只是存储在服务器上,而并不在服务器上运行,所以一个需要数百行 T-SQL 代码的操作,对于存储过程而言,只需要通过一条执行过程代码就可以实现,而不需要在网络中发送数百行代码,这样就可以减少网络流量。

2. 存储过程的优点

当利用 MicroSoft SQL Server 创建一个应用程序时,T-SQL 是一种主要的编程语言。若运用 T-SQL 来进行编程,有两种方法。一是在本地存储 T-SQL 程序,并创建应用程序,向 SQL Server 发送命令来对结果进行处理。二是把部分用 T-SQL 编写的程序作为存储过程存储在 SQL Server 中,并创建应用程序来调用存储过程,对数据结果进行处理。存储过程能够通过接收参数向调用者返回结果集,结果集的格式由调用者确定;返回状态值给调用者,指明调用是成功或是失败;包括针对数据库的操作语句,并且可以在一个存储过程中调用另一存储过程。

我们通常更偏爱于使用第二种方法,即在 SQL Server 中使用存储过程而不是在客户计算机上调用 T-SQL 编写的一段程序,原因在于存储过程具有以下优点:

(1) 存储过程允许标准组件式编程。存储过程在被创建以后可以在程序中被多次调用,而不必重新编写该存储过程的 SQL 语句。而且数据库专业人员可随时对存储过程进行修改,但对应用程序源代码毫无影响(因为应用程序源代码只包含存储过程的调用语句),从而极大地提高了程序的可移植性。

(2) 存储过程能够实现较快的执行速度。如果某一操作包含大量的 T-SQL 代码或分别被多次执行,那么存储过程要比批处理的执行速度快很多。因为存储过程是预编译的,在首次运行一个存储过程时,查询优化器对其进行分析、优化,并给出最终被存在系统表中的执行计划。而批处理的 T-SQL 语句在每次运行时都要进行编译和优化,因此速度相对要慢一些。

(3) 存储过程能够减少网络流量。对于同一个针对数据库对象的操作(如查询、修改)，如果这一操作所涉及的 T-SQL 语句被组织成一个存储过程，那么当在客户计算机上调用该存储过程时，网络中传送的只是该调用语句，否则将是多条 SQL 语句，从而大大增加了网络流量，降低网络负载性能。

(4) 存储过程可被作为一种安全机制来充分利用。系统管理员通过对执行某一存储过程的权限进行限制，从而能够实现对相应的数据访问权限的限制，避免非授权用户对数据的访问，保证数据的安全。

3. 存储过程的分类

存储过程是一个被命名的存储在服务器上的 T-SQL 语句的集合，是封装重复性工作的一种方法；它支持用户声明的变量，支持条件执行并支持实现其他强大的编程功能。

在 SQL Server 2008 中存储过程可以分为两类：用户存储过程和其他存储过程(系统存储过程、扩展性存储过程)。

用户存储过程是指用户根据自身需要，为完成某一特定功能，在用户数据库中创建的存储过程。用户创建存储过程时，存储过程名的前面加上"##"，表示创建全局临时存储过程；在存储过程名前面加上"#"，表示创建局部临时存储过程。局部临时存储过程只能在创建它的会话中使用，当前会话结束时除去。全局临时存储过程可以在所有会话中使用，即所有用户均可以访问该过程。它们都存储在 tempdb 数据库中。

存储过程可以接收输入参数，向客户端返回表格或者标量结果和消息，调用数据定义语言(DDL)和数据操作语言(DML)，然后返回输出参数。在 SQL Server 2008 中，用户定义的存储过程有两种类型，即 T-SQL 和 CLR，如表 9-1 所示。

表 9-1 用户定义的存储过程的两种类型

存储过程类型	说 明
T-SQL	T-SQL 存储过程是指保存的 T-SQL 语句集合，可以接收和返回用户提供的参数。存储过程也可能从数据库向客户端应用程序返回数据
CLR	CLR 存储过程是指对 Microsoft .NET Framework 公共语言运行时方法的引用，可以接收和返回用户提供的参数。它们在.NET Framework 程序集中是作为类的公共静态方法实现的

系统存储过程是由 SQL Server 系统提供的存储过程，可以作为命令执行各种操作。扩展存储过程是通过在 SQL Server 环境外执行的动态链接库(DLL，Dynamic-Link Librar-ies)来实现的。扩展存储过程通过前缀"xp_"来标识，它们以与存储过程相似的方式来执行，详细的内容将在本书后续章节中介绍。

任务三 创建和使用用户存储过程

在使用用户存储过程之前，首先需要创建一个存储过程，这可以通过 T-SQL 语句 CREATE PROCEDURE 来完成。存储过程的使用，包括对存储过程的执行、查看、修改以及删除操作。

1. 创建用户存储过程

在 SQL Server 2008 中,可以使用 T-SQL 语句 CREATE PROCEDURE 来创建存储过程。在创建存储过程时,应该指定所有的输入参数、执行数据库操作的编程语句、返回至调用过程或批处理时以示成功与否的状态值、捕获和处理潜在错误时的错误处理语句等。

需要强调的是,必须具有 CREATE PROCEDURE 权限,才能创建存储过程;存储过程是架构作用域中的对象,只能在本地数据库中创建。

1) 创建存储过程的规则

在设计和创建存储过程时,应该满足一定的约束和规则。只有满足了这些约束和规则,才能创建有效的存储过程。创建存储过程的规则有以下几个。

(1) CREATE PROCEDURE 定义自身可以包括任意数量和类型的 SQL 语句,但表 9-2 中的语句除外,因为不能在存储过程的任意位置使用这些语句。

表 9-2　CREATE PROCEDURE 定义中不能出现的语句

create AGGREGATE
create DEFAULT
create 或 alter FUNCTION
create 或 alter PROCEDURE
set PARSEONLY
set SHOWPLAN_TEXT
use Database_name
create RULE
create SCHEMA
create 或 alter TRIGGER
create 或 alter VIEW
set SHOWPLAN_ALL
set SHOWPLAN_XML

(2) 可以引用在同一存储过程中创建的对象,只要引用时已经创建了该对象即可。

(3) 可以在存储过程内引用临时表,如果在存储过程内创建了本地临时表,则临时表仅在该存储过程有效时存在;退出该存储过程后,临时表将消失。

(4) 如果执行的存储过程将调用另一个存储过程,则被调用的存储过程可以访问由第一个存储过程创建的所有对象,包括临时表在内。

(5) 如果执行对远程 SQL Server 2008 实例进行更改的远程存储过程,则不能回滚这些更改,而且远程存储过程不参与事务处理。

(6) 存储过程中的参数个数的最大数目为 100。存储过程中的局部变量的最大数目仅受可用内存的限制。根据可用内存的不同,存储过程最大可达 128 MB。

2) 使用图形工具创建存储过程

除了直接编写 T-SQL 语句创建用户存储过程外，SQL Server 2008 还提供了一种简便的创建用户存储过程的方法，即使用 SQL Server Management Studio 工具。操作步骤如下：

(1) 打开 SQL Server Management Studio 窗口，连接到 Student 数据库。

(2) 依次展开服务器→"数据库"→"Student"→"可编程性"节点。

(3) 在列表中右键单击"存储过程"节点，选择"新建存储过程"命令，然后将出现如图 9-1 所示的显示 CREATE PROCEDURE 语句的模板，可以修改要创建的存储过程的名称，然后加入存储过程所包含的 SQL 语句。

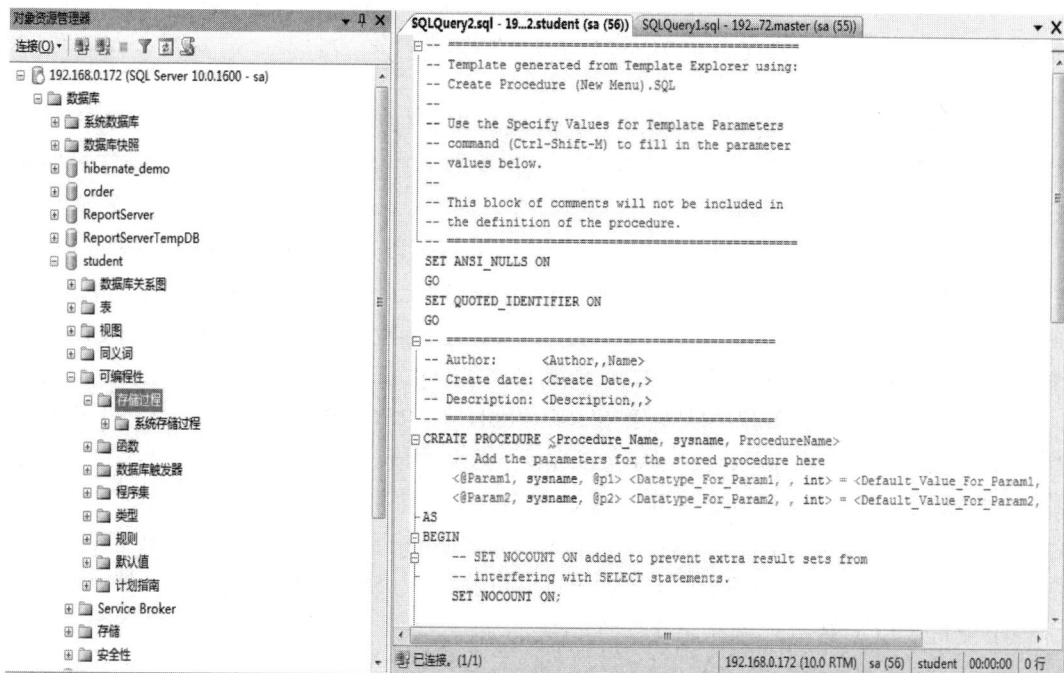

图 9-1　创建存储过程

(4) 修改完后，单击"执行"按钮即可创建一个存储过程。

3) 存储过程的语法

使用 CREATE PROCEDURE 语句创建存储过程的语法如下：

```
CREATE PROCEDURE procedure_name
[{@parameter    data_type}
[VARYING][ = default][OUTPUT]][, …n]
[WITH
{RECOMPILE|ENCRYPTION|RECOMPILE, ENCRYPTION
}] [FOR REPLICATION]
AS sql_statement[…n]
```

其主要参数含义如下：

(1) Procedure_name：新存储过程的名称。过程名称在架构中必须唯一，可在

procedure_name 前面使用一个数字符号"#"来创建局部临时过程，使用两个数字符号"##"来创建全局临时过程。对于 CLR 存储过程，不能指定临时名称。

(2) @parameter：过程中的参数。在 CREATE PROCEDURE 语句中可以声明一个或多个参数。除非定义了参数的默认值或者将参数设置为等于另一个参数，否则用户必须在调用过程中为每个声明的参数提供值。如果指定了 FOR REPLICATION(指定为复制创建该过程，且仅在复制过程中执行)，则无法声明参数。

(3) data_type：参数的数据类型。所有数据类型均可以用作存储过程的参数。不过 cursor 数据类型只能用于 OUTPUT 参数。如果指定的数据类型为 cursor，则还必须指定 VARYING 和 OUTPUT 关键字。对于 CLR 存储过程，不能指定 char、varchar、text、next、image、cursor 和 table 作为参数。如果参数的数据类型为 CLR 用户定义类型，则必须对此类型有 EXECUTE 权限。

(4) default 参数的默认值。如果定义了 default 值，则无须指定此参数的值即可执行过程。默认值必须是常量或 NULL。如果过程使用带 like 关键字的参数，则可包含下列通配符：%、_、[]、[^]。

(5) OUTPUT：指示参数是输出参数。此选项的值可以返回给调用 EXECUTE 的语句。使用 OUTPUT 参数将值返回给过程的调用方。除非是 CLR 过程，否则 text、ntext 和 image 参数不能用作 OUTPUT 参数。OUTPUT 关键字的输出参数可以为游标占位符，CLR 过程除外，<sql_statement>包含在过程中的一个或多个 T-SQL 语句中。

(6) WITH {RECOMPILE | ENCRYPTION | RECOMPILE, ENCRYPTION}：RECOMPILE 表明 SQL Server 不会缓存该过程的计划，该过程将在运行时重新编译。在使用非典型值或临时值并且尽可能不覆盖缓存在内存中的执行计划时，请使用 RECOMPILE 选项。ENCRYPTION 表示 SQL Server 加密 syscomments 表中包含 CREATE PROCEDURE 语句文本的条目。使用 ENCRYPTION 可防止将过程作为 SQL Server 复制的一部分发布。

4) 使用 T-SQL 语句创建存储过程的示例

例如，需要查询机试考试成绩通过的学生的信息，可以编写一个存储过程来实现它，代码如下：

```
Use student
Go
If exists (select * from sysobjects where name = 'proc_stu_storeOne') Drop procedure
proc_stu_storeOne
Go
Create proc proc_stu_storeOne AS        --创建不带参无返回值的存储过程
Print '机试考试成绩通过学生信息如下:'
Select * from StuInfo s, Exam e where s.stuNo = e.stuNo and e.lab >= 60
Go
--Exec proc_stu_storeOne  - 调用存储过程
```

执行上面的存储过程后，控制台输出了所有机试考试成绩通过的学生的信息。这是一个非常简单的存储过程。实际上，在创建存储过程的时候，可以处理非常复杂的业务问题，存储过程中允许包含定义变量，使用各种逻辑控制语句等。

2. 执行存储过程

在需要执行存储过程时，可以使用 T-SQL 语句 EXECUTE。如果存储过程是批处理中的第一条语句，那么不使用 EXECUTE 关键字也可以执行该存储过程。EXECUTE 语法格式如下：

[{ EXEC | EXECUTE }]

[@return_status=]

{ procedure_name @procedure_name_var }

@parameter = [{ value | @variable [OUTPUT] | [DEFAULT] }][, …n] [WITH RECOMPILE]

主要参数的含义如下：

(1) @return_status：一个可选的整型变量，保存存储过程的返回状态。这个变量在用于 EXECUTE 语句前，必须在批处理、存储过程或函数中声明过。

(2) procedure_name：要调用的存储过程名称。

(3) @procedure_name_var：局部定义变量名，代表存储过程名称。

(4) @parameter：过程参数，在 CREATE PROCEDURE 语句中定义。参数名称前必须加上符号@。

(5) value：过程中参数的值。如果参数名称没有指定，则参数值必须以 CREATE PROCEDURE 语句中定义的顺序给出。如果参数值是一个对象名称、字符串或通过数据库名称或所有者名称进行限制，则整个名称必须用单引号括起来。如果参数值是一个关键字，则该关键字必须用双引号括起来。

(6) @variable：用来保存参数或者返回参数的变量。

(7) OUTPUT：指定存储过程必须返回一个参数。该存储过程的匹配参数也必须由关键字 OUTPUT 创建。使用游标变量作参数时，使用该关键字。

(8) DEFAULT：根据过程的定义，提供参数的默认值。当过程需要的参数值是事先没有定义好的默认值，或缺少参数，或指定了 DEFAULT 关键字时，就会出错。

下面，通过 EXECUTE 语句来执行刚才的存储过程，使用语句如下：

EXECUTE proc_stu_storeOne --存储过程

运行 EXECUTE 语句无须权限，但是需要有对 EXECUTE 字符串内引用的对象的权限。例如，如果字符串包含 INSERT 语句，则 EXECUTE 语句的调用方对目标表必须具有 INSERT 权限。

除使用 EXECUTE 直接执行外，还可以将存储过程嵌入到 INSERT 语句中执行。这样操作时，INSERT 语句将把本地或远程存储过程返回的结果集加入到一个本地表中。SQL Server 2008 会将存储过程中的 SELECT 语句返回的数据载入表中，前提是表必须存在并且数据类型必须匹配。

3. 存储过程参数

存储过程的优势不仅在于存储在服务器端、运行速度快，还有重要的一点就是存储过程可完成的功能非常强大，特别是在 SQL Server 2008 中。此处将介绍如何在存储过程中使用参数，包括输入参数、出参数以及参数的默认值等。

1) 参数的定义

SQL Server 2008 的存储过程可以使用两种类型的参数：输入参数和输出参数。参数用于在存储过程和应用程序之间交换数据，其中：

(1) 输入参数允许用户将数据值传递到存储过程或函数。

(2) 输出参数允许存储过程将数据值或游标变量传递给用户。

(3) 每个存储过程向用户返回一个整数代码，如果存储过程没有显示设置返回代码的值，则返回代码为 0。

存储过程的参数在创建时，应在 CREATE PROCEDURE 和 AS 关键字之间定义，每个参数都要指定参数名和数据类型，参数名必须以@符号为前缀，可以为参数指定默认值；如果是输出参数，则应用 OUTPUT 关键字描述。各个参数定义之间用逗号隔开，具体语法如下：

```
@parameter_name data_type [=default] [OUTPUT]
```

2) 输入参数

输入参数指在存储过程中有一个条件，在执行存储过程时为这个条件指定值，通过存储过程返回相应的信息。使用输入参数可以用同一存储过程多次查找数据库。例如，可以创建一个存储过程用于返回 Student 数据库上某学员机试考试成绩及格的信息。通过为同一存储过程指定及格的分数，来返回机试及格的学员。

在本任务的使用 T-SQL 创建存储过程的示例中，创建了一个无参存储过程，查询出机试考试成绩通过学员的信息，在实现中，假设达到 60 分即为及格，那么能否做出改变，取出符合指定分数线的学生的信息？

这时需要将设定的分数传给系统，也就是在编程中传递参数。面编写一个带有参数的存储过程来实现它，代码如下：

```
use Student
GO
If exists (select * from sysobjects where name = 'proc_stu_storeTwo')
        Drop procedure proc_stu_storeTwo
Go
Create proc proc_stu_storeTwo As        --创建带参无返回值的存储过程
@inScore int     --定义一个输入参数，可以有多个，逗号间隔，可以设置默认值
As
Print '机试考试成绩通过学生信息如下:'
If(@inscore>0)
   Select * from StuInfo s, Exam e where s.stuNo = e.stuNo and e.lab >= @inScore Else
      Print '你输入的分数不正确，要大于 0 分!' Go
Exec proc_stu_storeTwo 50 --存储过程，查询 50 分以上的学生信息
```

执行上述代码后，将创建一个存储过程，它只带一个参数，通过在调用时传递不同的数值，查询出了不同分数段的学生信息，方便快捷。

3) 使用默认参数值

执行存储过程 proc_stu_storeTwo 时，如果没有指定参数，则系统运行就会出错；如果希望不给出参数也能够正确运行，则可以通过给参数设置默认值来实现。因此，如果要将

proc_stu_store Two 存储过程修改为默认值为 60 分表示机试成绩及格,则可以运行下列代码:

```
If exists (select * from sysobjects where name = 'proc_stu_storeTwo')
        Drop procedure proc_stu_storeTwo
Go
Create proc proc_stu_storeTwo      --创建带参无返回值的存储过程
@inScore int = 60                  --定义一个输入参数,可以有多个,逗号间隔,可以设置默认值
As
Print '机试考试成绩通过学生信息如下:'
If(@inscore > 0)
    Select * from StuInfo s, Exam e where s.stuNo = e.stuNo and e.lab >= @inScore Else
    Print '你输入的分数不正确,要大于 0 分!'
Go
Exec proc_stu_storeTwo 50      --调用存储过程,查询指定分以上的学生信息
Exec proc_stu_storeTwo        --调用存储过程,没传值,则使用默认值,查询指定分以上的学生信息
```

4) 输出参数

通过定义输出参数,可以从存储过程中返回一个或多个值。为了使用输出参数,必须在 CREATE PROCEDURE 语句和 EXECUTE 语句中指定关键字 OUTPUT。在执行存储过程时,如果忽略 OUTPUT 关键字,则存储过程仍会执行,但不返回值。

例如,在上面示例的基础上,添加新的要求,查询出指定分数段学生的信息,并获取相应人数,代码如下:

```
If exists (select * from sysobjects where name='proc_stu_storeThree')
    Drop procedure proc_stu_storeThree
Go
Create proc proc_stu_storeThree    --创建带参无返回值的存储过程
@inScore int=60,                   --定义一个输入参数,可以有多个,逗号间隔,可以设置默认值
@num int output                    --定义一个输出参数,可以有一个或多个
As
Print '机试考试成绩通过学生信息如下:'
If(@inScore>0)
    begin
        Select * from StuInfo s, Exam e where s.stuNo=e.stuNo and e.lab>=
        @inScore Select @num = count(*) from StuInfo s, Exam e
        where s.stuNo=e.stuNo and e.lab>=@inScore end
else
    Print '你输入的分数不正确,要大于 0 分!'
Go
```

为了接收某一存储过程的返回值,需要一个变量来存放返回参数的值,在该存储过程的调用语句中,必须为这个变量加上 OUTPUT 关键字来声明。下面的代码显示了如何调用 proc_stu_storeThree,并将得到的结果返回到@count 中。

```
Declare @count int
--调用存储过程，获取指定分以上的学生信息和人数
Exec proc_stu_storeThree 50, @count output
Print '分数超过的人数为' + convert(varchar(10), @count)
```

5) 存储过程的返回值

存储过程在执行后都会返回一个整型值。如果执行成功，则返回 0；否则，返回 −1～−99 之间的随机数。也可以使用 RETURN 语句来指定一个存储过程的返回值。例如，下面创建一个名为 proc_rand 的存储过程，用于计算两个参数的和。本例使用 SET 语句，但是也可以使用 SELECT 语句来组织一个字符串，语句如下：

```
CREATE PROC proc_rand
@a int = 0, @b int = 0, @c int = 0 OUTPUT
AS
Set @c = @a+@b
Return @c
```

其中，@c 参数由 OUTPUT 关键字指定。在执行这个存储过程时，需要指定一个变量存放返回值，然后再显示出来。如下为一个调用这个存储过程的示例：

```
DECLARE @intc int
EXEC proc_rand 6, 2, @intc OUTPUT
SELECT '两个之和为' + STR(@INTC)
```

4. 删除存储过程

可以使用 DROP PROCEDURE 语句从当前的数据库中删除用户定义的存储过程。删除存储过程的基本语法如下：

```
DROP PROCEDURE {procedure}[, …n]
```

下面的语句将删除 proc_rand 存储过程：

```
DROP PROC proc_rand
```

如果另一个存储过程调用某个已被删除的存储过程，则 SQL Server 2008 将在执行调用过程时，显示一条错误消息。但是，如果定义了具有相同名称和参数的新存储过程来替换已被删除的存储过程，那么引用该过程的其他过程仍能成功执行。

5. 管理存储过程

在 SQL Server 2008 系统中，可以使用 OBJECT_DEFINITION 系统函数查看存储过程的内容，使用 ALTER PROCEDURE 语句修改已存在的存储过程。

1) 查看存储过程信息

在 SQL Server 2008 系统中，可以使用系统存储过程和目录视图来查看有关存储过程的信息。如果希望查看存储过程的定义信息，则可以使用 sys.sql_modules 目录视图、OBJECT_DEFINITION 系统函数、sp_helptext 系统存储过程等。例如，下面代码使用 OBJECT_DEFINITION 系统函数查看 proc_GetReaderBookscount 存储过程的定义内容。

```
SELECT OBJECT_DEFINITION (OBJECT_ID(N'proc_GetReaderBookscount'))
```

如果在创建存储过程时使用了 WITH ENCRYPTION 子句，则将隐藏存储过程定义文本的信息，上面的语句将不能查看到具体的文本信息。

使用 sys.sql_dependencies 对象目录视图、sp_depends 系统存储过程等可以查看存储过程的依赖信息。使用 sys.objects、sys.procedure、sys.parameters、sys.numbered_procedures 等目录视图可以查看有关存储过程的名称、参数等信息。

2) 修改存储过程

可以使用 ALTER PROCEDURE 语句来修改现有的存储过程，修改存储过程与删除和重建存储过程不同，因为它仍保持存储过程的权限不发生变化。在使用 ALTER PROCEDURE 语句修改存储过程时，SQL Server 2008 会覆盖之前定义的存储过程。修改存储过程的基本语法如下：

```
ALTER PROCEDURE procedure_name[;number]
[{@parameter data_type}
[VARYING][=default][OUTPUT]
]
[, …n]
[WITH { RECOMPILE|ENCRYPTION|RECOMPILE, ENCRYPTION}]
[FOR REPLICATION]
AS
sql_statement[…n]
```

修改存储过程的语法中的各参数与创建存储过程语法中的各参数相同，这里不再重复介绍。在使用 ALTER PROCEDURE 语句时，应考虑以下几方面的事项：

(1) 如果要修改具有任何选项的存储过程，例如 WITH ENCRYPTION 选项，则必须在 ALTER PROCEDURE 语句中包括该选项，以保留该选项提供的功能。

(2) ALTER PROCEDURE 语句只能修改一个单一的过程，如果过程调用了其他存储过程，则嵌套的存储过程不受影响。

在默认状态下，允许该语句的执行者是存储过程最初的创建者、sysadmin 服务器角色成员和 db_owner 与 db_ddladmin 固定的数据库角色成员，用户不能授权执行 ALTER PROCEDURE 语句。

建议不要直接修改系统存储过程，相反，可以通过从现有的存储过程中复制语句来创建用户定义的系统存储过程，然后修改它以满足要求。

课堂作业：请创建一个存储过程，通过此存储过程可查询机试和笔试都及格的学员信息(显示学号、笔试成绩、机试成绩)。

任务四 学习其他存储过程

在 SQL Server 2008 中内置了许多存储过程，它们有时也被称为系统存储过程。同时，SQL Server 2008 还支持扩展存储过程，即调用第三方 DLL 文件的能力，通常它们与系统存储过程一起使用。

1．系统存储过程

系统存储过程主要用来从系统表中获取信息，为系统管理员管理 SQL Server 提供帮助，为用户查看数据库对象提供方便。例如，执行 sp_helptext 系统存储过程可以显示规则、默认值、未加密的存储过程、用户函数、触发器或视图的文本信息；执行 sp_depends 系统存储过程可以显示有关数据库对象相关性的信息；执行 sp_rename 系统存储过程可以更改当前数据库中用户创建对象的名称。SQL Server 中的许多管理工作是通过执行系统存储过程来完成的，许多系统信息也可以通过执行系统存储过程来获得。

系统存储过程定义在系统数据库 master 中，其前缀是 sp_。在调用时不必在存储过程前加上数据库名。在 SQL Server 2008 中，许多管理活动和信息活动都可以使用系统存储过程来执行，这些系统存储过程可分为表 9-3 所示的类型。

表 9-3　系统存储过程分类

类　　型	描　　述
活动目录存储过程	用于在 Windows 的活动目录中注册 SQL Server 实例和 SQL Server 数据库
目录访问存储过程	用于实现 ODBC 数据字典功能，并且隔离 ODBC 应用程序，使之不受基础系统表更改的影响
游标存储过程	用于实现游标变量功能
数据库引擎存储过程	用于 SQL Server 数据库引擎的常规维护
数据库邮件和 SQL Mail 存储过程	用于从 SQL Server 实例内执行电子邮件操作
数据库维护计划存储过程	用于设置管理数据库性能所需的核心维护任务
分布式查询存储过程	用于实现和管理分布式查询
全文搜索存储过程	用于实现和查询全文索引
日志传送存储过程	用于配置、修改和监视日志传送配置
自动化存储过程	用于在 T-SQL 批处理中使用 OLE 自动化对象
通知服务存储过程	用于管理 Microsoft SQL Server 2008 系统的通知服务
复制存储过程	用于管理复制操作
安全性存储过程	用于管理安全性
Profile 存储过程	在 SQL Server 代理用于管理计划的活动和事件驱动活动
Web 任务存储过程	用于创建网页
XML 存储过程	用于 XML 文本管理

虽然 SQL Server 2008 中的系统存储过程被放在 master 数据库中，但是仍可以在其他数据库中对其进行调用，而且在调用时，不必在存储过程名前加上数据库名。甚至当创建一个新数据库时，一些系统存储过程会在新数据库中被自动创建。

SQL Server 2008 支持表 9-4 所示的系统存储过程，这些存储过程用于对 SQL Server 2008 实例进行常规维护。

表 9-4 系统存储过程及其说明

系统存储过程	说 明
sp_databases	列出服务器上的所有数据库
sp_helpdb	报告有关指定数据库或所有数据库信息
sp_renamedb	更改数据库的名称
sp_tables	返回当前环境下可查询的对象列表
sp_columns	返回指定表中列的信息
sp_help	返回指定表的信息
sp_helpconstraint	查看指定表的约束
sp_helpindex	查看指定表的索引
sp_stored_procedure	查看当前环境下所有的存储过程
sp_password	添加或修改账户登录密码
sp_helptext	显示默认值，未加密的存储过程，用户定义的存储过程，触发器或视图的实际文本

常用系统存储过程使用案例如下：

```
Exec sp_databases              --列出当前系统中的数据库
Exec sp_renamedb 'mydb', 'mydb2'    --改变数据库名称
Use mydb2
Exec sp_tables        --查看当前数据库中可查询对象的列表
Exec sp_columns stu   --查看 stu 表中所有列的信息
```

2. 扩展存储过程

扩展存储过程就是用来保存在动态链接库(DLL)中从动态链接中执行的 C++代码。在多数情况下，扩展存储过程与其他系统存储过程一起执行，它们很少单独使用。下面列出了两个可以单独使用的扩展存储过程：

(1) xp_cmdshell：用于执行命令提示符下的 DOS 程序。例如，dir 命令和 md 命令(更改目录)。在需要 SQL Server 2008 创建一个用来自动存档 Bulk Copy Program(BCP)文件或此类文件的目录时，可以使用该存储过程。例如：

```
Exec xp_cmdshell 'mkdir E:\stuDB'    --在 E 盘创建名称为 stuDB 的文件夹
```

(2) xp_fileexist：用于测试文件是否存在，可以使用该存储过程。

例如，下面代码演示了如何使用 xp_fileexist 测试 C 盘下的 boot.ini 文件是否存在。如果@Result 等于 1，则文件存在；如果等于 0，则文件不存在。具体语句如下：

```
USE Master
GO
DECLARE @Result int
EXEC xp_fileexist 'c:\boot.ini', @Result OUTPUT
```

　　　　SELECT @Result AS 是否存在

　　上述语句第 3 行声明一个保存输出参数的变量，第 4 行用一个输出参数调用该过程，第 5 行显示输出结果。这里要注意的是，必须在主数据库 Master 中进行。上述语句的运行结果如图 9-2 所示。

图 9-2　测试文件是否存在

　　例如，要获取当前 SQL Server 2008 服务器的计算机名称，可以使用扩展存储过程完成，语句如下：

　　　　EXECUTE MASTER..XP_GETNETNAME

　　上面语句的执行结果如图 9-3 所示。

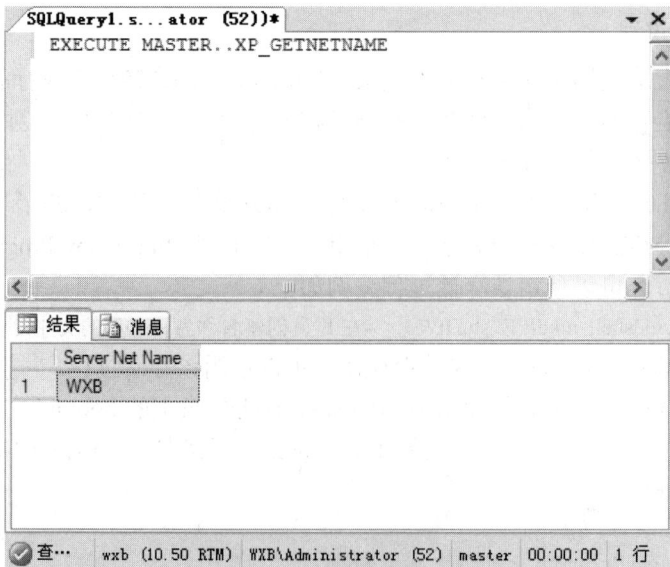

图 9-3　查看计算机名称

其他常规的扩展存储过程：

(1) xp_enumgroups：提供 Windows 本地组列表或在指定 Windows 域中定义的全局组列表。

(2) xp_findnextmsg：接收输入的邮件 ID 并返回输出的邮件 ID，需要与 xp_processmail 配合使用。

(3) xp_grantlogin：授予 Windows 组或用户对 SQL Server 的访问权限。

(4) xp_logevent：将用户定义消息记入 SQL Server 日志文件和 Windows 事件查看器。

(5) xp_loginconfig：报告 SQL Server 2008 实例在 Windows 上运行时的登录安全配置。

(6) xp_logininfo：报告账户、账户类型、账户的特权级别、账户的映射登录名和账户访问 SQL Server 的权限路径。

(7) xp_msver：返回有关 SQL Server 2008 的版本信息。

(8) xp_revokelogin：撤销 Windows 组或用户对 SQL Server 的访问权限。

(9) xp_sprintf：设置一系列字符和值的格式并将其存储到字符串输出参数中。每个格式参数都用相应的参数替换。

(10) xp_sqlmaint：用包含 sqlmaint 开关的字符串调用 sqlmaint 实用工具，在一个或多个数据库上执行一系列维护操作。

(11) xp_sscanf：将数据从字符串读入每个格式参数所指定的参数位置。

任务五　学习异常处理与调试(自学内容)

当代码产生错误时，在该场合下代码将不可能继续运行，因为所得到的结果是错误结果。这时候就用到了异常处理和调试。

1. 异常处理

在 SQL Server 中进行异常处理时，要了解的第一件事情是系统中有没有可用的"异常处理器"机制。如果错误发生，那么在该场合下将不可能继续运行该代码，因为所得结果将是错误结果。运行时产生的严重错误会给 SQL Server 带来两方面的问题：一方面，所有当前的数据访问的对象模型都传递了错误消息；另一方面，在客户端应用程序中存在这样的错误都可以进行适当处理。

1) 处理内嵌错误

内嵌错误是一种令人讨厌的错误，它会让 SQL Server 一直运行，却不能得到期望的结果。在内嵌错误产生的执行结果中，一般来说，错误号是可以利用的一点。

@@ERROR 包含了最后一条 T-SQL 语句执行的错误号。如果值为 0，那么表示没有错误发生。每次都用新的语句对@@ERROR 这种警告复位，这意味着如果想要延迟分析值，或者想多次使用该值，就需要将该值移入到其他地方存储起来，为此定义了一个局部变量。实际上，过程访问信息的唯一部分就是错误号。该错误号驻留在@@ERROR 中，用于下一条 T-SQL 语句，在下一条语句中，该错误号就会消失。

2) 在错误发生之前处理错误

有时 SQL Server 并没有真正有效的方式确定发生的错误到底是什么，这时，如果想在错误发生之前阻止错误的发生，就需要检查程序并提前加以处理。

3) 手工提示错误

有时会遇到 SQL Server 实际上并不知道的一些错误，但我们希望它知道。例如，我们不希望返回 −100，相反，希望能在客户端产生运行错误，而客户端使用的时候能够唤醒异常处理并进行相应的处理。要完成这一点，就要用到在前面的章节中已经提及的手工抛出错误消息的方法，就是需要在 T-SQL 中使用 RAISERROR 命令。语法非常简单：

　　　　RAISERROR(<message ID | message string>, <severity>, <state>[, <argument> [, <…n>]])

　　　　[WITH option[, …n]]

消息 ID/消息串消息 ID 或者消息串决定了发送到客户端的消息。使用消息 ID 创建一个手工提示错误，该错误有指定的 ID 与在 master 数据库中的 sysmessages 表中找到的 ID 相关的消息。也可以不用特定的文本形式提供消息串，这样可以不用在 sysmessages 中产生永久的消息。

错误等级是对该错误有多严重的指示，本质上它们可以在信息级别(错误严重等级 1～18)到系统级(19～25)之间变动。如果提供一个错误严重等级为 19 的错误或更高(系统层)级的错误，那么必须指定 WITH LOG 选项。错误等级为 20 或者更高时会自动终止用户的连接。SQL Server 实际上的变化范围比 Windows NT 的还要大，它们主要分成六组，如表 9-5 所示。

表 9-5　错误严重等级

错误严重等级	解　　释
1～9	纯粹只是信息，但返回消息信息中的特定错误代码。不管在 RAISERROR 中设置了什么，都将提供相同值作为代码
10	也是信息，但不会在客户端产生错误，而且除了提供错误文本以外，不会提供特定错误消息
11～16	这些值会终止存储过程的执行，而且在客户端产生错误。从这一点向前看，该状态显示的值就是所设置的值
17	通常，只有 SQL Server 使用该错误严重等级。基本上，它指示 SQL Server 已经用尽了所有资源且不能满足需要
18～19	这些都是严重错误，而且暗示着需要系统管理员注意潜在原因。对于第 19 级错误，需要使用 WITH LOG 选项，如果使用了 OS 系列，则事件将显示在 Windows NT 或 Windows 2000 的事件日志中
20～25	本质上，这是一个致命错误，连接被终止。对于第 19 级错误，我们必须使用 WITH LOG 选项，如果可以使用，则消息将显示在事件日志中

　　状态值是一个特定值，它能辨认在代码中发生的错误的多个位置。此概念使我们有机会为确认发生的错误发送位置标志。状态值可以是 1～127 之间的任意值。

　　错误参数是指一些预先定义的错误可以接收参数。通过改变错误的指定属性允许错误做动态修改。也可以指定错误消息的格式，以接收参数。当希望在某种静态错误消息中利用动态信息的时候，需要规定信息的固定部分的格式，以便在参数化的部分留有足够空间，可以用占位符处理。

　　WITH<option>在枚举一个错误时，可以混合使用三个选项：LOG、SETERROR、NOWAIT。WITH LOG(采用日志)：告诉 SQL Server 将错误记录到 SQL Server 的错误日志和 Windows NT 应用程序日志中。这种选项用于错误严重等级是 19 或者更高的错误。WITH SETERROR(采用 SETERROR)：在默认情况下，RAISERROR 命令不用产生错误值设置 @@ERROR，相反，@@ERROR 将影响 RAISERROR 命令的成功与失败。SETERROR 克服了这一点，并设置@@ERROR 的值等于错误 ID。WITH NOWAIT(不等待)：立即向客户端通报错误。

　　4) 添加自己定制的错误消息

　　在前面的章节中我们也提到了，可以使用特定的系统存储过程将消息添加到系统中。该过程叫 sp_addmessage，语法如下：

```
sp_addmessage [ @msgnum= ] <msg id>,
[@severity = ] <severity>,
[@msgtext = ] < 'msg'>
[, [@lang = ] <'language'> ]
[, [@with_log = ] [ TRUE | FALSE ]]
[, [@replace = ] 'replace' ]
```

各参数说明如下：

　　(1) @lang：说明该消息所应用的语言。优点是可以为 syslanguages 中支持的任何语言提供消息的不同版本。

　　(2) @with_log：这与它在 RAISERROR 中的工作方式相同，如果将其设置为 TRUE，那么在错误产生时自动把错误消息记录到 SQL Server 的错误日志和 Windows NT 应用程序日志中。这里的技巧是要通过将该参数值设置为 TRUE 而不是使用 WITH LOG 选项设置来记录该消息。

　　(3) @replace：如果要编辑一条现有的消息而不是创建一条新的消息，那么就必须将 @replace 参数设置为 "replace"。如果省略了这一点，那么一旦消息存在，就会出错。

　　(4) 使用 sp_addmessage：创建消息的方式与使用 RAISERROR 创建特定消息的方式相同。

　　(5) 删除现有的定制消息：要删除定制消息，可以使用 sp_dropmessage<msg num>，大家可以结合前面章节中的案例再次仔细研究。

2. 调试

　　SQL Server 2008 删除了所有高度功能(把调试功能放到了产品中，但是要获得高度功能，必须使用作为 Business Intelligence Development Studio 一部分的 Visual Studio 安装程序), 不过调试工具仍在 Management Studio 中, 甚至比以前更好了。

1) 启动调试器

SQL Server 2008 中的调试器很容易找到。使用调试器的方法与 VB 或 C#中是一样的, 它类似于大多数现代调试器, 只需选择"调试"菜单(当"查询"窗口活动时可用), 然后从选项中选择启动方式: Start Debugging(Alt+F5)或 Step Into(F11)。

2) 调试器的组成

当首次弹出"调试"窗口时, 需要注意左边的箭头指示了当前执行的代码行, 如果选择"运行"或是开始单步执行代码, 那么这就是下一行将要执行的代码。

"调试"窗口顶部有一些图标来指示不同的选项, 如图 9-4 所示。

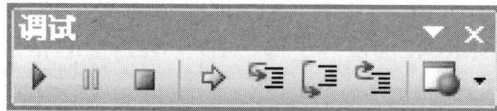

图 9-4 调试器

下面介绍调试器的组成部分:

(1) "继续"是指将运行至存储过程的末尾或下一个断点。

(2) "逐语句"是指将运行下一行代码并且在运行接下来的代码行前停止, 而不管代码位于哪个过程或函数中。如果执行的当前代码行调用一个存储过程或函数, 那么"逐语句"选项会去调用该存储过程或函数, 把它添加到调用堆栈中, 使本地窗口显示新嵌套的存储过程而不是父存储过程, 并且在嵌套的存储过程的第一行代码处停止。

(3) "逐过程"是指将执行转到调用堆栈中同一层的上一条语句必须的每一行代码。如果没有调用另外一个存储过程和 UDF, 那么这个命令和"逐语句"选项一样。如果调用了另一个存储过程或 UDF, 那么"逐过程"选项会转到紧接着那个存储过程或 UDF 返回它的值的位置的语句。

(4) "跳出"是指会执行到调用堆栈中下一个最高点为止的每一行代码。也就是说, 会一直运行下去, 直到到达了与当前所处的代码调用层次相同的那一层次。

(5) "停止调试"的功能是立即停止执行, 但是调试窗口仍然是打开的。

(6) "断点"是指可以通过单击代码窗口的左边空白区域来设置断点。设置断点是用来告诉 SQL Server, 当在调试模式下运行代码时, 在此处停止。对于不想处理每一行代码的大型存储过程或函数, 断点就很有用, 因为这些大型存储过程或函数只是希望代码运行到某一点并且每次到达该处时停止。

3) 使用调试器

打开了调试器窗口, 下面就开始调试代码。如果你已经开始了一部分调试, 则可以选择关闭调试器并重启它。

这里的存储过程的第一个执行的代码行具有一些欺骗性, 它是@WorkingIn 的声明语句。通常, 变量声明是不可执行的, 但这里, 将初始化变量作为声明的一部分, 因此调试器看到了初始化代码。

◇◇◇ **上 机 实 践** ◇◇◇

本次上机课总目标

1. 掌握存储过程的创建和调用方法。
2. 灵活运用存储过程解决数据库开发中的各种问题。

上机阶段一(30 分钟内完成)

上机目的:

(1) 掌握无参存储过程的创建和调用方法。

(2) 灵活运用存储过程解决数据库开发中的各种问题。

上机要求:

使用前面项目上机任务中创建的 GoodsSystem 商品信息管理数据库完成下列任务:

(1) 创建存储过程,查看商品信息(名称、价钱、生产日期、库存数量),按价钱升序排列。

(2) 创建存储过程,查看商品平均价钱。

(3) 创建存储过程,查看价钱大于商品平均价钱的商品信息(名称、价钱、生产日期、库存数量)。

推荐的实现步骤:

(1) 启动 SQL Server 服务。

(2) 登录 SQL 服务器,打开 SQL Server Management Studio 管理窗口。

(3) 具体包括:

① 用 T-SQL 语句创建存储过程 P_Goods,查看商品信息(名称、价钱、生产日期、库存数量),按价钱升序排列。

② 调用存储过程 P_Goods 获取的数据如图 9-5 所示。

	名称	价钱	生产日期	库存数量
1	爽口榨菜	1.92	2017-06-08 00:00:00.000	100
2	老干妈	4.78	2017-07-06 00:00:00.000	100
3	微波炉	176.97	2017-02-26 00:00:00.000	100
4	主机	797.17	2017-03-09 00:00:00.000	100
5	显示器	944.37	2016-12-04 00:00:00.000	100
6	电视	944.37	2016-10-04 00:00:00.000	100
7	冰箱	1777.14	2017-06-03 00:00:00.000	90
8	手机	2391.49	2017-05-07 00:00:00.000	100

图 9-5 商品按价钱升序排列

(4) 具体包括:

① 用 T-SQL 语句创建存储过程 P_Goods_AvgPrice,查看商品的平均价钱。

② 调用存储过程 P_Goods_AvgPrice 获取的数据，如图 9-6 所示。

图 9-6   商品平均价钱

(5) 具体包括：

① 用 T-SQL 语句创建存储过程 P_Goods_GreaterAvgPrice，查看价钱大于商品平均价钱的商品信息(名称、价钱、生产日期、库存数量)。

② 调用存储过程 P_Goods_GreaterAvgPrice 获取的数据如图 9-7 所示。

	名称	价钱	生产日期	库存数量
1	电视	944.37	2016-10-04 00:00:00.000	100
2	显示器	944.37	2016-12-04 00:00:00.000	100
3	冰箱	1777.14	2017-06-03 00:00:00.000	90
4	手机	2391.49	2017-05-07 00:00:00.000	100

图 9-7   价钱大于商品平均价钱的商品信息

(6) 将编写好的 T-SQL 语句保存为"ch09 上机任务一.sql"。

上机阶段二(30 分钟内完成)

上机目的：

(1) 掌握带输入参数存储过程的创建和调用方法。

(2) 灵活运用存储过程解决数据库开发中的各种问题。

上机要求：

使用前面项目上机任务中创建的 GoodsSystem 商品信息管理数据库完成下列任务：

(1) 创建存储过程，查看价钱大于指定价钱的商品信息(名称、价钱、生产日期、库存数量)，按价钱升序排序。

(2) 创建存储过程，查看价钱大于指定价钱(如没指定具体价钱，则默认为 100)和生产日期晚于指定日期的商品信息(类型，名称，价钱，生产日期)。

推荐的实现步骤：

(1) 具体包括：

① 用 T-SQL 语句创建存储过程 P_Goods_Price_InParameter，定义一个输入参数接收用户指定的价钱。查看价钱大于指定价钱的商品信息(名称、价钱、生产日期、库存数量)，按价钱升序排序。

② 调用存储过程_Goods_Price_InParameter，给输入参数赋值 200，获取的数据如图 9-8 所示。

	名称	价钱	生产日期	库存数量
1	主机	797.17	2017-03-09 00:00:00.000	100
2	电视	944.37	2016-10-04 00:00:00.000	100
3	显示器	944.37	2016-12-04 00:00:00.000	100
4	冰箱	1777.14	2017-06-03 00:00:00.000	90
5	手机	2391.49	2017-05-07 00:00:00.000	100

图 9-8   查看价钱大于指定价钱的商品信息

(2) 具体包括：

① 用 T-SQL 语句创建存储过程 P_Goods_PriceAndDate，定义一个参数接收用户指定的价钱并设置默认值，定义另外一个参数接收用户指定的生产日期。查看价钱大于指定价钱(如没指定具体价钱，则默认为 100)和生产日期晚于指定日期的商品信息(类型，名称，价钱，生产日期)。

② 调用存储过程 P_Goods_PriceAndDate，按顺序为两个参数分别赋值 300 以及 2017-03-04，获取的数据如图 9-9 所示。

	类型	名称	价钱	生产日期
1	家电	冰箱	1777.14	2017-06-03 00:00:00.000
2	电子	手机	2391.49	2017-05-07 00:00:00.000
3	电子	主机	797.17	2017-03-09 00:00:00.000

图 9-9   指定价钱和生产日期的商品信息

(3) 将编写好的 T-SQL 语句保存为 "ch09 上机任务二.sql"。

上机阶段三(30 分钟内完成)

上机目的：

(1) 掌握带输入参数和输出参数存储过程的创建和调用方法。

(2) 灵活运用存储过程解决数据库开发中的各种问题。

上机要求：

使用前面上机任务中创建的 GoodsSystem 商品信息管理数据库完成下列任务：

(1) 创建存储过程，查看生产日期大于等于指定生产日期的商品信息(名称、价钱、生产日期、库存数量)，按生产日期升序排序。同时输出生产日期不早于指定生产日期的商品数量。

(2) 创建存储过程，查看库存数量大于等于指定库存数量的商品信息(名称、价钱、生产日期、库存数量)，按库存数量升序排列。同时输出库存数量大于等于指定库存数量的商品数量。

推荐的实现步骤：

(1) 具体包括：

① 用 T-SQL 语句创建存储过程 P_Goods_Date，定义一个输入参数接收用户指定的生

产日期，定义一个输出参数保存生产日期晚于等于指定生产日期的商品数量。查看生产日期晚于等于指定生产日期的商品信息(名称、价钱、生产日期、库存数量)，按生产日期升序排列。统计生产日期晚于等于指定生产日期的商品数量，赋值给输出参数。

② 定义变量接收输出参数的值，调用存储过程 P_Goods_Date，给输入参数赋值"2017-01-01"，获取的数据如图 9-10 所示。

	名称	价钱	生产日期	库存数量
1	微波炉	176.97	2017-02-26 00:00:00.000	100
2	主机	797.17	2017-03-09 00:00:00.000	100
3	手机	2391.49	2017-05-07 00:00:00.000	100
4	冰箱	1777.14	2017-06-03 00:00:00.000	90
5	爽口榨菜	1.92	2017-06-08 00:00:00.000	100
6	老干妈	4.78	2017-07-06 00:00:00.000	100

	生产日期大于等于指定生产日期的商品数量
1	6

图 9-10 上机任务三存储过程获取的数据

(2) 具体包括：

① 用 T-SQL 语句创建存储过程 P_Goods_Amount，定义一个输入参数接收用户指定的库存数量，定义一个输出参数保存库存数量大于等于指定库存数量的商品数量。查看库存数量大于等于指定库存数量的商品信息(名称、价钱、生产日期、库存数量)，按库存数量升序排列。统计库存数量大于等于指定库存数量的商品数量，赋值给输出参数。

② 定义变量接收输出参数的值，调用存储过程 P_Goods_Amount，给输入参数赋值 95，获取的数据如图 9-11 所示。

	名称	价钱	生产日期	库存数量
1	电视	944.37	2016-10-04 00:00:00.000	100
2	微波炉	176.97	2017-02-26 00:00:00.000	100
3	手机	2391.49	2017-05-07 00:00:00.000	100
4	显示器	944.37	2016-12-04 00:00:00.000	100
5	主机	797.17	2017-03-09 00:00:00.000	100
6	老干妈	4.78	2017-07-06 00:00:00.000	100
7	爽口榨菜	1.92	2017-06-08 00:00:00.000	100

	库存数量大于等于指定库存数量的商品数量
1	7

图 9-11 上机任务三获取的数据

(3) 将编写好的 T-SQL 语句保存为"ch09 上机任务三.sql"。

◇◇◇ 作 业 ◇◇◇

一、选择题

1. 在 SQL 语言中，创建存储过程的命令是(   )。(选 1 项)

A. CREATE TABLE   B. CREATE PROCEDURE

   C. CREATE INDEX   D. CREATE FILE

2. 在 MS SQL Server 中，用来显示数据库信息的系统存储过程是(   )。(选 1 项)

A. sp_dbhelp   B. sp_db

C. sp_help   D. sp_helpdb

3. 在 SQL Server 服务器上，存储过程是一组预先定义并(   )的 T-SQL 语句。(选 1 项)

A. 保存   B. 编译   C. 解释   D. 编写

4. 执行带参数的存储过程，正确的方法为(   )。(选 1 项)

A. 过程名 参数   B. 过程名(参数)

C. 过程名＝参数   D. A、B、C 三种都可以

5. 分析下面的存储过程：

```
Create procedure
    MyP1
@a varchar(32)
as
begin transaction
   declare @b int
   delete   from a1 where au_lname like @a
   select @b =@@ error
   if (@b!=0)
     begin
       rollback transaction
       return -200
     end
   delete from a2 where   au_lname like @a
   select @b=@b+@@
error if(@b!=0)
     begin
       rollback   transaction
       return -200
     end
   commit transaction
   return @b
```

下面选项正确的是(   )。(选 2 项)

A. 该存储过程是无效的，也不会被创建

B. 如果在表 a1 的删除操作中发生错误，那么它在表 a2 中就不会执行删除操作

C. 如果在表 a2 中执行删除操作时发生错误，那么表 a1 中删除的行就会被回滚回去

D. B、C 的描述都不正确

6. 下列有关存储过程的说法正确的是(   )。(选 1 项)

A. 用户只能调用系统存储过程，不能自定义存储过程

B. 存储过程就是函数

C. 存储过程可以提高性能

D. 存储过程不能带参数

7. 下列有关存储过程参数的说法错误的是(　　　)。(选 1 项)

A. 存储过程中最多只能定义三个参数

B. 存储过程中可以定义输入参数

C. 存储过程中可以定义输出参数

D. 可以给存储过程中的参数设置默认值

8. 下列(　　　)是存储过程的优点。(选 1 项)

A. 存储过程能够实现更快的执行速度

B. 存储过程能够减少网络流量

C. 存储过程可被作为一种安全机制来充分利用

D. 以上都对

9. 执行下面的 T-SQL 语句，将会(　　　)。(选 1 项)

```
Use student
Go
If exists (select * from sysobjects where name='p_stu_storeOne') Drop
    procedure proc_stu_storeOne
Go

Create    proc  p_stu_storeOne
AS
    Select * from StuInfo
Go
```

A. 出错，因为存储过程中没有参数

B. 创建一个名为 p_stu_storeOne 的存储过程

10. 有创建存储过程的 T-SQL 语句如下，能成功调用此存储过程的方法有(　　　)。(选 3 项)

```
Use student
Go
If exists (select * from sysobjects where name='p_stu_storeOne') Drop
    procedure proc_stu_storeOne
Go

Create    proc  p_stu_storeOne
AS
    Select * from StuInfo
Go
```

A. exec p_stu_storeTwo

B. p_stu_storeTwo 23

C. p_stu_storeTwo @age=34

D. p_stu_storeTwo 34=@age

二、简答题

1. 存储过程分为哪几类？

2. 存储过程中的参数分为几种？

3. 请写出三个常用的系统存储过程。

4. 创建存储过程的关键字是什么？

5. 什么是存储过程？

6. 请简述存储过程的优点。

三、操作题

创建以下四个存储过程：

(1) 实现对 StuInfo 表添加一条记录。

(2) 实现对 stuMarks 表删除一条记录。

(3) 根据学号对 stuInfo 表中的年龄增加 1 岁。

(4) 查询参加考试的学员的姓名、性别、笔试成绩、机试成绩。

项目十　触　发　器

　　触发器是一种特殊类型的存储过程，在用户使用一种或多种数据修改操作来更改指定表中的数据时被触发并自动执行，通常用于实现复杂的业务规则，更有效地确保数据的完整性。

本项目主要内容：

(1) 触发器的作用；

(2) 触发器的分类；

(3) 触发器的创建；

(4) 触发器的应用。

任务一　预　　习

1. 什么是触发器？
2. 触发器有什么作用？
3. 触发器有哪几种类型？
4. 如何创建触发器？

任务二　认识触发器

　　触发器与存储过程非常相似，触发器也是 SQL 语句集，两者唯一的区别是触发器不能用 EXECUTE 语句调用，而是在用户执行 T-SQL 语句时自动触发(激活)执行。下面将对触发器的概念以及类型进行详细介绍。

1. 触发器概述

　　触发器是一个在修改指定表中的数据时执行的存储过程。经常通过创建触发器来强制实现不同表中的逻辑相关数据的引用完整性或者一致性。由于用户不能绕过触发器，因此可以用它来强制实施复杂的业务规则，以确保数据的完整性。

　　触发器不同于前面介绍的存储过程。触发器主要通过事件触发来执行，而存储过程可以通过存储过程名称被直接调用。当对某一表进行诸如 update、insert、delete 这些操作时，SQL Server 就会自动执行触发器所定义的 SQL 语句，从而确保对数据的处理符合由这些 SQL 语句所定义的规则。

1) 触发器的作用

触发器的主要作用就是实现由主键和外键所不能保证的、复杂的参照完整性和数据的一致性。它能够对数据库中的相关表进行级联修改，强制比 CHECK 约束更复杂的数据完整性，并自定义错误消息，维护非规范化数据以及比较数据修改前后的状态。与 CHECK 约束不同，触发器可以引用其他表中的列。在下列情况下，使用触发器将强制实现复杂的引用完整性：

(1) 强制数据库间的引用完整性。

(2) 创建多行触发器，当插入、更新或者删除多行数据时，必须编写一个处理多行数据的触发器。

(3) 执行级联更新或级联删除动作。

(4) 级联修改数据库中所有相关表。

(5) 撤销或者回滚违反引用完整性的操作，防止非法修改数据。

2) 与存储过程的区别

触发器与存储过程的主要区别在于运行方式。存储过程必须由用户、应用程序或者触发器来显式地调用并执行，而触发器是当特定事件出现的时候自动执行或者激活的，与连接到数据库中的用户或者应用程序无关。

当表中有某一行被插入、更新或者从表中删除时，触发器才运行，同时触发器的运行还取决于触发器是怎样创建的。在数据修改时，触发器是强制业务规则的一种很有效的方法。一个表最多有三种不同类型的触发器，当 UPDATE 发生时，使用一个触发器；当 DELETE 发生时，使用一个触发器；当 INSERT 发生时，使用一个触发器。

尽管触发器的功能强大，但是它们也可能对服务器的性能有害。因此，要注意不要在触发器中放置太多功能，因为它将降低响应速度，使用户等待的时间增加。

2. 触发器的分类

在 SQL Server 2008 系统中，按照触发事件的不同，可以把提供的触发器分成两大类型：DDL 触发器和 DML 触发器。

1) DDL 触发器

当服务器或者数据库中发生数据定义语言(DDL)事件时，将调用 DDL 触发器。如果要执行以下操作，则可以使用 DDL 触发器：

(1) 防止对数据库架构进行某些更改。

(2) 希望数据库中发生某种情况以响应数据库架构中的更改。

(3) 记录数据库架构中的更改或者事件。

2) DML 触发器

当数据库服务器中发生数据操作语言(DML)事件时，要执行 DML 触发器。通常所说的 DML 触发器主要包括三种：INSERT 触发器、UPDATE 触发器、DELETE 触发器。DML 触发器可以查询其他表，还可以包含复杂的 T-SQL 语句。将触发器和触发它的语句作为可在触发器内回滚的单个事务对待。如果检测到错误，则整个事务自动回滚。

DML 触发器在以下方面非常有用：

(1) DML 触发器可通过数据库中相关的表实现级联更改。不过，通过级联引用完整性约束可以更有效地进行这些更改。

(2) DML 触发器可以防止恶意或者错误的 INSERT、UPDATE 以及 DELETE 操作，并强制执行比 CHECK 约束定义的限制更为复杂的其他限制。DML 触发器能够引用其他表中的列。

(3) DML 触发器可以评估数据修改前后表的状态，并根据该差异采取措施。

(4) 一个表中的多个同类 DML 触发器(INSERT、UPDATE 和 DELETE)允许采取多个不同的操作来响应同一个修改语句。

SQL Server 2008 为每个触发器语句都创建了两个特殊的表：DELETED 表和 INSERTED 表。

这是两个逻辑表由系统来创建和维护，用户不能对它们进行修改。它们存放在内存而不是数据库中。这两个表的结构总是与被该触发器作用的表的结构相同。触发器执行完成后，与该触发器相关的这两个表也会被删除。

DELETED 表用于存放因执行 DELETE 或者 UPDATE 语句而要从表中删除的所有行。在执行 DELETE 或者 UPDATE 操作时，被删除的行从触发器的表中被移动到 DELETED 表中，这两个表不会有共同的行。

INSERTED 表用于存放因执行 INSERET 或者 UPDATE 语句而要向表中插入的所有行。在执行 INSERT 或者 UPDATE 操作时，新的行同时添加到触发器的表和 INSERTED 表中，INSERTED 表的内容是触发器的表中新行的副本。

一个 UPDATE 事务可以看作先执行一个 DELETE 操作，再执行一个 INSERT 操作，旧的行首先被移动到 DELETED 表，然后新行同时插入到触发器的表和 INSERTED 表中。

3. 触发器完整性规则

在 SQL Server 2008 中，维护数据的完整性和一致性的规则被称为完整性规则，而完整性规则分为引用完整性规则和数据完整性规则。

1) 引用完整性规则

到目前为止，进行完整性检查的唯一方法是使用 DRI(声明的引用完整性)，但这不是唯一的选项。实际上，直到 SQL Server 6.5 版本为止，DRI 在以前的版本中甚至还不是一个选项，之前执行完整性检查都是用触发器来完成的。

触发器仍然是一种最好的维护引用完整性的选择。虽然它们的速度有点慢，但人们认为它们在维护数据完整性上更灵活。因此，有几种关系(处理方法)只能通过触发器来执行。

使用触发器的关系的例子包括：一对一的关系、排斥关系、需要跨越数据库或服务器边界的情况。

可能不会有很多类似的例子，具体有多少取决于用户的特定需要。这就是触发器最大的特点，它们具有最大的灵活性。

(1) 使用触发器维护简单的引用完整性。除了前面所列出的技巧外，触发器还可以用于完成 DRI 能完成的、相同的、简单的引用完整性。一般而言，这不是我们所希望采取的方法，但有时又无法避免，只有是一对零或多对多的而不是一对多的关系时，才能使用触发器完成 DRI 能完成的、相同的、简单的引用完整性。注意，就像之前介绍的一样，我们可以用触发器为 DELETE 语句产生的错误创建一条定制信息。

(2) 使用触发器得到更灵活的引用完整性。以前的 DRI 只执行两种关系：一种是一对一关系，另一种是一对零关系或者一对多关系。另一个不能满足 DRI 常规要求的例子是排他子类关系。在这种关系中，父表拥有的消息可能与许多子表相似，但是，父表中的每行只有唯一的一条记录与子表的一条记录相匹配。对于这种关系，只能使用触发器作为唯一的解决方案。虽然使用 DRI 是为了获得更好的性能，但是 DRI 不能处理如子类这样的复杂成员，此时采用触发器可以出色地完成任务。

2) 数据完整性规则

触发器既能实现外部键约束的关系，也能实现与 CHECK 约束甚至 DEFAULT 约束相同的功能。像触发器与 DRI 一样，需要根据实现情况来决定何时使用触发器以及何时使用 CHECK 约束。如果 CHECK 约束不能完成该工作，或者在检查处理中继承的一些内容使得约束效果不理想，就采用触发器。利用触发器替代 CHECK 约束的例子有：业务规则需要引用另一张表的参考数据，业务规则需要检查被更新的中间数据，业务规则需要一个定制的错误消息。

(1) 使用触发器处理其他表的请求。虽然 CHECK 约束不仅快而且效率高，但它们不会按照所期望的方式完成所有工作。CHECK 约束的最大缺点就是它要显示何时需要验证表中看得到的数据。如果有需要，也可以创建一个定制错误消息，代替使用 RAISERROR 命令的特殊信息。

(2) 使用触发器检查被更新的中间数据。有时，我们对过去或现在的值不感兴趣，只希望知道变化值是多少。虽然没有列或表提供这些变化信息，但我们可以利用触发器中的 INSERTED 表和 DELETED 表进行计算。

(3) 使用触发器定制错误消息。当希望控制错误消息或者给用户或客户应用程序传递错误号时，使用触发器非常方便。例如利用 CHECK 约束，我们将得到标准 547 号错，而不是含混其词的解释(通常，从为用户指出发生什么错误的角度出发，这样的错误提示不会给用户提供太大的帮助)。实际上，客户应用程序通常没有足够信息为用户的行为做出智能化、有帮助的响应。简而言之，虽然有时创建触发器会提供预期的数据完整性，但是它不会提供足够的处理。

4. 创建触发器

对于不同的触发器，其创建的语法多数相似，触发器的特性与触发器创建时所用的语法有关。创建一个触发器的基本语法如下：

```
CREATE TRIGGER trigger_name ON{ table | view }
{ FOR | AFTER | INSTEAD OF }
{ [ delete ] [, ] [ insert ] [, ] [ update ] } AS
Sql_statement
```

在 CREATE TRIGGER 语法中，各主要参数的含义如下：

(1) trigger_name：表示要创建的触发器的名称。

(2) table | view：表示在其上执行触发器的表或视图,有时称为触发器表或触发器视图。可以选择是否指定表或视图的所有者名称。

(3) FOR｜AFTER｜INSTEAD OF：指定触发器触发的时机，其中 FOR 也会创建 AFTER 触发器。

(4) [delete][,][insert][,][update]: 指定在表或视图上执行哪些数据修改语句时将触发触发器的关键字。必须至少指定一个选项。在触发器定义中允许以任意顺序来组合这些关键字。如果指定的选项多于一个，则需用逗号分隔这些选项。

(5) Sql_statement：指定触发器所执行的 T-SQL 语句。

例如，下面的语句演示了在 Student 数据库的 stuInfo 表上创建了一个名为 tri_stuinfo_Update 的触发器，在用户向表中执行 UPDATE 出生日期操作时触发，并自动维护它的年龄值。

```
Create TRIGGER tri_stuinfo_Update ON stuInfo
AFTER UPDATE AS
if UPDATE(birthday)
BEGIN
    update stuInfo set stuAge=datediff(year, s.birthday, getdate()) from stuInfo s
    inner join inserted i
    on s.stuNo = i.stuNo
END
```

任务三　使用触发器

在 SQL Server 2008 中，常用的触发器分为两类：DML 触发器和 DDL 触发器。同时，在 SQL Server 2008 中，触发器也具有了可递归和可嵌套性。

1. 使用 DML 触发器

下面介绍如何创建不同 DML 类型的触发器。在 SQL Server 2008 中，有三种类型的 DML 触发器：

(1) AFTER 触发器。在执行了 INSERT、UPDATE 或 DELETE 语句操作之后，执行 AFTER 触发器。指定 AFTER 与指定 FOR 相同，FOR 是 SQL Server 早期版本中唯一可用的选项，AFTER 触发器只能在表上指定。

(2) INSTEAD OF 触发器。执行 INSTEAD OF 触发器代替通常使用的触发动作。还可为带有一个或多个基表的视图定义 INSTEAD OF 触发器，而这些触发器能够扩展视图可支持的更新类型。

(3) CLR 触发器。CLR 触发器将执行在托管代码(在.NET Framework 中创建并在 SQL Server 中加载的程序集的成员)中编写的方法，而不用执行 T-SQL 存储过程(本书不介绍此类触发器)。

1) AFTER 触发器

创建 DML 触发器前应考虑如表 10-1 所示的问题。

表 10-1 创建 DML 触发器前应考虑的问题

编号	问 题
1	CREATE TRIGGER 语句必须是批处理中的第一个语句，该语句后面的所有其他语句被解释为 CREATE TRIGGER 语句定义的一部分
2	创建 DML 触发器的权限默认分配给表的所在者，且不能将该权限转给其他用户
3	DML 触发器为数据库对象，其名称必须遵循标识符的命名规则
4	虽然 DML 触发器可以引用当前数据库以外的对象，但只能在当前数据库中创建 DML 触发器
5	虽然 DML 触发器可以引用临时表，但不能对临时表或系统表创建 DML 触发器。不应引用系统表，而应使用信息架构视图
6	对于含有用 DELETE 或 UPDATE 操作定义的外键表，不能定义 INSTEAD OF DELETE 和 INSTEAD OF UPDATE 触发器
7	虽然 TRUNCATE TABLE 语句类似于不带 WHERE 子句的 DELETE 语句(用于删除所有行)，但它并不会触发 DELETE 触发器，因为 TRUNCATE TABLE 语句没有记录
8	WRITETEXT 语句不会触发 INSERT 或 UPDATE 触发器
9	在 DML 触发器中不能出现以下 T-SQL 语句：CREATE DATABASE、ALTER DATABASE、DROP DATABASE、RESTORE DATABASE、RESTORE LOG、CREATE INDEX、ALTER INDEX、DROP INDEX、RECONFIGURE 等语句

从以下三方面介绍 AFTER 触发器的调用：

(1) 执行 INSERT 语句后，执行 AFTER 触发器(亦称 INSERT 触发器)。当对目标表(触发器的基表)执行 INSERT 语句时，就会调用 AFTER 触发器。例如，每次添加新学员时，根据出生日期自动计算年龄的值，这个触发器名称为 tri_stuinfo_insert，定义语句如下：

```
create TRIGGER tri_stuinfo_insert ON stuInfo
AFTER INSERT
AS
    update stuInfo set stuAge=datediff(year, s.birthday, getdate())
    from stuInfo s inner join inserted i
    on s.stuNo = i.stuNo
GO
```

接下来，使用 INSERT 语句插入一个新的学员信息，以验证触发器是否会自动执行，测试语句如下：

```
insert into stuinfo
values('S011', 'mike', 99, '2000-01-25', '男', null, null, 1) GO
select * from stuinfo
```

执行上述语句后，运行结果如图 10-1 所示。

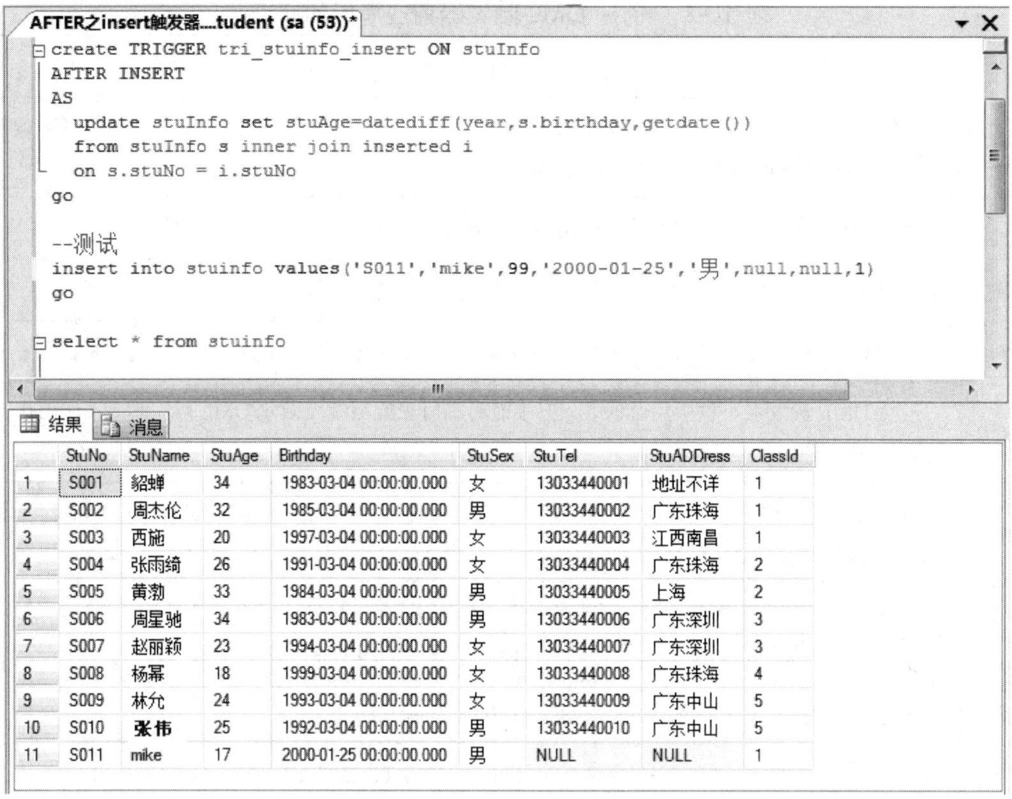

```
AFTER之insert触发器....tudent (sa (53))*                                    ▼ ✕
create TRIGGER tri_stuinfo_insert ON stuInfo
AFTER INSERT
AS
    update stuInfo set stuAge=datediff(year,s.birthday,getdate())
    from stuInfo s inner join inserted i
    on s.stuNo = i.stuNo
go

--测试
insert into stuinfo values('S011','mike',99,'2000-01-25','男',null,null,1)
go

select * from stuinfo
```

	StuNo	StuName	StuAge	Birthday	StuSex	StuTel	StuADDress	ClassId
1	S001	貂蝉	34	1983-03-04 00:00:00.000	女	13033440001	地址不详	1
2	S002	周杰伦	32	1985-03-04 00:00:00.000	男	13033440002	广东珠海	1
3	S003	西施	20	1997-03-04 00:00:00.000	女	13033440003	江西南昌	1
4	S004	张雨绮	26	1991-03-04 00:00:00.000	女	13033440004	广东珠海	2
5	S005	黄勃	33	1984-03-04 00:00:00.000	男	13033440005	上海	2
6	S006	周星驰	34	1983-03-04 00:00:00.000	男	13033440006	广东深圳	3
7	S007	赵丽颖	23	1994-03-04 00:00:00.000	女	13033440007	广东深圳	3
8	S008	杨幂	18	1999-03-04 00:00:00.000	女	13033440008	广东珠海	4
9	S009	林允	24	1993-03-04 00:00:00.000	女	13033440009	广东中山	5
10	S010	张伟	25	1992-03-04 00:00:00.000	男	13033440010	广东中山	5
11	S011	mike	17	2000-01-25 00:00:00.000	男	NULL	NULL	1

图 10-1　执行 INSERT 语句后执行 AFTER 触发器

(2) 执行UPDATE语句后,执行AFTER触发器(亦称UPDATE触发器)。当一个UPDATE语句在目标表上运行的时候,就调用 AFTER 触发器。就像任何其他触发器一样,当调用触发器时,就运行被触发的 SQL 语句并且发生动作。例如,数据库 Student 的 stuInfo 表中的出生日期发生改变时,对应学员的年龄也会发生改变,这个存储过程的语句如下:

```
create TRIGGER tri_stuinfo_Update ON stuInfo
AFTER UPDATE AS
if UPDATE(birthday)
BEGIN
    update stuInfo set stuAge=datediff(year, s.birthday, getdate()) from stuInfo s
    inner join inserted i
    on s.stuNo = i.stuNo
END
GO
```

使用 UPDATE 更新出生日期,验证触发器是否会自动执行,语句如下:

```
update stuinfo set birthday=getdate()-32*365 where stuno='S001'
select * from stuinfo
```

执行这个语句后,不管 S001 这个学员的年龄原来的值是多少,都会自动变成正确的年龄(当前年减去出生日期的年份所得的值即视为年龄)。

(3) 执行 DELETE 语句后，执行 AFTER 触发器(亦称 DELETE 触发器)。当执行一个 DELETE 语句后，就调用 AFTER 触发器，从受影响的表中删除的行将被放置到一个特殊 的 DELETED 表中。DELETED 表跟 INSERTED 表一样，也是一个临时表，它保留已被删 除数据行的一个副本。DELETED 表还允许引用由初始化 DELETE 语句产生的日志数据。

使用 DELETE 触发器时，需要考虑以下的事项和原则：

(1) 当某行被添加到 DELETED 表中时，它就不在数据库中存在了，因此，DELETED 表和数据库表没有相同的行。

(2) 创建 DELETED 表时，空间是从内存中分配的。DELETED 表总是被存储在调整缓 存中。

为 DELETE 动作定义的触发器并不执行 TRUNCATE TABLE 语句，原因在于日志不记 录 TRUNCATE TABLE 语句。例如在删除数据库 Student 的 stuInfo 表中的学员信息时，相 应的考试成绩备份表信息也应该被删除。这个触发器的代码如下：

```
ALTER TRIGGER tri_stuinfo_delete ON stuInfo
for
DELETE
AS
delete exam_bak
from exam_bak e, deleted d
where e.stuNo=d.stuNo
```

使用 DELETE 语句删除 0002 这个学员的信息，验证触发器是否会自动执行，并删除 学员成绩备份表中的信息，语句如下：

```
insert into exam_bak values('0002', 90, 95)
select * from exam_bak
delete from stuInfo where stuNo='0002' select
* from exam_bak
```

该语句在删除 0002 这个学员的信息之前向学员成绩备份表中插入 0002 学员的考试成 绩，并查询。查询发现有 0002 这个学员的信息。当删除 0002 学员的信息后，再去查看学员 成绩备份表中 0002 这个学员的成绩时，发现成绩已经不存在了，说明它已经被自动删除了。

2) INSTEAD OF 触发器

INSTEAD OF 触发器用于代替通常的触发操作(AFTER 触发器)，SQL Server 2008 中支 持带有一个或多个基表的视图定义 INSTEAD OF 触发器，这类触发器可以扩展视图可支持 的更新类型。

可以在表或者视图上指定 INSTEAD OF 触发器，用 INSTEAD OF 触发器可以指定执 行触发器而不是执行触发 SQL 语句，从而屏蔽原来的 SQL 语句，而转向执行触发器内部 的 SQL 语句。对于每一种触发动作(INSERT、UPDATE 或者 DELETE)，每一个表或者视 图只能有一个对应的 INSTEAD OF 触发器。

INSTEAD OF 触发器的主要优点是可以使不能更新的视图支持更新。基于多个基表的 视图必须使用 INSTEAD OF 触发器来支持引用多个表中数据的插入、更新和删除操作。 INSTEAD OF 触发器的另一个优点是使用户可以编写这样的逻辑代码：在允许批处理的其他部分成功的同时，拒绝批处理中的某些部分。例如，学员信息表中的记录通常不能删除，因为有外键(考试成绩表)引用了它，因此不能对该表的记录进行 DELETE 操作。然而，可以编写一个 INSTEAD OF DELETE 触发器来实现删除，语句如下：

```
create TRIGGER tri_stuinfo_INSTEAD ON   stuInfo
instead of delete AS
delete exam from exam e, deleted d where e.stuNo=d.stuNo delete stuInfo
from stuInfo e, deleted d where e.stuNo=d.stuNo
```

创建这个触发器后，再往考试成绩表里增加 S002 这个学员的考试记录，代码如下：

```
insert into exam values('S002', 90, 95)
```

在没有创建这个 INSTEAD OF 触发器之前，执行下面语句：

```
delete from stuInfo where stuNo='S002'
```

则 DELETE 操作会出错，因为有外键引用它，因此不能删除。在创建这个 INSTEAD OF 触发器后再执行这条语句，就会发现执行成功。原因是执行这个删除操作时，因为有了触发器，触发器本身代替了该删除操作，删除语句不再执行，取而代之的是执行触发器里面的语句体。

2. 使用 DDL 触发器

SQL Server 2008 中，可以对整个服务器或数据库的某个范围为 DDL 的事件统一定义触发器。像常规触发器一样，DDL 触发器将激发存储过程以响应事件。

与 DML 触发器不同的是，DDL 触发器不会为了响应针对表或视图的 UPDATE、INSERT 或 DELETE 语句而激发。相反，它们会为了响应多种数据定义语言(DDL)语句而激发。这些语句主要是以 CREATE、ALTER 和 DROP 开头的语句。DDL 触发器可用于管理任务，例如审核和控制数据库操作。

如果要执行以下操作，则可以使用 DDL 触发器：

(1) 防止对数据库架构进行某些更改；

(2) 希望数据库中发生某种情况以响应数据库架构中的更改；

(3) 记录数据库架构中的更改或事件。

例如，使用 DDL 触发器来防止 Student 数据库中的表被修改或删除。首先在 Student 数据库中定义一个数据库级的 DDL 触发器，如下：

```
CREATE   TRIGGER   TRIG_DDL ON DATABASE
   FOR DROP_TABLE, DROP_VIEW
AS
BEGIN
   PRINT '无法修改或者删除表，请在操作之前禁用或删除 DDL 触发器 TRIG_DDL!'
   ROLLBACK TRANSACTION
END
```

接下来，在数据库中执行删除 stuInfo_bak1 表的操作：

```
drop table stuInfo_bak1
```

执行上述语句，会出现错误消息，如图 10-2 所示。同样，如果执行了 ALTER 操作，仍会出现错误消息。

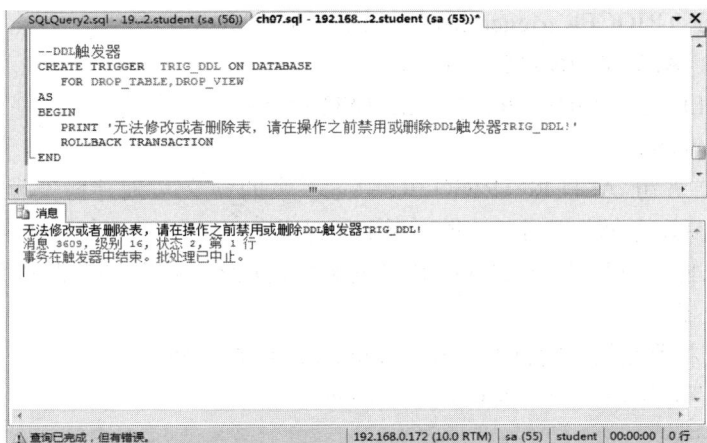

图 10-2　执行 DDL 触发器

3. 管理触发器

前面介绍了关于触发器创建方面的内容，下面将向大家介绍如何对已存在的触发器进行管理，例如，对触发器的查看、修改、删除等管理操作。

1) 查看触发器

可以把触发器看作是特殊的存储过程，因此所有适用于存储过程的管理方式都适用于触发器。可以使用 sp_helptext、sp_help 和 sp_depends 等系统存储过程来查看触发器的有关信息，也可以使用 sp_rename 系统存储过程来重命名触发器。

例如，使用 sp_helptext 系统存储过程查看触发器的定义语句如下：

　　　--查看触发器的内容

　　　exec sp_helptext tri_stuinfo_INSTEAD

执行结果如图 10-3 所示。

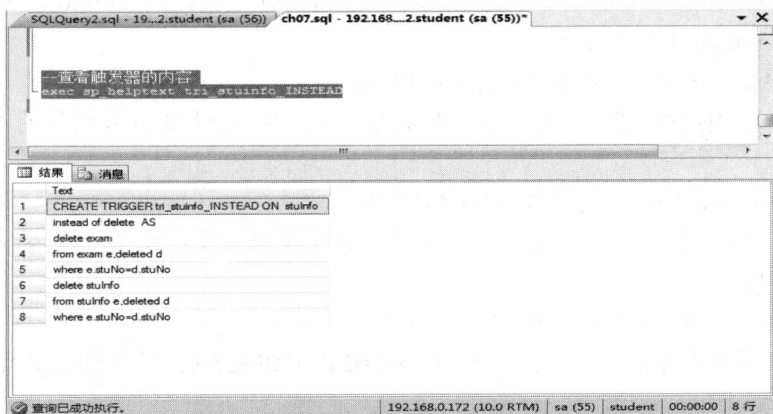

图 10-3　查看触发器内容

2) 修改触发器

如果需要修改触发器的定义和属性，有两种方法可以实现：第一种是先删除原来的触发器的定义，再重新创建与之同名的触发器；第二种是直接修改现有的触发器的定义。修改现有触发器的定义可以使用 ALTER TRIGGER 语句，具体语法格式如下：

```
ALTER TRIGGER trigger_name ON { table | view }
{ FOR | AFTER | INSTEAD OF }
{ [DELETE] [, ] [INSERT] [, ] [UPDATE] } AS
sql_statement
```

修改触发器语句 ALTER TRIGGER 中各参数的含义与创建触发器语句 CREATE TRIGGER 中各参数的含义相同，这里不再重复说明。

注意，一旦使用 WITH ENCRYPTION 对触发器加密，即使是数据库所有者也无法查看或者修改触发器。

下面的语句将前面创建的触发器 tri_stuinfo_delete 进行修改。

```
ALTER TRIGGER tri_stuinfo_delete ON stuInfo
for DELETE AS
delete exam_bak from exam_bak e, deleted d where e.stuNo=d.stuNo
```

3) 删除触发器

当不再需要某个触发器时，可以删除它。触发器删除时，触发器所在表中的数据不会因此改变。当某个表被删除时，该表上的所有触发器也自动被删除。

使用 DROP TRIGGER 语句可以删除当前数据库中的一个或者多个触发器。例如，删除触发器 tri_stuinfo_delete 可以执行如下代码：

```
DROP TRIGGER tri_stuinfo_delete
```

4) 禁用与启用触发器

用户可以禁用、启用一个指定的触发器或者一个表的所有触发器。当禁用一个触发器后，它在表上的定义仍然存在，但是，当对表执行 INSERT、UPDATE 或者 DELETE 语句时，并不执行触发器的动作，直到重新启动触发器为止。

禁用触发器可以分为以下三类：

(1) 禁用对表的 DML 触发器。例如，禁用在 Student 数据库的 stuInfo 表中创建的触发器 tri_stuinfo_update 的语句如下：

```
DISABLE TRIGGER tri_stuinfo_update ON stuInfo
```

(2) 禁用对数据库的 DDL 触发器。下面的语句禁用一个数据库作用域的 DDL 触发器 trig_DDL：

```
DISABLE TRIGGER trig_DDL ON DATABASE
```

(3) 禁用以同一作用域定义的所有触发器。以下示例禁用在服务器作用域中创建的所有 DDL 触发器：

```
DISABLE TRIGGER ALL ON ALL SERVER
```

禁用之后的启用操作，应该使用语句 ENABLE TRIGGER，该语句的参数与对应的禁用语句相同。

```
--启用触发器
ENABLE TRIGGER tri_stuinfo_update ON stuInfo
--启用数据库触发器
ENABLE TRIGGER trig_DDL ON DATABASE
--启用以同一作用域定义的所有触发器
ENABLE TRIGGER ALL ON ALL SERVER
```

任务四　了解嵌套触发器和递归触发器(知识拓展)

1. 嵌套触发器

如果一个触发器在执行操作时引发了另一个触发器，而这个触发器又接着引发了下一个触发器，那么就形成了触发器的嵌套。任何触发器都可以包含影响另一个表的 UPDATE、INSERT 或者 DELETE 语句。嵌套触发器在安装时就被启用，可以使用系统存储过程 sp_configure 禁用及重新启用。

触发器最多可以嵌套 32 层，如果嵌套链中的任何触发器建立了无穷循环，那么这将超过最大嵌套层数，该触发器将被终止，并回滚整个事务。嵌套触发器具有多种用途，比如：保存由前一触发器所影响的行的备份副本。使用嵌套触发器时，需要考虑以下的事项和原则：

(1) 默认情况下，嵌套触发器配置选项是开启的。

(2) 在同一个触发器事务中，一个嵌套触发器不能被触发两次，触发器不会调用它自己来响应触发器中对同一表的第二次更新。例如，如果在触发器中修改了一个表，接着又修改了定义该触发器的表，则触发器不会被再次触发。

(3) 由于触发器是一个事务，如果在一系列嵌套触发器的任意层中发生错误，则整个事务都将取消，而且所有数据修改将回滚。

(4) 嵌套是用来保持整个数据库的数据完整性的重要功能，但有时可能需要禁用嵌套功能。如果禁用了嵌套，那么修改一个表触发器的实现不会再触发该表上的任何触发器。

使用如下语句禁用嵌套：

　　　EXEC sp_configure 'nested triggers', 0

如果想再次启用嵌套可以使用如下语句：

　　　EXEC sp_configure 'nested triggers', 1

在下述情况下，用户可能需要禁止使用嵌套：

(1) 嵌套触发器要求复杂而又条理的设计，级联修改可能会修改用户不想涉及的数据。

(2) 在一系列嵌套触发器中的任意点的数据修改操作都会触发一系列触发器。尽管这时数据提供了很强的保护，但如果要求以特定的顺序更新表，就会产生问题。

2. 递归触发器

任何触发器都可以包含影响同一个表或者另一个表的 UPDATE、INSERT 或者 DELETE 语句。如果启用递归触发器选项，那么改变表中数据的触发器，通过递归执行就可以再次触发自己。在数据库创建时，默认情况下递归触发器选项是禁用的，但可以使用 ALTER DATABASE 语句来启用它。使用 sp_settriggerorder 系统存储过程来指定哪个触发器作为第一个被触发的 AFTER 触发器或者作为最后一个被触发的 AFTER 触发器。而为指定事件定义的其他触发器的执行，则没有固定的触发顺序，每个触发器都应该是自包含的。

递归触发器是一种特殊的嵌套触发器，如果嵌套触发器选项关闭，则不管数据库的递归触发器选项设置是什么，递归触发器都将被禁用。递归触发器可以分为两种不同的类型：

(1) 直接递归，即触发器被触发并执行一个操作，而该操作又使同一个触发器再次被触发。例如，一个修改 Test 表的应用程序触发了 Trig_1 触发器，Trig_1 触发器更新 Test 表又导致 Trig_1 触发器再一次触发。

(2) 间接递归，即触发器被触发并执行一个操作，而该操作又使另一个表中的某个触发器被触发；第二个触发器使原始表得到更新，从而再次触发第一个触发器。例如，一个应用程序更新 Test2 表，触发了 Trig_2 触发器；Trig_2 触发器更新 Test3 表，又导致 Trig_3 触发器触发，Trig_3 触发器修改又更新 Test2 表，从而导致 Trig_2 触发器的再一次触发。

在 SQL Server 2008 中，可以通过管理器工具来设置启用递归触发器，操作步骤如下：

(1) 打开 SQL Server Management Studio，并展开服务器节点下的"数据库"节点。

(2) 右键单击数据库(如 Student 数据库)，在弹出的命令菜单中选择"属性"命令，打开"数据库属性"窗口。

(3) 单击"选项"标签，打开"选项"选项卡，如果允许递归触发器，则可以从"选项"选项组中的"递归触发器已启用"后的下拉选择框中选择"True"，如图 10-4 所示。

图 10-4 启用递归触发器

(4) 单击"确定"按钮，完成修改。

递归触发器具有复杂的特性，可以用它来解决诸如自引用关系这样的复杂关系。使用递归触发器时，需要考虑以下的事项和原则：

(1) 递归触发器很复杂，必须经过有条理的设计和全面的测试。

(2) 在任意点的数据修改会触发一系列触发器。尽管具有处理复杂关系的能力，但是如果表要求以特定的顺序更新用户的表，则使用递归触发器就会产生问题。

(3) 所有触发器一起构成一个大事务。任何触发器中的任何位置上的 ROLLBACK 命令都将取消所有数据输入，所有数据均被擦除，并且无任何数据被放到表中。

(4) 递归触发器最多只能递归 16 层。换句话说，如果递归链中的第 16 个触发器激活了第 17 个触发器，则结果与发布 ROLLBACK 命令一样，所有数据将被擦除。

◇◇◇　**上 机 实 践**　◇◇◇

本次上机课总目标

(1) 掌握触发器的创建方法；

(2) 能灵活运用触发器解决数据库开发中的问题。

上机阶段一(35 分钟内完成)

上机目的：

(1) 掌握触发器的创建方法；

(2) 能运用触发器对数据的一致性进行约束。

上机要求：

用触发器实现：向商品销售表 Sales 中添加一条销售记录时，自动修改商品表 Goods 中的库存数量。

推荐的实现步骤：

(1) 启动 SQL Server 服务。

(2) 登录 SQL 服务器，打开 SQL Server Management Studio 管理窗口。

(3) 针对 Sales 表创建 after 触发器，用来实现向商品销售表 Sales 添加一条销售记录时，自动修改商品表 Goods 中的库存数量。

(4) ① 查看销售前的商品库存信息和商品销售信息，分别如图 10-5、图 10-6 所示。

	商品编号	名称	库存数量
1	1	冰箱	90
2	2	电视	95
3	3	微波炉	100
4	4	手机	100
5	5	显示器	100
6	6	主机	100
7	7	老干妈	100
8	8	爽口榨菜	100

图 10-5　销售前的商品库存信息

	商品编号	销售数量	销售日期
1	1	10	2017-05-20 00:00:00.000
2	2	5	2017-03-04 00:00:00.000

图 10-6　销售前的商品销售信息

② 向商品销售表 Sales 添加一条销售记录，比如在 2017-04-03 销售了 10 台显示器。

③ 查看销售后的商品库存信息和商品销售信息，分别如图 10-7、图 10-8 所示。

	商品编号	名称	库存数量
1	1	冰箱	90
2	2	电视	95
3	3	微波炉	100
4	4	手机	100
5	5	显示器	90
6	6	主机	100
7	7	老干妈	100
8	8	爽口榨菜	100

图 10-7　销售后的商品库存信息

	商品编号	销售数量	销售日期
1	1	10	2017-05-20 00:00:00.000
2	2	5	2017-03-04 00:00:00.000
3	5	10	2017-04-03 00:00:00.000

图 10-8　销售后的商品销售信息

(5) 将编写好的 T-SQL 语句保存为 "ch10 上机任务一.sql"。

上机阶段二(35 分钟内完成)

上机目的:

(1) 掌握触发器的创建方法；

(2) 能运用触发器对数据的一致性进行约束。

上机要求:

用触发器实现：银行客户注销银行号的业务。

推荐的实现步骤:

(1) 创建客户信息表 CardInfo(卡号(主键)，用户编号，用户姓名，余额，开户日期，是否注销(0 表示正常，1 表示注销，2 表示冻结)，注销日期)。

(2) 创建交易信息表 tranInfo(流水号，卡号(外键)，次日日期，交易时间，金额，交易类型(0 表示支取，1 表示存入))。

(3) 添加若干条测试数据。

(4) 创建 after 触发器，当卡号进行注销时，用触发器实现如下功能：

① 注销日期自动变为系统日期；

② 将当前余额清零，并将余额让客户取走(即向交易表中增加一条支取的记录)；

③ 通过更新表中的数据引发触发器实现。

(5) 将编写好的 T-SQL 语句保存为 "ch10 上机任务二.sql"。

◇◇◇ 作 业 ◇◇◇

一、选择题

1. 在下列 SQL 语言中，(   )是创建触发器的命令。(选 1 项)

A. CREATE TABLE

B. CREATE PROCEDURE

C. CREATE INDEX

D. CREATE TRIGGER

2. 在下列 SQL 语言中，(   )是修改触发器的命令。(选 1 项)

A. DELETE TRIGGER

B. DROP TRIGGER

C. DISABLE TRIGGER

D. ALTER TRIGGER

3. 在下列 SQL 语言中，(   )是删除触发器的命令。(选 1 项)

A. DELETE TRIGGER

B. DROP TRIGGER

C. DISABLE TRIGGER

D. ALTER TRIGGER

4. 在下列 SQL 语言中，(   )是禁用触发器的命令。(选 1 项)

A. DELETE TRIGGER

B. DROP TRIGGER

C. DISABLE TRIGGER

D. ALTER TRIGGER

5. 以下触发器是对[表 1]进行(   )操作时触发。(选 1 项)

    Create Trigger abc on 表 1

    VFor insert, update, delete As…

    …

A. 只是修改

B. 只是插入

C. 只是删除

D. 修改、插入、删除

6. 在 SQL Server 2008 中，通常使用的触发器分(   )两类。(选 2 项)

A. DML 触发器

B. DELETED 触发器

C. DDL 触发器

D. INSERTED 触发器

7. 触发器是自动执行的一种特殊存储过程，这个说法(   )。(选 1 项)

A. 正确

B. 错误

8. 在触发器的使用过程中会产生两个特殊的表，分别是(   )。(选 1 项)

A. Deleted、Inserted

B. Delete、Insert

C. View、Table

D. Deletes、Inserts

9. INSERT 触发器就是当对目标表执行 INSERT 语句时，就会自动调用的触发器，这个说法(   )。(选 1 项)

A. 正确

B. 错误

10. 下列有关触发器描述错误的是(   )。(选 1 项)

A. 可用系统存储过程 sp_helptext 查看触发器的有关信息

B. 经常通过创建触发器来强制实现不同表中的逻辑相关数据的引用完整性或者一致性

C. 触发器跟存储过程一样，可以通过名字直接调用

D. 可以用触发器来强制实施复杂的业务规则，以此确保数据的完整性

二、简答题

1. 简述触发器与存储过程的区别。

2. 在运用触发器时，会用到哪两个系统临时表？

3. 什么是触发器？

4. 触发器有什么作用？

5. 触发器有哪几种类型？

6. 如何创建触发器？

三、操作题

1. 使用触发器实现：当删除 stuInfo 表中的一条记录时，将删除的数据备份到 stuInfo_bak 表中。

2. 使用触发器实现：当在 Exam 表中修改笔试成绩时，如果成绩超过 100，则将修改的成绩备份到 exam_bak 表中。

项目十一　数据库安全管理

数据库的安全管理是指保护数据库，以防止不合法的使用造成数据被泄漏、更改或破坏。系统安全保护措施是否有效是数据库系统的主要指标之一。数据库的安全性和计算机系统的安全性(包括操作系统、网络系统的安全性)是紧密联系、相互支持的。

随着越来越多的网络相互连接，安全性也变得日益重要。公司的资产必须受到保护，尤其是数据库，它们存储着公司的宝贵信息。安全是数据引擎的关键特性之一，安全管理保护企业免受各种威胁。SQL Server 2008 安全特性的宗旨是使其更加安全，且使数据保护人员能够更方便地使用和理解安全。

在 SQL Server 2008 中，为了保证数据的安全性，需要做到以下几方面工作：

(1) 选择合理的数据库架构；

(2) 对数据库系统进行合理的配置和权限设置；

(3) 经常对数据库中的数据进行及时备份与恢复。

本项目围绕数据库的安全管理方面的内容，展开详细讲解。

本项目主要内容：

(1) 数据库安全性概述；

(2) SQL Server 2008 安全性机制；

(3) 用户权限的管理。

任务一　预　习

1. SQL Server 数据库的安全机制包括哪三个等级？

2. SQL Server 数据库的身份验证有哪两种？

3. 分配数据表权限用哪条指令？

任务二　了解数据库的安全性

数据库是电子商务、金融以及 ERP 系统的基础，通常保存着重要的商业数据和客户信息，例如，交易记录、工程数据、个人资料等。数据完整性和合法存取会受到很多方面的安全威胁，包括密码策略、系统后门、数据库操作以及本身的安全方案。另外，数据库系统中存在的安全漏洞和不当的配置通常会造成严重的后果，而且都难以发现。

1. SQL Server 2008 的安全管理特性

随着技术的发展，人们对于安全的、基于计算机的系统有了更深刻的理解，而 SQL Server 就是落实这种理解的首批产品之一。SQL Server 2008 的安全管理模式是建立在身份验证和访问权限机制上的。

SQL Server 2008 实现了重要的"最少特权"原则，因此不必授予用户超出工作所需的权限。它提供了深层次的防御工具，可以采取措施防御最危险的黑客攻击。

微软 SQL Server 2008 可以对整个数据库、数据文件和日志文件进行加密，而不需要改动应用程序；它为加密和密钥管理提供了一个全面的解决方案，能满足不断发展的、对数据中心信息更强的安全性需求。用户可以通过微软 SQL Server 2008 审查针对数据的操作，从而提高遵从性和安全性。审查内容不只包括了对数据修改的所有信息，还包括了什么时候对数据进行读取的信息。

SQL Server 2008 提供了丰富的安全特性，用于保护数据和网络资源。它的安装更轻松、更安全，但除了最基本的特性之外，其他特性都不是默认安装的，即便安装了，也处于未启用的状态。SQL Server 2008 提供了丰富的服务器配置工具，特别值得关注的是 SQL Server Surface Area Configuration Tool，它的身份验证特性得到了增强，使得 SQL Server 2008 更加紧密地与 Windows 身份验证相集成，并保护弱口令或陈旧的口令。

SQL Server 2008 提供了从服务器、数据库到对象的多级别安全保护，增强了内置安全性，能更好地保证数据的安全性。

2. SQL Server 2008 的安全性机制

对于数据库管理来说，保护数据不受内部和外部侵害是一项重要的工作。SQL Server 2008 的身份验证、授权和验证机制可以保护数据免受未经授权的泄漏和篡改。

SQL Server 2008 的安全机制一般主要包括三个等级：

1) 服务器级别的安全机制

这个级别的安全性主要通过登录账户进行控制，要想访问一个数据库服务器，必须拥有一个登录账户。登录账户可以是 Windows 账户或组，也可以是 SQL Server 的登录账户。登录账户可以属于相应的服务器角色。至于角色，可以理解为权限的组合。

2) 数据库级别的安全机制

这个级别的安全性主要通过用户账户进行控制，要想访问一个数据库，必须先拥有一个该数据库的用户账户身份。用户账户是通过登录账户进行映射的，可以属于固定的数据库角色或自定义数据库角色。

3) 数据对象级别的安全机制

这个级别的安全性通过设置数据对象的访问权限进行控制。如果是使用图形界面管理工具，则可以在表上右键单击，选择"属性"→"权限"选项，然后启用相应的权限复选框即可。

以上的每个等级就好像一道门，如果门没有上锁，或者用户拥有开门的钥匙，则用户可以通过这道门到达下一个安全等级。如果通过了所有的门，则用户就可以实现对数据的访问，这种关系可以用图 11-1 来表示。

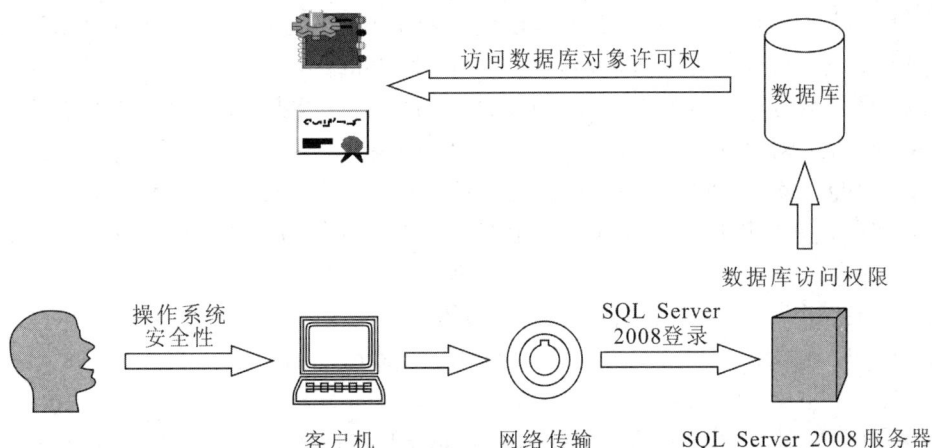

图 11-1 SQL Server 2008 的安全性等级

通常情况下，客户操作系统安全的管理是操作系统管理员的任务。SQL Server 不允许用户建立服务器级别的角色。另外，为了减少管理的开销，在对象级别的安全管理上，应该在大多数场合给数据库用户赋予广泛的权限，然后再针对实际情况，在某些敏感的数据上实施具体的访问权限限制。

任务三　管理 SQL Server 服务器安全性

要想保证数据库数据的安全，必须搭建一个相对安全的运行环境。因此，对服务器安全性的管理至关重要。在 SQL Server 2008 中，对服务器安全性管理主要通过更加健壮的验证模式、安全地登录服务器的账户管理以及对服务器角色的控制实现，也更加有力地保证了服务器的安全便捷。

1. 身份验证模式

SQL Server 2008 提供了 Windows 身份和混合身份两种验证模式，每一种身份验证都有一个不同类型的登录账户。无论哪种模式，SQL Server 2008 都需要对用户的访问进行两个阶段的检验：验证阶段和许可确认阶段。

验证阶段：用户在 SQL Server 2008 获得对任何数据库的访问权限之前，必须先登录到 SQL Server 2008 上，并且被认为是合法的。SQL Server 2008 或者 Windows 要求对用户进行验证。如果验证通过，则用户就可以连接到 SQL Server 2008 上；否则，服务器将拒绝用户登录。

许可确认阶段：用户验证通过后，会登录到 SQL Server 2008 上，此时系统将检查用户是否有访问服务器上数据的权限。

如果在服务器级别配置安全模式，它们会应用到服务器上的所有数据库中。但是，由于每个数据库服务器实例都有独立的安全体系结构，这就意味着不同的数据库服务器实例可以使用不同的安全模式。

1) Windows 身份验证

使用 Windows 身份验证模式是默认的身份验证模式，它比混合模式安全得多。当数据库仅在内部访问时,使用 Windows 身份验证模式可以获得最佳的工作效率。在使用 Windows 身份验证模式时,可以使用 Windows 域中有效的用户和组账户来进行身份验证。这种模式下,域用户不需要独立的 SQL Server 用户账户和密码就可以访问数据库。这对于域用户来说是非常有益的,因为这意味着域用户不需记住多个密码。如果用户更新了自己的域密码,也不必更改 SQL Server 2008 的密码。但是,在该模式下用户仍然要遵从 Windows 安全模式的所有规则,并可以用这种模式去锁定账户、审核登录和迫使用户周期性地更改登录密码。

当用户通过 Windows 用户账户连接时,SQL Server 使用操作系统中的 Windows 主体标记验证账户名和密码。也就是说,用户身份由 Windows 进行确认。SQL Server 不要求提供密码,也不执行身份验证。

本地账户启用 SQL Server Management Studio 的窗口如图 11-2 所示,它是使用操作系统中的 Windows 主体标记进行的连接。图 11-2 中,服务器名称中的 MR 代表当前计算机名称,Administrator 是指登录该计算机时使用的 Windows 账户名称。这也是 SQL Server 默认的身份验证模式,并且比 SQL Server 身份验证更为安全。Windows 身份验证使用 Kerberos 安全协议,提供有关强密码复杂性验证的密码策略,还提供账户锁定支持,并且支持密码过期。通过 Windows 身份验证完成的连接有时也称为可信连接,这是因为 SQL Server 信任由 Windows 提供的凭据。

图 11-2　Windows 身份验证模式

Windows 身份验证模式有以下主要优点:

(1) 数据库管理员的工作可以集中在管理数据库上面,而不是管理用户账户。对用户账户的管理可以交给 Windows 去完成。

(2) Windows 有更强的用户账户管理工具,可以设置账户锁定、密码期限等。如果不通过定制来扩展 SQL Server,则 SQL Server 不具备这些功能。

(3) Windows 的组策略支持多个用户同时被授权访问 SQL Server。

2) 混合模式

使用混合安全的身份验证模式,即可以同时使用 Windows 身份验证和 SQL Server 登录。SQL Server 登录主要用于外部的用户，例如，那些可能从 Internet 访问数据库的用户。可以配置从 Internet 访问 SQL Server 2008 的应用程序，以自动地使用指定的账户或提示用户输入有效的 SQL Server 用户账户和密码。

使用混合安全模式，SQL Server 2008 应首先确定用户的连接是否使用有效的 SQL Server 用户账户登录。如果是有效的用户登录并且使用正确的密码，则接受用户的连接；如果是有效的用户登录，但是使用的密码不正确，则用户的连接被拒绝。仅当用户不是有效的登录时，SQL Server 2008 才检查 Windows 账户的信息。在这种情况下，SQL Server 2008 将会确定 Windows 账户是否有连接到服务器的权限。如果账户有权限，则连接被接受；否则，连接被拒绝。

当使用混合模式身份验证时，在 SQL Server 中创建的登录名并不基于 Windows 用户账户。用户名和密码均通过使用 SQL Server 创建并存储在 SQL Server 中。通过混合模式身份验证进行连接的用户每次连接时必须提供其凭据(登录名和密码)。当使用混合模式身份验证时，必须为所有的 SQL Server 账户设置强密码。图 11-3 所示就是选择混合模式身份验证的登录界面。

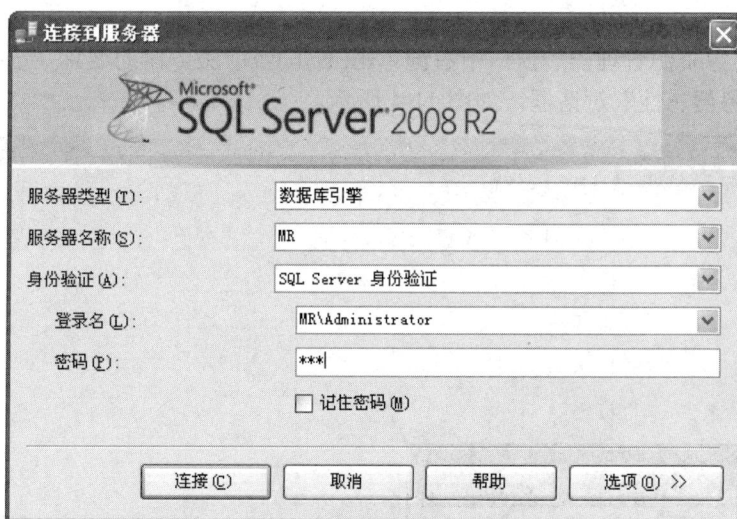

图 11-3　使用混合模式身份验证的登录界面

如果用户是具有 Windows 登录名和密码的 Windows 域用户，则还必须提供另一个用于连接的(SQL Server)登录名和密码。记住多个登录名和密码对于许多用户而言都较为困难。每次连接到数据库时都必须提供 SQL Server 凭据也十分繁琐。混合模式身份验证的缺点如下：

(1) SQL Server 身份验证无法使用 Kerberos 安全协议。

(2) SQL Server 登录名不能使用 Windows 提供的其他密码策略。

混合模式身份验证的优点如下：

(1) 允许 SQL Server 支持那些需要进行 SQL Server 身份验证的旧版应用程序和由第三方提供的应用程序。

(2) 允许 SQL Server 支持具有混合操作系统的环境，在这种环境中并不是所有用户均由 Windows 域进行验证。

(3) 允许用户从未知的或不可信的域进行连接。例如，既定客户使用指定的 SQL Server 登录名进行连接以接收其订单状态的应用程序。

(4) 允许 SQL Server 支持基于 Web 的应用程序，在这些应用程序中用户可创建自己的标识。

(5) 允许软件开发人员通过使用基于已知的预设 SQL Server 登录名的复杂权限层次结构来分发应用程序。

3) 配置身份验证模式

通过前面的学习，大家已经对 SQL Server 2008 的两种身份验证模式有了一定的认识。下面将学习在安装 SQL Server 2008 之后，设置和修改服务器身份验证模式的操作方法。

在第一次安装 SQL Server 2008 或者使用 SQL Server 2008 连接其他服务器的时候，需要指定验证模式。对于已指定验证模式的 SQL Server 2008 服务器还可以进行修改，具体操作步骤如下：

(1) 打开 SQL Server Management Studio 窗口，选择一种身份验证模式建立与服务器的连接。

(2) 在"对象资源管理器"窗口中右键单击(右击)当前服务器的名称，选择"属性"命令，打开"服务器属性"对话框，如图 11-4 所示。

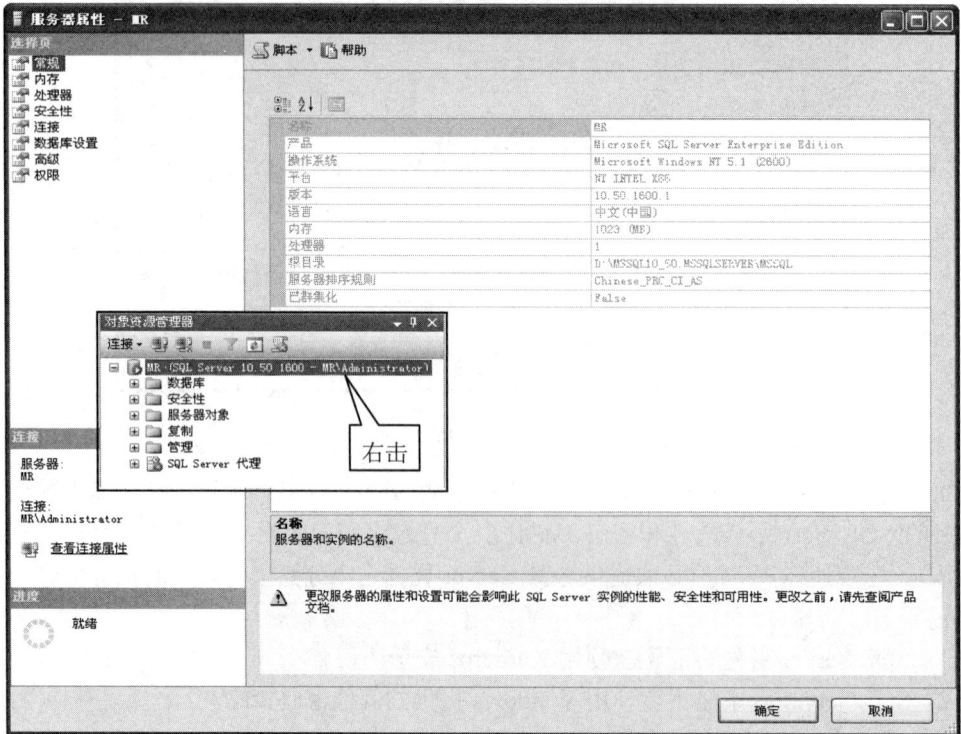

图 11-4 "服务器属性"对话框

在默认打开的"常规"选项卡中，显示了 SQL Server 2008 服务器的常规信息，包括 SQL Server 2008 的版本、操作系统版本、运行平台、默认语言以及内存和 CPU 等。

　　(3) 在左侧的选项卡列表框中，选择"安全性"选项卡，展开安全性选项内容，如图 11-5 所示。在此选项卡中即可设置身份验证模式。

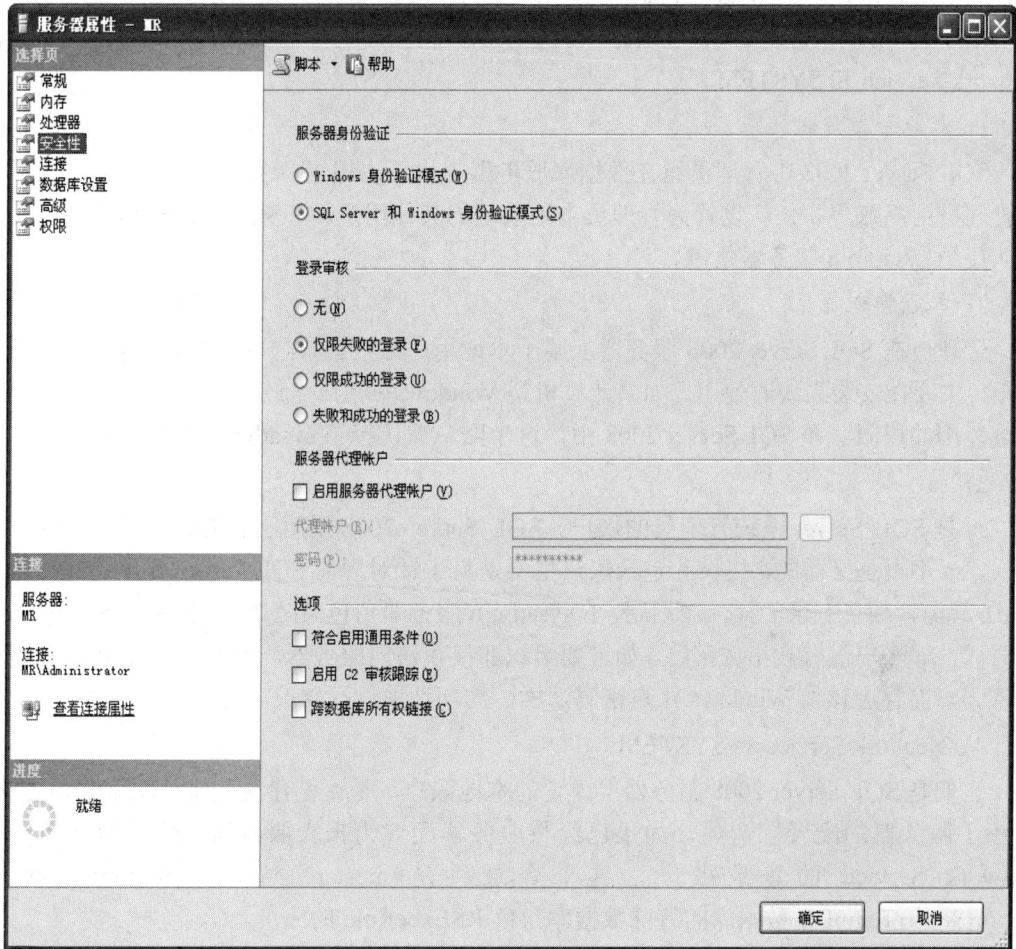

图 11-5　"安全性"选项卡

　　(4) 通过在"服务器身份验证"选项区域下，选择相应的单选按钮，可以确定 SQL Server 2008 的服务器身份验证模式。无论使用哪种模式，都可以通过审核来跟踪访问 SQL Server 2008 的用户登录，默认时仅审核失败的登录。

　　当启用审核后，用户的登录被记录于 Windows 应用程序日志、SQL Server 2008 错误日志或同时记录于这两者之中，这取决于如何配置 SQL Server 2008 的日志。可用的审核选项如下：

　　① 无：禁止跟踪审核。

　　② 仅限失败的登录：默认设置，选择后仅审核失败的登录尝试。

　　③ 仅限成功的登录：仅审核成功的登录尝试。

　　④ 失败和成功的登录：审核所有成功和失败的登录尝试。

2. 管理登录账户

与两种验证模式一样，服务器登录也有两种情况：可用域账户登录，域账户可以是域或本地用户账户、本地组账户或通用的和全局的域组账户；也可用指定的唯一登录 ID 和密码来创建 SQL Server 2008 登录。默认登录账户包括本地管理员组、本地管理员、sa、Network Service 和 SYSTEM。

1) 本地管理员组

SQL Server 2008 中管理员组在数据库服务器上属于本地组。这个组的成员通常包括本地管理员用户账户和任何设置为管理员本地系统的其他用户。在 SQL Server 2008 中，此组默认授予 sysadmin 服务器角色。

2) 本地管理员

管理员在 SQL Server 2008 服务器上属于本地用户账户。该账户提供对本地系统的管理权限，主要在安装系统时使用。如果计算机是 Windows 域的一部分，则管理员账户通常也有域范围的权限。在 SQL Server 2008 中，这个账户默认授予 sysadmin 服务器角色。

3) sa

sa 是 SQL Server 系统管理员的账户。SQL Server 2008 采用了新的集成和扩展的安全模式，sa 不再是必需的，提供此登录账户主要是为了针对以前 SQL Server 版本的向后兼容性。与其他管理员登录一样，sa 默认授予 sysadmin 服务器角色。在默认安装 SQL Server 2008 的时候，sa 账户没有被指派密码。如果要组织非授权访问服务器，则可以为 sa 账户设置一个密码，而且应该像 Windows 账户密码那样，周期性地进行修改。

4) Network Service 和 SYSTEM

它们是 SQL Server 2008 服务器上内置的本地账户，是否创建这些账户的服务器登录，依赖于服务器的配置。例如，如果已经将服务器配置为报表服务器，则此时将有一个 Network Service 的登录账户，这个登录将是 mester、msdb、ReportServer 和 ReportServerTempDB 数据库的特殊数据库角色 RSExceRole 的成员。

在服务器实例设置期间，Network Service 和 SYSTEM 账户可以是为 SQL Server、SQL Server 代理、分析服务和报表服务器所选择的服务账户。在这种情况下，SYSTEM 账户通常具有 sysadmin 服务器角色，允许其完全访问，以管理服务器实例。

5) SQL Server 登录账户

只有获得 Windows 账户的客户才能建立与 SQL Server 2008 的信任连接(即 SQL Server 2008 委托 Windows 验证用户的密码)。如果是正在创建登录的用户(比如 Novell 客户)，则无法建立信任连接，此时，必须为他们创建 SQL Server 登录账户。下面来创建两个标准登录账户，以供后面使用，具体操作过程如下：

(1) 打开 Microsoft SQL Server Management Studio，展开服务器节点，然后展开"安全性"节点。

(2) 右键单击"登录名"节点，从弹出的菜单中选择"新建登录名"命令，将打开"登录名-新建"窗口，然后输入登录名 shop_Manage，同时，选择"SQL Server 身份验证"单选按钮，并设置密码，如图 11-6 所示。

（3）在图 11-6 中，单击"确定"按钮，完成 SQL Server 登录账户的创建。

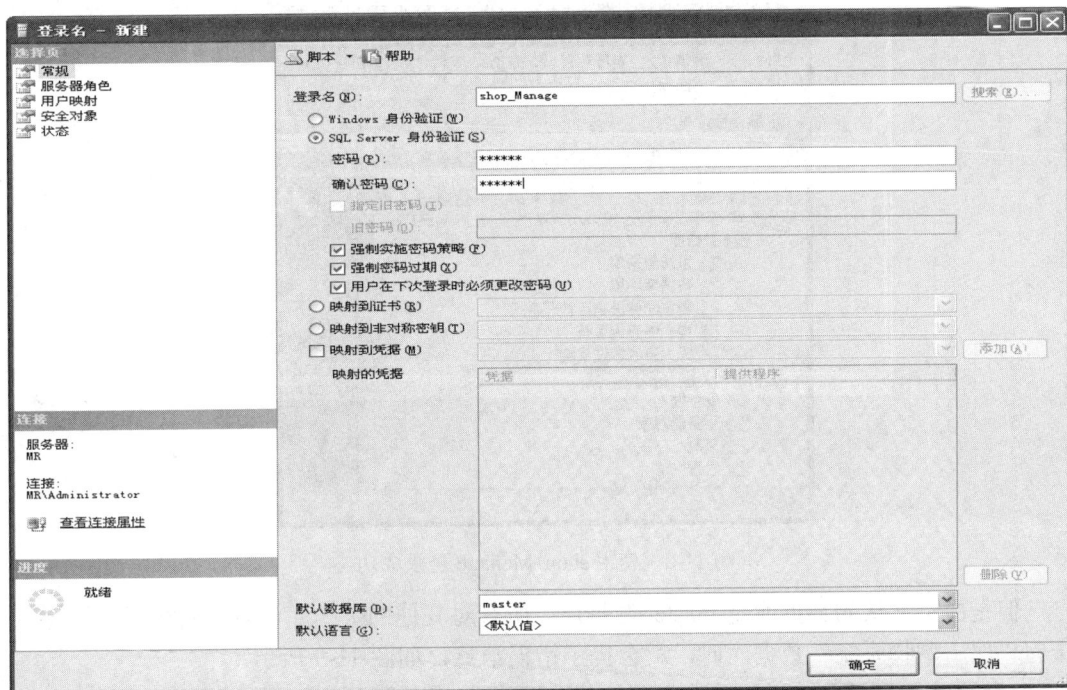

图 11-6　创建 SQL Server 登录账户

为了测试创建的登录名是否成功，下面用新的登录名 shop_Manage 来进行测试，具体步骤如下：

（1）在 SQL Server Management Studio 窗口中，单击"连接"→"数据库引擎"命令，将打开"连接到服务器"窗口。

（2）在"身份验证"下拉列表中选择"SQL Server 身份验证"选项，在"登录名"文本框中输入 shop_Manage，在"密码"文本框中输入相应的密码，如图 11-7 所示。

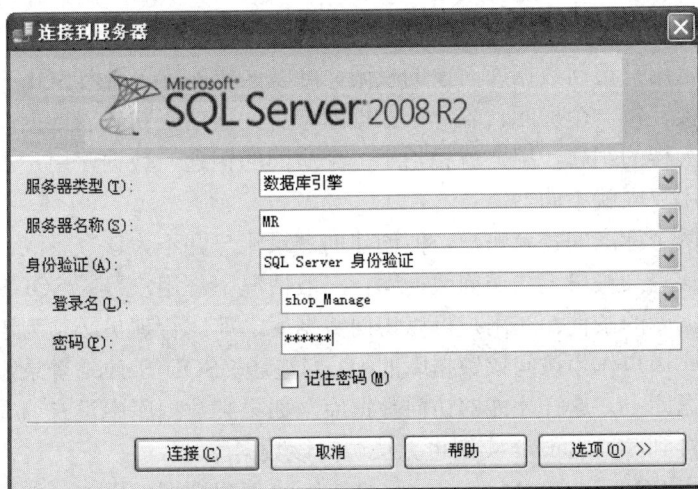

图 11-7　连接服务器

(3) 在图 11-7 中，单击"连接"按钮，登录服务器，如图 11-8 所示。

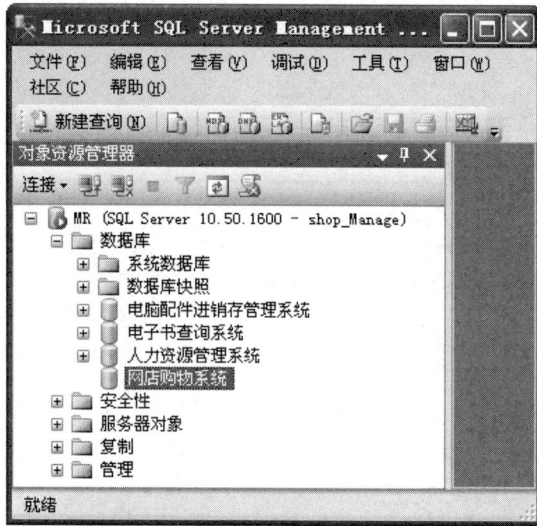

图 11-8　使用 shop_Manage 登录成功

但是由于默认的数据库是 master 数据库，所有对其他的数据库没有访问权限，因此当访问"网店购物系统"数据库时，就会提示错误消息，如图 11-9 所示。

图 11-9　无法访问数据库

3. 管理数据库用户

要访问特定的数据库，还必须具有数据库用户(账户)。数据库用户在特定的数据库内创建，并关联一个登录名(当一个数据库用户创建时，必须关联一个登录名)。通过授权给数据库用户来指定用户访问数据库对象的权限。可以这样理解，如果 SQL Server 是一个包含许多房间的大楼，每一个房间代表一个数据库，房间里的资料代表数据库对象，则登录名就相当于进入大楼的钥匙，用户就相当于每个房间的钥匙，数据库用户不同，对房间中资料的查阅和使用权限就不同。

前面创建了两个标准的登录账户，但创建的登录账户并不为该登录账户映射相应的数据库用户，所以该登录账户无法访问数据库。一般情况下，用户登录 SQL Server 实例后，还不具备访问数据库的条件。在用户可以访问数据库之前，管理员必须为该用户在数据库中建立一个数据库用户作为访问该数据库的 ID，这就将 SQL Server 登录账户映射到了需要访问的每个数据库中，这样才能够访问数据库。如果某数据库中没有该数据库用户，则即使用户能够连接到 SQL Server 实例也无法访问该数据库。

下面通过使用 SQL Server Management Studio 来创建数据库用户，然后给用户授予访问数据库"网店购物系统"的权限。具体步骤如下：

(1) 打开 SQL Server Management Studio，并展开服务器节点。

(2) 展开"数据库"节点，然后再展开"网店购物系统"节点。

(3) 展开"安全性"节点，右键单击"用户"节点，在弹出的菜单中选择"新建用户"命令，打开"数据库用户-新建"窗口。

(4) 单击"登录名"文本框旁边的"选项"按钮，打开"选择登录名"窗口，然后单击"浏览"按钮，打开"查找对象"窗口，选择前面创建的 SQL Server 登录账户 shop_Manage，如图 11-10 所示。

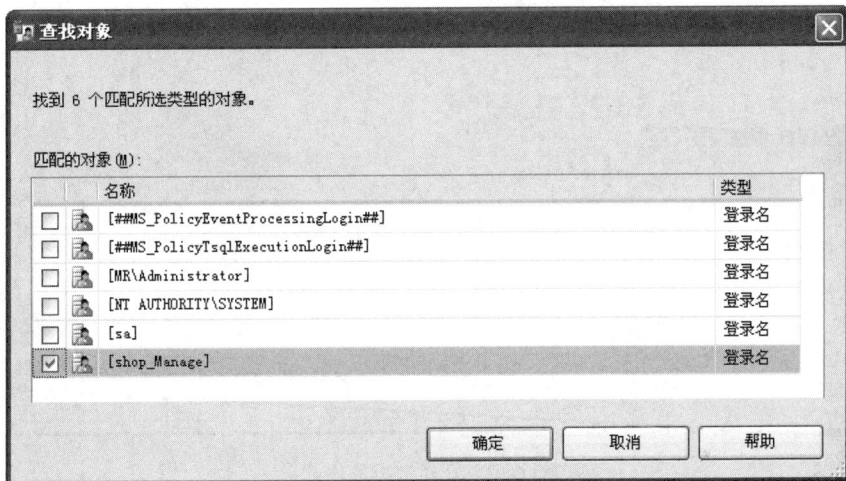

图 11-10　选择登录账户

(5) 在图 11-10 中，单击"确定"按钮返回，在"选择登录名"窗口就可以看到选择的登录名对象了，如图 11-11 所示。

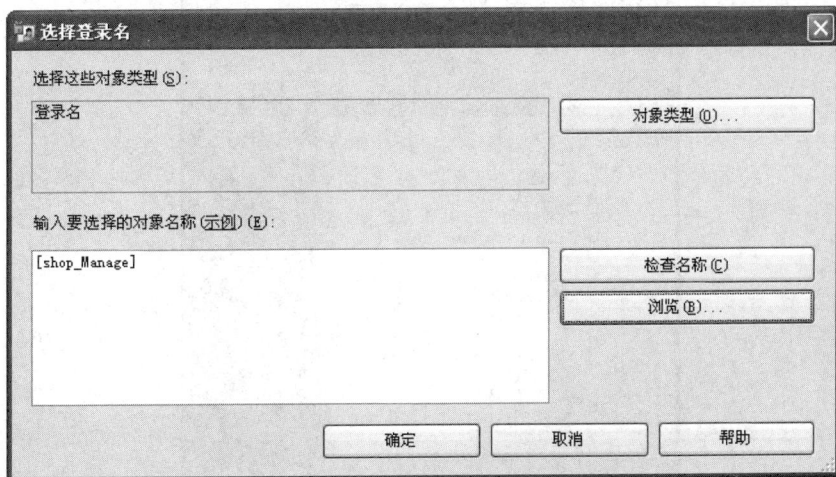

图 11-11　"选择登录名"窗口

(6) 单击"确定"按钮返回。设置用户名为 WD，选择架构为 dbo，并设置用户的角色为 db_owner，具体设置如图 11-12 所示。

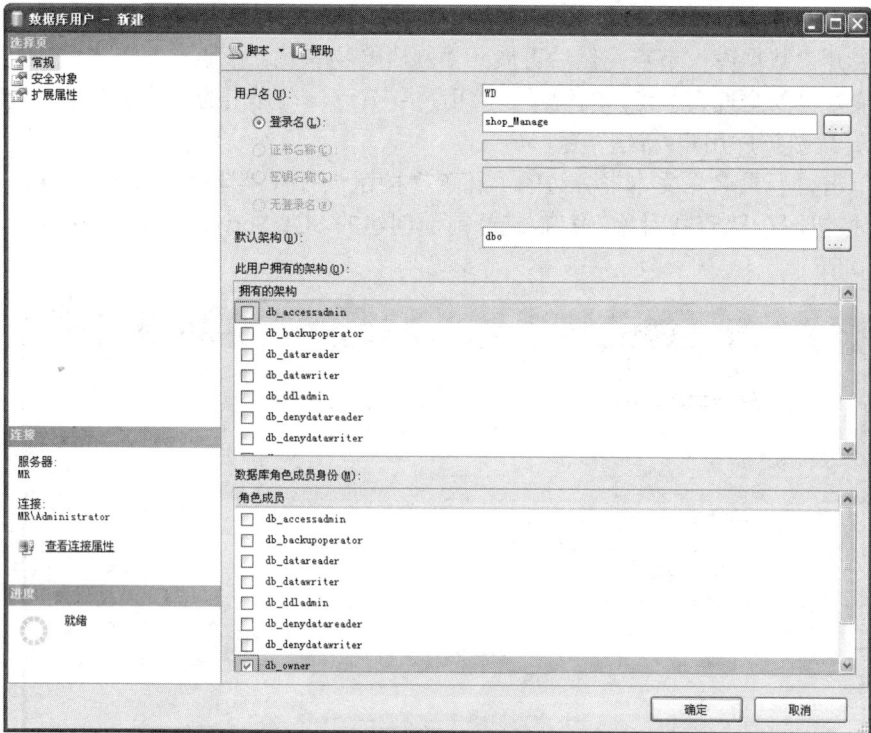

图 11-12　新建数据库用户

(7) 在图 11-12 中，单击"确定"按钮，完成数据库用户的创建。

为了验证是否创建成功，可以刷新"用户"节点查看。刷新后，可以看到刚才创建的 WD 数据库用户，如图 11-13 所示。

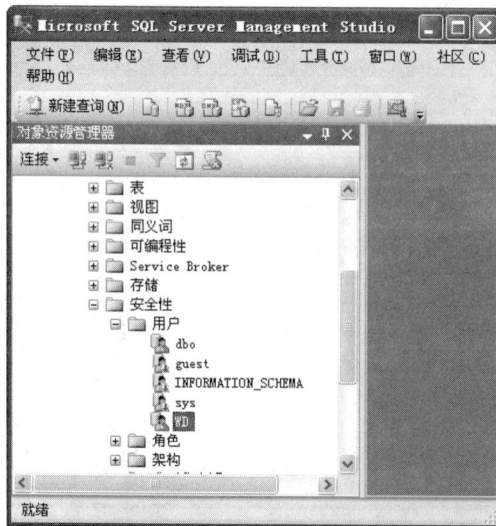

图 11-13　查看"用户"节点

数据库用户创建成功后，就可以使用该用户关联的登录名 shop_Manage 进行登录，也可以访问"网店购物系统"的所有内容，如图 11-14 所示。

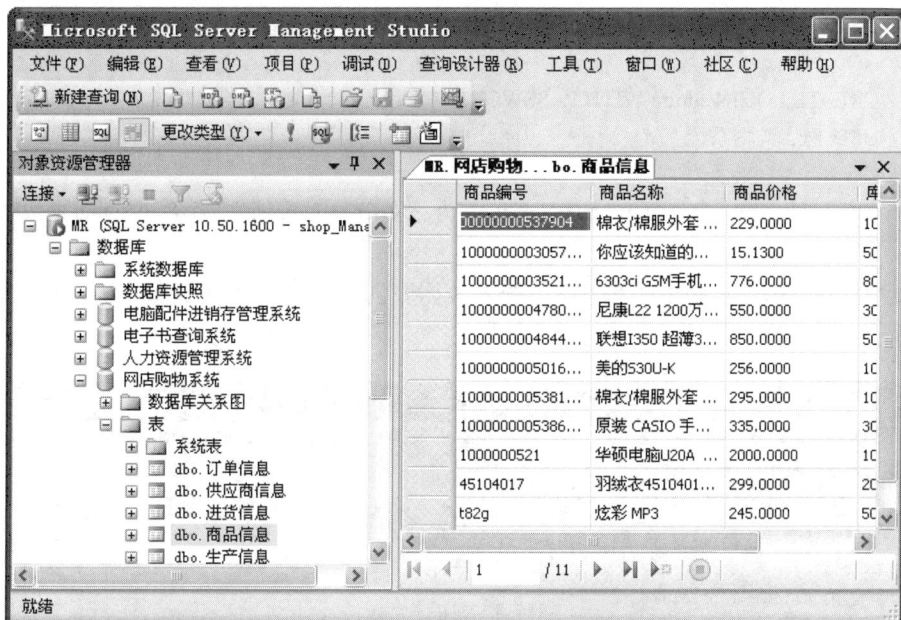

图 11-14　查看"商品信息"表

添加数据库用户还可以用 T-SQL 语句来实现，具体语法是：

```
CREATE USER user_name
    [ { { FOR | FROM }
        {
        LOGIN login_name
        | CERTIFICATE cert_name
        | ASYMMETRIC KEY asym_key_name
        }
        | WITHOUT LOGIN
    ]
    [ WITH DEFAULT_SCHEMA = schema_name ]
```

语法的参数介绍如下：

(1) user_name：指定在此数据库中用于识别该用户的名称。user_name 是 sysname。它的长度最多为 128 个字符。

(2) LOGIN login_name：指定要创建数据库用户的 SQL Server 登录名。login_name 必须是服务器中有效的登录名。当此 SQL Server 登录名进入数据库时，它将获取正在创建的数据库用户的名称和 ID。

(3) CERTIFICATE cert_name：指定要创建数据库用户的证书。

(4) ASYMMETRIC KEY asym_key_name：指定要创建数据库用户的非对称密钥。

(5) WITHOUT LOGIN：指定不应将用户映射到现有登录名。

下面的例子建立了一个 SQL Server 的登录账户，然后将该账户添加为"网店购物系统"数据库的用户。

```
USE master
GO
CREATE LOGIN admin WITH PASSWORD = 'admini_strator'        --创建登录账户 admin
USE  网店购物系统
GO
CREATE USER admin FOR LOGIN admin --为登录账户 admin 创建一个名为 admin 的数据库用户
GO
```

执行上述语句，就为"网店购物系统"数据库创建了一个名字为 admin 的用户，如图 11-15 所示。

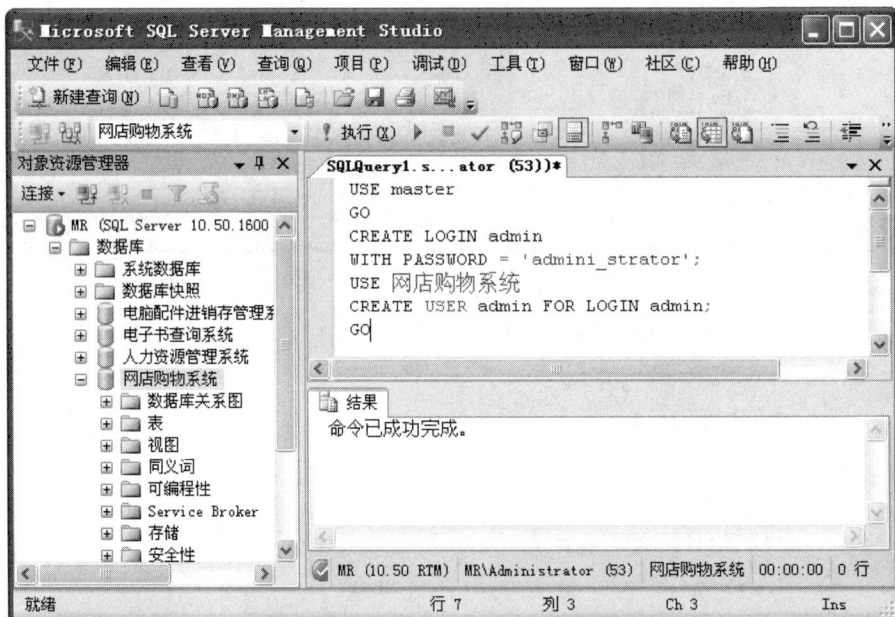

图 11-15 查看数据库用户

使用系统存储过程创建 SQL Server 登录账户时，密码要符合 SQL Server 2008 的密码策略，如果密码过于简单，则无法创建账户。

任务四　管理权限

数据库权限指明用户获得哪些数据库对象的使用权，以及用户能够对这些对象执行何种操作。用户在数据库中拥有的权限取决于以下两方面的因素：

(1) 用户的数据库权限。

(2) 用户的角色类型。

权限提供了一种方法来对特权进行分组，并控制实例、数据库和数据库对象的维护和实用程序的操作。用户可以具有授予一组数据库对象的全部特权的管理权限，也可以具有授予管理系统的全部特权，但不允许存取数据的系统权限。

1. 对象权限

在 SQL Server 2008 中，所有对象权限都可以授予。可以为特定的对象、特定类型的所有对象和所有属于特定架构的对象授予管理权限。

在服务器级别，可以为服务器、端点、登录和服务器角色授予对象权限，也可以为当前的服务器实例授予管理权限；在数据库级别，可以为应用程序角色、程序集、非对称密钥、凭据、数据库角色、数据库、全文目录、函数、架构等授予管理权限。

一旦有了保存数据的结构，就需要给用户授予开始使用数据库中数据的权限，这可以通过给用户授予对象权限来实现。利用对象权限，可以控制谁能够读取、写入或者以其他方式操作数据。下面简要介绍 12 个对象权限：

(1) Control：这个权限提供对象及其下层所有对象上的类似于主所有权的能力。例如，如果给用户授予了数据库上的"控制"权限，那么他们在该数据库内的所有对象(比如表和视图)上都拥有"控制"权限。

(2) Alter：这个权限允许用户创建(CREATE)、修改(ALTER)或者删除(DROP)受保护对象及其下层所有对象。他们能够修改的唯一属性是所有权。

(3) Take Ownership：这个权限允许用户取得对象的所有权。

(4) Impersonate：这个权限允许一个用户模仿另一个用户或者一个登录模仿另一个登录。

(5) Create：这个权限允许用户创建对象。

(6) View Definition：这个权限允许用户查看用来创建受保护对象的 T-SQL 语法。

(7) Select：当用户获得了选择权限时，该权限允许用户从表或者视图中读取数据。当用户在列级上获得了选择权时，该权限允许用户从列中读取数据。

(8) Insert：这个权限允许用户在表中插入新的行。

(9) Update：这个权限允许用户修改表中的现有数据，但不允许添加或者删除表中的行。当用户在某一列上获得了这个权限时，用户只能修改该列中的数据。

(10) Delete：这个权限允许用户从表中删除行。

(11) References：表可以借助于外部关键字关系，在一个共有列上相互链接；外部关键字关系设计用来保护表间的数据。当两个表借助于外部关键字链接起来时，这个权限允许用户从主表中选择数据，即使其在外部表上没有"选择"权限。

(12) Execute：这个权限允许用户执行被应用了该权限的存储过程。

2. 语句权限

语句权限是用于控制创建数据库或者数据库中的对象所涉及的权限。例如，如果用户需要在数据库中创建表，则应该向该用户授予 CREATE TABLE 语句权限。某些语句权限(如 CREATE DATABASE)适用于语句自身，而不适用于数据库中定义的特定对象。只有 sysadmin、db_owner 和 db_securityadmin 角色的成员，才能够授予用户语句权限。

SQL Server 2008 中的语句权限主要有：

(1) CREATE DATABASE：创建数据库。

(2) CREATE TABLE：创建表。

(3) CREATE VIEW：创建视图。

(4) CREATE PROCEDURE：创建过程。

(5) CREATE INDEX：创建索引。

(6) CREATE ROLE：创建规则。

(7) CREATE DEFAULT：创建默认值。

可以使用 SQL Server Management Studio 授予语句权限，例如，为角色 TestRole 授予 CREATE TABLE 权限，而不授予 SELECT 权限，然后执行相应的语句，查看执行结果，从而理解语句权限的设置。具体步骤如下：

(1) 打开 SQL Server Management Studio，展开服务器节点，然后再展开"数据库"节点。

(2) 右键单击数据库"体育场管理系统"，在弹出的菜单中选择"属性"命令，打开"数据库属性"窗口。

(3) 选中"权限"选项，打开"权限"选项页面，在"用户或角色"列表中单击选中"TestRole"。

(4) 在"TestRole 的权限"列表的"显式"选项卡中，启用创建表后面"授予"列的复选框，而选择后面的"授予"列的复选框一定不能启用，如图 11-16 所示。

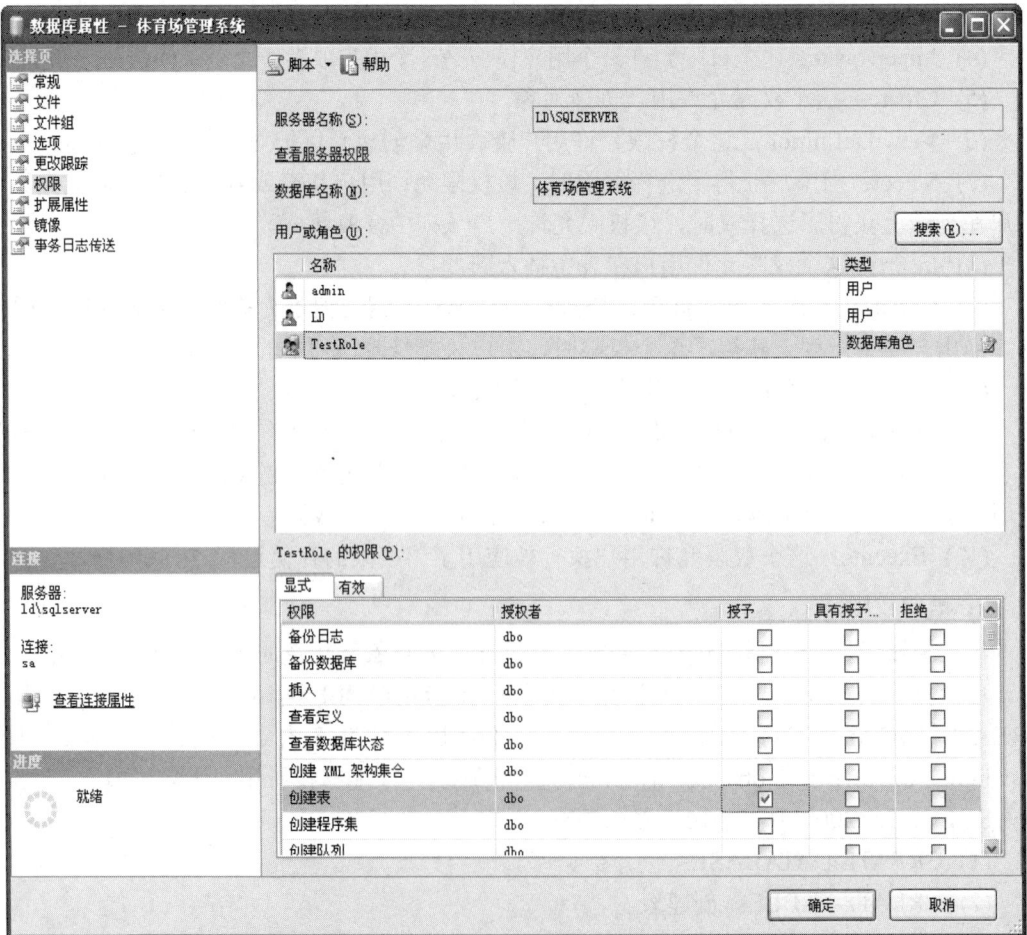

图 11-16　配置权限页面

（5）设置完成后，单击图 11-16 中的"确定"按钮，返回 SQL Sever Management Studio 窗口。

（6）断开当前 SQL Server 服务器的连接，重新打开 SQL Sever Management Studio，设置验证模式为 SQL Server 身份验证模式，使用 admin 登录。由于该登录账户与数据库用户 admin 相关联，而数据库用户 admin 是 TestRole 的成员，所以该登录账户拥有该角色的所有权限。

（7）在 SQL Sever Management Studio 窗口中单击"新建查询"命令，打开查询视图。查看"体育场管理系统"数据库中的客户信息，结果将会失败，如图 11-17 所示。

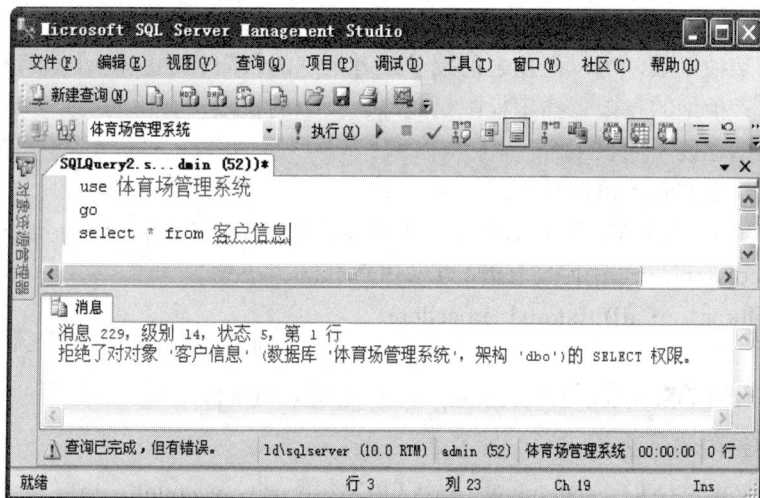

图 11-17　SELECT 语句执行结果

（8）删除当前查询窗口的语句，并输入 CREATE TABLE 语句创建表，具体代码如下：

```
USE  体育场管理系统
GO
CREATE TABLE  赛事安排
(
    比赛编号  int NOT NULL,
    赛事名称  nvarchar(50) NOT NULL,
    比赛时间  datetime NOT NULL,
    场馆编号  int NOT NULL
)
```

（9）执行上述语句，显示成功。因为用户 admin 拥有创建表的权限，所以登录名 admin 继承了该权限。

其实上面的授予语句权限工作完全可以用 GRANT 语句来完成，具体语法如下：

```
GRANT {ALL | statement[, …n]}
TO security_account[, …n]
```

上述语法中各参数描述如下：

（1）ALL：该参数表示授予所有可以应用的权限。在授予语句权限时，只有固定服务器角色 sysadmin 成员可以使用 ALL 参数。

(2) statement：表示可以授予权限的命令，如 CREATE TABLE 等。

(3) security_account：定义被授予权限的用户单位。security_account 可以是 SQL Server 2008 的数据库用户或者角色，也可以是 Windows 用户或者用户组。

例如，使用 GRANT 语句完成前面使用 SQL Server Management Studio 完成的为角色 TestRole 授予 CREATE TABLE 权限，就可以使用如下代码：

```
USE 体育场管理系统
GO
GRANT CREATE TABLE TO TestRole
```

3. 撤销权限

通过撤销某种权限，可以停止之前授予或者拒绝的权限。一般使用 REVOKE 语句撤销之前授予或者拒绝的权限。撤销权限是删除已授予的权限，并不妨碍用户、组或者角色从更高级别继承已授予的权限。

撤销对象权限的基本语法如下：

```
REVOKE [GRANT OPTION FOR] {ALL[PRIVILEGES]|permission[, … n]}
{ [(column[, … n])]ON {table|view}|ON{table | view}
[(column[, … n])]|{stored_procedure}
}
{TO | FROM} security_account[, …n] [CASCADE]
```

撤销语句权限的语法是：

```
REVOKE {ALL | statement[,…n]} FROM security_account[,…n]
```

各个参数的介绍如下：

(1) ALL：表示授予所有可以应用的权限。其中在授予命令权限时，只有固定的服务器角色 sysadmin 成员可以使用 ALL 关键字；而在授予对象权限时，固定服务器角色成员 sysadmin、固定数据库角色 db_owner 成员和数据库对象拥有者都可以使用关键字 ALL。

(2) statement：表示可以授予权限的命令。例如，CREATE DATABASE。

(3) permission：表示在对象上执行某些操作的权限。

(4) column：在表或者视图上允许用户将权限局限到某些列上，column 表示列的名字。

(5) GRANT OPTION FOR：指示要撤销向其他主体授予指定权限的权限，不会撤销该权限本身。

(6) security_account：定义被授予权限的用户单位。security_account 可以是 SQL Server 的数据库用户或 SQL Server 的角色，也可以是 Windows 的用户或者工作组。

(7) CASCADE：指示要撤销的权限也会从此主体授予或者从拒绝该权限的其他主体中撤销。如果对授予了 WITH GRANT OPTION 权限的权限执行级联撤销，将同时撤销该权限的 GRANT 和 DENY 权限。

例如，撤销角色 TestRole 对客户信息表的 SELECT 权限，就可以使用如下代码：

```
USE 体育场管理系统
GO
REVOKE SELECT ON 客户信息 FROM
TestRole GO
```

◇◇◇　上　机　实　践　◇◇◇

本次上机课总目标

1. 了解 SQL Server 2008 的安全体系结构。
2. 掌握 SQL Server 2008 数据库的登录方式。
3. 掌握 SQL Server 2008 数据库的用户权限管理。

上机阶段一(35 分钟内完成)

上机目的:

(1) 了解 SQL Server 2008 数据库的安全体系结构。

(2) 了解 SQL Server 2008 数据库的安全认证模式。

(3) 掌握 SQL Server 2008 的权限管理。

上机要求:

利用 SQL Server 2008 的图形界面进行安全认证。

推荐的实现步骤:

(1) 启动 SQL Server 2008 服务。

(2) 以管理员身份登录 SQL Server 2008 服务器,打开 SQL Server Management Studio 窗口。

(3) 使用企业管理器创建登录账户 test,设置该用户可以访问 Master 数据库、Model 数据库、GoodsSystem 数据库,并设置该用户为 GoodsSystem 数据库的 db_owner 角色。使用 test 登录 SQL Server 2008,然后测试该用户对各个数据库访问权限的情况。

(4) 去掉用户 test 具有的 GoodsSystem 数据库拥有者的权限。使用 test 登录 SQL Server 2008,看此时是否可访问 GoodsSystem 数据库中的表,并思考原因。

上机阶段二(35 分钟内完成)

上机目的:

(1) 理解 SQL Server 2008 的安全机制。

(2) 掌握 SQL Server 2008 的安全机制。

(3) 掌握 SQL Server 2008 的权限管理。

上机要求:

使用前面项目七上机任务中创建的 GoodsSystem 商品信息管理数据库完成下列任务:

(1) 使用 T-SQL 语句创建登录账户、数据库用户。

(2) 使用 T-SQL 语句为数据库用户授予访问权限。

(3) 使用 T-SQL 语句删除数据库用户的访问权限。

推荐的实现步骤：

(1) 以管理员身份登录 SQL Server 2008 服务器，打开 SQL Server Management Studio 窗口。

(2) 打开 GoodsSystem 数据库。

(3) 使用系统存储过程 sp_addlogin 创建 2 个登录账户 L1、L2，并设置密码。

(4) 使用系统存储过程 sp_grantdbaccess，根据刚才创建好的登录账户 L1、L2，分别创建数据库用户 L1User1、L2User2。

(5) 使用 GRANT 命令为数据库用户 L1User1 设置查询、添加、修改、删除访问权限，为数据库用户 L2User2 设置查询、修改访问权限。

(6) 取消数据库用户 L2User2 对表的修改权限。

(7) 分别用 L1User1、L2User2 登录 SQL Server 2008，然后测试对 GoodsSystem 数据库中表的访问权限。

参考代码：

```
--打开 GoodsSystem 数据库
use GoodsSystem
GO


--使用系统存储过程 sp_addlogin 创建登录账户
exec sp_addlogin 'L1', 'L1abc'    --账号：L1，密码：L1abc
exec sp_addlogin 'L2', 'L2abc'    --账号：L2，密码：L2abc
GO


--使用系统存储过程 sp_grantdbaccess 创建数据库用户
exec sp_grantdbaccess 'L1', 'L1User1'    --登录账号：L1，数据库用户：L1User1
exec sp_grantdbaccess 'L2', 'L2User2'    --登录账号：L2，数据库用户：L2User2
GO


--为数据库用户 L1User1 设置查询、添加、修改、删除访问权限
grant select, insert, update, delete to L1User1
--为数据库用户 L2User2 设置查询、修改访问权限
grant select, update to L2User2


--取消数据库用户 L2User2 对表的修改权限
revoke update from L2User2
```

❖❖❖ **作 业** ❖❖❖

一、选择题

1. SQL Server 2008 数据库的安全机制包括哪三个等级(   )。(选 3 项)

A. 服务器级别的安全机制　　　　　　B. 数据库级别的安全机制

C. 数据对象级别的安全机制　　　　　D. 数据级别的安全机制

2. 要想访问一个数据库服务器，必须拥有一个登录账户。登录账户可以是 Windows 账户或组，也可以是 SQL Server 的登录账户，这个说法(   )。(选 1 项)

A. 正确　　　　　　　　　　　　　　B. 错误

3. 要想访问一个数据库，必须拥有该数据库的一个用户账户身份,这个说法(   )。(选 1 项)

A. 正确　　　　　　　　　　　　　　B. 错误

4. 数据对象级别的安全机制可以通过设置数据对象的访问权限进行控制，这个说法 (   )。(选 1 项)

A. 正确　　　　　　　　　　　　　　B. 错误

5. SQL Server 2008 提供了 Windows 身份和(   )两种验证模式。(选 1 项)

A. 单独身份　　　　　　　　　　　　B. 混合身份

C. 双重身份　　　　　　　　　　　　D. 集成身份

6. 为便于管理服务器上的权限，SQL Server 提供了若干(   )，它是用于分组其他主体的安全主体。(选 1 项)

A. 用户组　　　　B. 角色　　　　　C. 权限　　　　　　D. 对象

7. 下列是对象权限的有(   )。(选 1 项)

A. Insert　　　　B. Update　　　　C. Delete

D. Select　　　　E. 以上都是

8. 向用户授予权限的 SQL 语句是(   )。(选 1 项)

A. CTEATE　　　　　　　　　　　　B. REVOKE

C. SELECT　　　　　　　　　　　　D. GRANT

9. 以下哪个关键字的功能是撤销权限(   )。(选 1 项)

A. deny　　　　　B. drop　　　　　C. revoke　　　　　　D. delete

10. 下列 SQL 语句向用户 ABC 授予了(   )权限。(选 1 项)

```
USE 体育场管理系统
GO
GRANT INSERT, SELECT TO ABC
```

A. 添加　　　　　B. 修改　　　　　C. 删除　　　　　　D. 查询

二、简答题

1. 请写出至少三个对象权限。

2. 请写出至少三个语句权限。

3. SQL Server 2008 数据库的安全机制包括哪三个等级?

4. SQL Server 2008 数据库的身份验证有哪两种?

5. 分配数据表权限用哪条指令?

6. 授予语句权限可用什么命令完成?

三、操作题

使用 T-SQL 命令完成如下任务:

(1) 创建一个名为 nf 的登录账户。

(2) 将登录账户 nf 设置为 Student 数据库的数据库用户 nfuser。

(3) 为数据库用户 nfuser 分配 StuInfo 表的查询、添加、修改、删除权限。

(4) 撤销数据库用户 nfuser 对 StuInfo 表的删除权限。

参 考 文 献

[1] 雷超阳，陈献辉，刘军华. 基于任务驱动的 SQL Server 数据库管理及应用教程[M]. 长沙：湖南科学技术出版社，2012.

[2] 王冰，费志民. SQL Server 数据库应用技术[M]. 北京：北京理工大学出版社，2012.

[3] 陈艳平. SQL Server 2008 数据库案例与实训教程[M]. 北京：北京理工大学出版社，2012.